終極
戰車百科

史上最完整的
裝甲車輛大圖鑑

Boulder Media 大石文化

終極
戰車百科

史上最完整的
裝甲車輛大圖鑑

作者／**大衛・威利**
David Willey
波文頓戰車博物館館長

伊恩・哈德遜
Ian Hudson

翻譯／**于倉和**

Boulder Media 大石文化

DK | Penguin Random House

終極戰車百科
史上最完整的裝甲車輛大圖鑑

作　　者：大衛·威利、伊恩·哈德遜
David Willey & Ian Hudson
翻　　譯：于倉和
主　　編：黃正綱
資深編輯：魏靖儀
美術編輯：吳立新
行政編輯：吳怡慧

印務經理：蔡佩欣
發行經理：曾雪琪
圖書企畫：黃韻霖、陳俞初

發 行 人：熊曉鴿
總 編 輯：李永適
營 運 長：蔡耀明
出 版 者：大石國際文化有限公司
地　　址：新北市汐止區新台五路一段 97 號 14 樓之 10
電　　話：（02）2697-1600
傳　　真：（02）8797-1736
印　　刷：博創印藝文化事業有限公司

2023 年（民 112）3 月初版五刷
定價：新臺幣 1200 元
本書正體中文版由
Dorling Kindersley Limited
授權大石國際文化有限公司出版
版權所有，翻印必究
ISBN：978-957-8722-90-3（精裝）
＊ 本書如有破損、缺頁、裝訂錯誤，
請寄回本公司更換

總代理：大和書報圖書股份有限公司
地　　址：新北市新莊區五工五路 2 號
電　　話：（02）8990-2588
傳　　真：（02）2299-7900

國家圖書館出版品預行編目（CIP）資料

終極戰車百科 - 史上最完整的裝甲車輛大圖鑑
大衛·威利、伊恩·哈德遜 著；于倉和 翻譯 .-- 初版 .-- 臺
北市：大石國際文化，
民 109.6　256 頁；23.5× 28.1 公分
譯自：The Tank Book : The Definitive Visual History Of
Armored Vehicles
ISBN 978-957-8722-90-3（精裝）
1. 戰車 2. 軍事史
595.97　　　　　　　　　　　109006834

Original Title : The Tank Book : The Definitive Visual History Of
Armored Vehicles

Published by Dorling Kindersley Limited in association with
The Tank Museum Trading Company Limited

目錄

第一章
最早的戰車：1918年之前

戰車在歷史上有許許多多的先驅，衍生出多款可實際
操作的車型。之後，各國紛紛開始研發或生產各式各
樣不同功能的戰車，直到第一次世界大戰結束。

第二章
兩次大戰之間：1918－1939年

戰間期的特色是縮減預算和做實驗。有幾個國家都在開發戰車，並透過演習來測試如何才能讓它們在世界各地剛剛機械化的陸軍部隊裡發揮最大效益。其中一個結果，就是現代戰車設計的整合。

第三章
第二次世界大戰：1939－1945年

第二次世界大戰深深刺激了戰車的發展，讓戰車以史無前例的規模徹底發揮作戰潛力。世界各國生產數萬計的裝甲車輛，不只是全球陸上戰役的關鍵武器，也是各國軍事武力兵強馬壯的象徵。

第四章
冷戰：1945－1991年

在冷戰期間，東西兩大陣營互相對峙，雙方都建立數量龐大的主力戰車部隊，還有各式各樣的裝甲車支援。但冷戰從未「熱化」，只有少部分戰車投入小型衝突裡。

第五章
後冷戰時期：1991年以後

隨著全球政治變化、冷戰終結，新一代的輕型車輛問世，用於不對稱作戰和反叛亂任務。不過，由於這個不安定的世界裡依舊有衝突，顯示出戰車還是有用處，因此冷戰時期的戰車透過升級找到了第二春，也有新設計的戰車誕生。

附錄

戰車以機動力、火力和防禦力這三個關鍵要素為基礎，改變了陸戰的面貌。

前言

戰車的歷史只有百餘年，但它的設計概念卻實現了幾個世紀以來戰鬥人員渴望及追求的目標。對所有必須挺身而出踏上戰場的人來說，他們最關切的三件事，分別是保護自己免於敵軍武器傷害，透過機動力越過戰場，還有運用火力攻擊敵人。第一次世界大戰期間有一個具體的軍事問題，就是如何才能在西線的靜態戰場上再度發揮機動力，而戰車就是這個問題的答案。

有幾個國家想要藉由機械的力量來獲得機動力，進而在戰鬥中突破敵陣。英國在公元 1916 年 9 月首度運用戰車，把戰車當成攻城鎚，它的履帶越過破碎的地面，輾過鐵刺網，並用火砲對敵軍陣地開火，以便讓步兵可以前進。到了第一次世界大戰結束，工程師已經開發出不同種類的戰車，不過戰後一些軍界大老希望把戰車處理掉，因為他們把戰車視為一種絕無僅有、離經叛道的武器，只能用在獨一無二的西線衝突裡。

人類持續在兩次大戰間發展和測試戰車。各軍事強權都想找出把戰車作為武器的必勝之道，有些人則把戰車視為原本依賴雙腳和馬匹的傳統軍隊轉型成全機械化部隊的關鍵要素，除此之外還生產了各種裝甲車輛來搭配戰車投入作戰。有幾種這樣的裝甲車輛，像是工兵車輛、裝甲人員運輸車和裝甲車等，本書中也會介紹。

在戰間期，戰車身為一種新武器，曾在幾場小型衝突中展現潛力，不同的國家對此也有不同的解讀。主砲的口徑變大，裝甲的厚度也增加，不過一直要到德國裝甲部隊在 1939 － 40 年獲得出人意料的勝利，大家才徹底信服了戰車的威力。大多數人都把重點放在戰爭初期德軍運用戰車執行大規模包圍作戰而取得的勝利，以及他們在戰爭後期不惜高昂成本生產的少量技術先進、尺寸龐大的戰車，但卻是俄國和美國付出巨大努力，大量生產具備可靠基本性能且堅固耐用的戰車，才扭轉了二次大戰中失衡的戰車戰況。

二次大戰結束後，人類再次懷疑戰車在日後的用途。如果火箭筒（Bazooka）或鐵拳（Panzerfaust）這種能夠大量生產、只要由一名士兵手持發射的中空裝藥反戰車武器就可以讓戰車失去作戰能力，那麼戰車豈不太脆弱了？反戰車飛彈在 1973 年的贖罪日戰爭（Yom Kippur War）登場後，類似的憂慮再度出現，而在冷戰期間，大家也擔憂武裝直升機就能發揮反戰車的作用。到了 2000 年初，攻頂武器和縱列彈頭進一步凸顯了戰車的弱點，不過科技和戰術的進步也讓戰車可以面對新的威

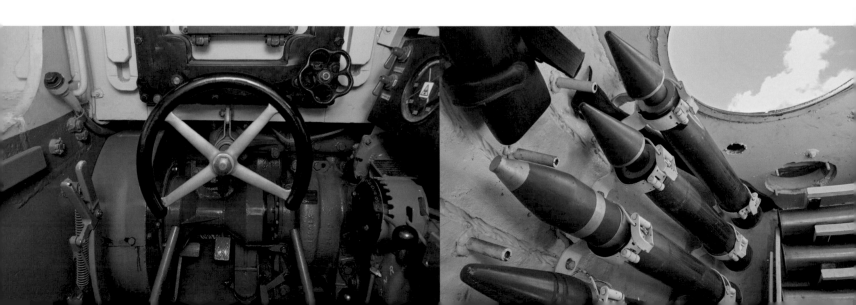

脅。戰車有了新式複合裝甲，提高了使用壽命，長條狀彈芯（高密度金屬飛鏢）可以強化火力，燃氣渦輪或增壓柴油引擎能夠增加機動力，還有防禦輔助套件可干擾或摧毀來襲的砲彈或飛彈。在未來，科技的進步也許會實現車輛微型化和無人化，但目前而言，雖然新一代戰車已在計畫中或生產中，許多較老舊的戰車仍在升級，以便在前線找到一席之地。

戰車的適應力（以及強大威力）代表它將繼續朝著現代化戰場邁進──不論那戰場是哪裡。如同本書所呈現的，現有的戰車具備各種不同的形式和樣貌，無論哪一種都反映出過去戰爭的經驗、目前可運用的科技以及對未來戰爭走向的期待，此外還要加上精密複雜裝甲車輛的生產能力，這點其實是基礎，但經常被忽視。最後當然更不用說，還要有錢。

除此之外，本書還會呈現一個至關重要、甚至有人認為是戰爭中決定戰車成敗的最重要因素：操作戰車的人。

大衛・威利（David Willey）
英國波文頓戰車博物館館長

第一章
最早的戰車：
1918年之前

Wir schlagen sie
und zeichnen
Kriegsanleihe!

最早的戰車

20 世紀初，內燃機引擎和履帶式曳引機問世，使人類相信在戰場上同時發揮機動力、防禦力和火力的那一天即將到來。而第一次世界大戰為此提供了動力。

英國是最先成功開發戰車的國家。1915 年 7 月，佛斯特公司（Foster）獲得委託建造第一艘陸上戰艦，外號「小威利」（Little Willie），不過英國陸軍當局在 1916 年 2 月選擇了另一個更優越的設計方案，稱為「母親」（Mother）。

1916 年 9 月 15 日，戰車在夫雷爾－古瑟列特（Flers-Courcelette）首度發動攻擊。當時投入戰場的戰車共有 49 輛，其中只有九輛抵達德軍陣地，但這種新武器還是在英國造成轟動。陸軍元帥海格（Haig）立即下令追加 1000 輛，並立即著手改良。

法軍的第一批戰車在 1917 年 4 月投入戰鬥。它們的越壕能力並不像英軍的戰車那麼好，但武裝齊全。最常見的法軍戰車是雷諾（Renault）FT 戰車（參見第 24-27 頁），在 1918 年 5 月首度參戰。這是第一款擁有安裝在車頂、可 360 度旋轉的砲塔的戰車，在大戰期間總計訂購了 3177 輛。

這些戰車最大的缺陷就是可靠度低。機械故障造成的損失比敵軍火力造成的還多，而若是連續攻擊好幾天，妥善率更是明顯下滑。1918 年 8 月 8 日，580 輛英軍戰車向亞眠（Amiens）進攻，但到了第二天卻只剩 145 輛還可出動。儘管如此，隨著戰爭繼續進行，戰車也扮演愈來愈吃重的角色。在 1918 年 8 月到 11 月協約國的百日攻勢（Hundred Days Offensive）期間，戰車是帶領協約國邁向勝利的多兵種作戰關鍵。

△ 遊行中的法國戰車
1919年的巴士底日，一隊雷諾FT-17戰車在巴黎的凱旋遊行中打先鋒，慶祝第一次世界大戰結束。

> 「我們先是聽到奇怪的震動聲，接著就看見三輛前所未見的巨大機械怪獸緩慢吃力地朝我們的方向移過來。」

英國陸軍士兵伯特・錢尼（Bert Chaney），1916年。

◁ 一張第一次世界大戰的德國宣傳海報寫著：「我們節節勝利——請踴躍認購戰爭債券！」

關鍵事件

▷ **1902年**：擁有裝甲車身、配備碰碰砲（pom-pom）和機槍的辛姆斯摩托戰鬥車（Simms Motor War Car）首度公開。

▷ **1906年**：加裝吉耶（Guye）砲塔和霍吉奇斯（Hotchkiss）機槍的夏宏、吉哈多和佛格特（Charron, Giradot, et Voigt）汽車在法國接受測試。

▷ **1912年**：義土戰爭期間，兩輛義大利裝甲車在利比亞參戰，這是裝甲車首度在戰場上出現。

▷ **1914年8月**：法國戰爭部長訂購136輛裝甲車，第一輛在一個月後服役。

▷ **1915年2月**：英國海軍部陸上戰艦委員會（Landships Committee）成立。

▷ **1915年7月**：向佛斯特斯訂購「小威利」。短短五個星期後的9月9日，它就首度上路。

▷ **1916年1月**：「母親」完工，從設計到完成只花了三個月。

▷ **1916年2月**：英國彈藥部訂購Mark Ⅰ戰車；法國戰爭部訂購施耐德（Schneider）CA-1戰車。

▷ **1916年9月15日**：戰車在在夫雷爾－古瑟列特戰役中首度投入戰場。

△ **1917年**，首先在坎布來（Cambrai）突破德軍防線的是英軍的Mark IV戰車。圖中，皇家海軍士兵正駕駛戰車越過戰壕。

▷ **1918年4月24日**：義世界第一場戰車之間的戰鬥發生在維萊－布勒托納（Villers-Bretonneux），由一輛德軍A7V戰車對抗英軍Mark IV戰車。

最早的實驗車型

幾個世紀以來，士兵都希望擁有既能越過戰場又不會被敵軍火力摧毀的機器。20世紀初期開發出來的戰車結合了防禦裝甲、內燃機引擎和履帶。早就有人試圖把這些東西同時帶上戰場，但1915年和1916年改變的是它們結合的方式。小威利證明了這個概念行得通，而母親則展現了最合適的設計。

車輪幫助轉向

巨大的前輪

車身

△ 霍恩斯比曳引機（Hornsby）

年代 1909	國家 英國
重量 8.6公噸	
引擎 六汽缸汽油引擎，105匹馬力	
主要武裝 無	

這款曳引機是英國陸軍首度使用的履帶車輛，原本安裝的是60匹馬力的煤油引擎。它的履帶裝有可替換的木塊，可減少金屬零件的磨耗。雖然霍恩斯比曳引機只用來拖曳火炮，操作履帶車輛的經驗卻刺激了早期的戰車研發工作。

△ 沙皇戰車（Tsar）

年代 1914	國家 俄國
重量 40.6公噸	
引擎 兩具桑賓（Sunbeam）汽油引擎，每具250匹馬力	
主要武裝 無資料	

這輛戰車的車輪設計得如此巨大，是為了要壓毀戰場上的障礙物，並防止戰車陷入地面。不過在1915年進行測試時，較小的後輪卻陷進柔軟的地面中，動彈不得。結果這輛戰車在原地被遺棄，並於1923年拆解。

◁ 履帶機（Pedrail Machine）

年代 1915	國家 英國
重量 25.4公噸	
引擎 兩具勞斯萊斯汽油引擎，每具46匹馬力	
主要武裝 無	

履帶輪是全地形履帶的早期形式。1915年，英國有幾款設計都採用這種車輪，希望可以解決西線戰場的膠著狀況。不過沒多久，它們就被連續性履帶系統取代。

鉚釘接合底盤

後燈

▷ 小威利

年代 1909	國家 英國
重量 16.3公噸	
引擎 戴姆勒（Daimler）汽油引擎，105匹馬力	
主要武裝 無	

小威利原本使用美國的布洛克（Bullock）履帶，不過之後發現效果不佳，因此更換履帶的任務被交給了一位農用機械專家威廉·特里頓（William Tritton）。儘管這輛車的設計使它無法越過最寬的戰壕，但它的引擎、車輪和特里頓履帶效果良好，因此被沿用。

連續式履帶

後輪

抬高的車頭

引擎排氣管罩

帆布頂篷

△ 母親
年代 1916 **國家** 英國
重量 28.4公噸
引擎 戴姆勒汽油引擎，105匹馬力
主要武裝 兩門QF六磅霍吉奇斯 L/40主砲

這輛戰車展現了代表性的菱形設計，英國戰車的機動力就是這麼來的。抬高的車頭讓戰車可以越過較高的障礙物，如果向前掉進壕溝也可自行脫困。受到履帶位置設計的影響，武器只能安裝在車體側面的砲座上。由於沒有懸吊系統，八名人員坐在車上會很顛簸。

▷ 霍特75火砲曳引車（Holt）
年代 1918 **國家** 美國
重量 10.7公噸
引擎 霍特四汽缸汽油引擎，75匹馬力
主要武裝 無

霍特75是協約國的標準重砲曳引車，從1915年到1918年共交付了1651輛。由於不論到哪裡地面條件都很惡劣，不是只有戰場而已，所以運用這樣的履帶車輛來拖曳火砲、補給和其他貴重物資就顯得至關重要。

前輪用來轉向

鉚釘接合裝甲

達文西的「戰車」

1482年，藝術家兼發明家李奧納多‧達文西（Leonardo da Vinci）從弗羅倫斯來到米蘭，希望米蘭貴族盧多維科‧斯福爾扎（Ludovico Sforza）可以資助他。他在素描本裡畫了一些東西，他設計的「戰爭車」——如圖所示，旁邊還有另一款他設計的武器——被視為戰車的先驅。

關鍵要素

達文西寫信給斯福爾扎時提到：「我可以製造裝甲車，不但安全，而且無懈可擊，可以攻進敵軍嚴密的陣形中，而我們的步兵跟在這些戰車後面就可毫髮無傷」。裝甲戰車的想法可以追溯到古代，達文西從那裡獲得靈感，然後結合了三個要素——火力（從射孔發射的大砲）、防禦力（木質和金屬的牆板），以及機動力（四人負責轉動大型曲柄來帶動車輪）。他的設計從外形看起來十分有現代感，傾斜的表面可以把來襲的砲彈彈開。不過，當時的技術無法實際建造出這樣的東西，而現代人真的按照設計建造出來時，結果卻顯示它只能在非常平坦的地面上移動，而當時的戰場不太可能是這樣的條件。

達文西的「戰爭車」素描是探索結合裝甲、機動力和火力的陸上武器的早期構想之一。

Mark IV

20 世紀初，第一次世界大戰期間，Mark IV 的產量比其他任何英國戰車的產量都多。雖然它的外觀看起來跟早期的 Mark I 差不多，但卻有幾個改良，包括位於車尾的裝甲油箱和更厚的正面裝甲（厚12公釐），可抵擋敵方的穿甲子彈。為了方便用火車運輸，車身兩側凸出的主砲砲座設計成可向內推的活動式。若是 Mark I 的話，就得把整個砲座拆卸。

1917年11月，Mark IV 戰車對坎布來戰役造成衝擊，這是史上第一場有效的大規模戰車攻擊行動。火車在夜間運送超過400輛戰車前往寧靜的坎布來前線，接著發動突擊，深深切入了德軍的興登堡（Hindenburg）防線。

車尾

這款戰車分為「雄性」、「雌性」兩個版本：雄性戰車配備兩門六磅砲和三挺機槍，雌性則配備五挺機槍。雌性戰車公認更有用，因為機槍火力在友軍部隊前進的時候能更有效地壓制敵人，但雄性戰車得停下來才能讓砲手瞄準。1918年4月後，他們就打造了安裝雄性和雌性砲座各一組的「雌雄同體」戰車。

規格說明	
名稱	Mark IV戰車
年代	1917
國家	英國
產量	大約1220輛
引擎	戴姆勒／奈特（Knight）直六引擎，105匹馬力
重量	28.4公噸
主要武裝	QF六磅砲兩門，.303英吋口徑路易士（Lewis）機槍三挺
次要武裝	.303英吋口徑路易士機槍五挺
乘組員	八名
裝甲厚度	12公釐

裝填手　　砲手　　車長

機械員

機械員

裝填手　　砲手　　駕駛

訓練車輛
第一次世界大戰後，這輛 Mark IV雄性戰車移交給位於朴次茅斯（Portsmouth）的英國皇家海軍基地鯨島（Whale Island）。許多戰車砲手都在這裡訓練，因為海軍官兵對於從移動中的平臺上射擊可說是經驗豐富。

車長及駕駛室

路易士機槍
Mark IV戰車共配備三挺路易士機槍:車頭的球形機槍座內有一挺,左右砲座各一挺。選擇路易士機槍的部分原因是它的彈匣較為小巧。

戰術編號　　　立體側視圖　　　砲座裡的六磅砲

2324

數字編號
每一輛戰車都有自己專屬的四位數編號,通常漆在車尾,這個編號是不會改變的。

外觀

Mark IV清楚呈現出早期戰車的鉚釘接合結構，裝甲板是用鉚釘或螺栓固定在金屬骨架上。這樣的結構意味著會有許多小縫隙，讓子彈碎片有機會噴進車內，所以乘組員都備有面具，以保護臉部不被高溫金屬破片傷害。

1. 戰術編號 2. 駕駛用觀測窗（關閉） 3. 履帶張力器 4. 雄性凸出砲座與六磅砲 5. 凸出砲座上的球型機槍座（無機槍） 6. 最後驅動裝置的位置 7. 履帶塊 8. 通風百葉窗 9. 後逃生口 10. 拖車眼孔

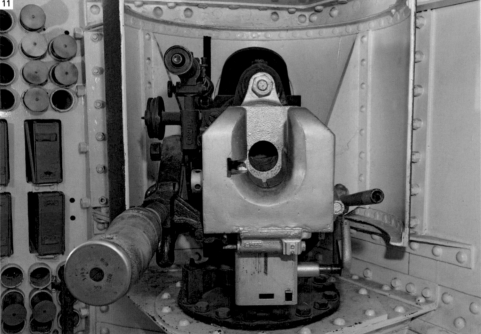

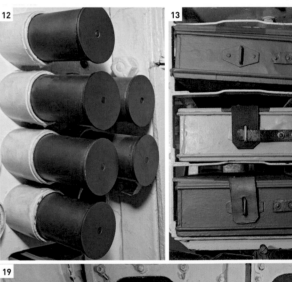

內裝

Mark IV的戴姆勒105匹馬力引擎位於乘組員艙的中間，會產生高溫、廢氣及噪音。由於戰車既沒有懸吊系統也沒有座椅，乘組員在戰車行駛時並不好受。不在戰鬥的時候，砲手通常會爬到車頂上，或是下車跟著戰車走。

11. 右側六磅砲的後膛　12. 六磅砲砲彈儲存空間　13. 機槍彈藥儲存空間　14. 潤滑副變速齒輪的潤滑油箱　15. 副變速桿　16. 引擎　17. 機油濾心蓋　18. 差速箱　19. 車頭的車長和駕駛座位　20. 觀測窗開關桿　21. 轉向桿　22. 車頭球型機槍座（無機槍）23. 剎車踏板　24. 離合器踏板　25. 差速鎖控制桿

第一次世界大戰的戰車

戰車在1916年9月15日首度開上戰場。從那時起，一直到1918年11月休戰為止，英國、法國和德國都開發了戰車。英國的重型戰車採用履帶環繞車身的設計，適合用來越過壕溝以支援步兵，而速度較快的惠比特中型戰車（Medium Whippet）則用來在更開闊的原野支援騎兵。1918年，法國使用大量FT輕型戰車，搭配少量較重型的戰車。德國只生產了少量的A7V戰車，主要還是依賴擄獲的英國Mark IV戰車。

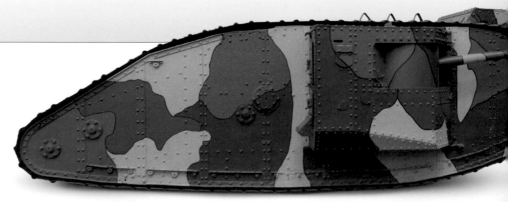

△ Mark I

年代 1916 **國家** 英國
重量 28.4公噸
引擎 戴姆勒汽油引擎，105匹馬力
主要武裝 兩門QF六磅霍奇斯L/40主砲

Mark I的裝甲最厚處為12公釐，共生產150輛，其中一半為雄性（如圖）、另一半為雌性，差異在於雄性的六磅砲換裝成兩挺.303英吋口徑維克斯機槍。這輛戰車有八名乘組員，其中有四名負責駕駛和轉向。

▷ 施耐德CA-1（Schneider）

年代 1917 **國家** 法國
重量 13.5公噸
引擎 戴姆勒汽油引擎，105匹馬力
主要武裝 75公釐口徑施耐德要塞砲（Schneider Blockhaus）

這是法軍第一款服役的戰車，共有六名乘組員，從霍特曳引機研發而來。它的75公釐主砲裝在車身右側，因此射角受限，且在越過戰壕時較費勁。此型戰車共生產400輛，1917年4月17日首度投入作戰便損失慘重，但在1918年的攻勢行動裡表現不錯。

「木鞋」可破壞鐵刺網

6公釐厚裝甲

鉚釘接合的車身裝甲

75公釐Mle 1897主砲

◁ 聖夏蒙（St Chamond）

年代 1917 **國家** 法國
重量 23公噸
引擎 潘哈德勒瓦索（Panhard Levassor）四汽缸汽油引擎，90匹馬力
主要武裝 75公釐口徑Mle 1897主砲

聖夏蒙戰車有八名乘組員，在1917年5月投入戰鬥。聖夏蒙跟施耐德一樣，也是從霍特曳引機研發而來，且有凸出的車頭，可破壞障礙物，但這個設計也讓它容易被卡在壕溝裡。這款戰車共生產400輛，在1918年的開闊地帶戰鬥中證明作為突擊砲十分有用。

凸出的車頭可破壞障礙物

▽ Mark IV

年代 1917 **國家** 英國
重量 28.4公噸
引擎 戴姆勒汽油引擎，105匹馬力
主要武裝 兩門QF六磅六擔霍奇斯L/23主砲

Mark IV戰車是英國早期戰車的改良版，裝甲較佳，主砲和側面凸出砲座也有改良，以提高機動力。此外它的油箱也加大，附有裝甲，且是用真空而非重力方式給油。此型戰車共生產超過1200輛，從1917年6月開始投入作戰，直到大戰結束。

▷ **A7V突擊裝甲車（Sturmpanzerwagen）**
年代 1918 **國家** 德國
重量 30.5公噸
引擎 兩具戴姆勒汽油引擎，每具100匹馬力
主要武裝 5.7公分口徑馬克沁－諾登菲爾特火砲

德國只生產了20輛A7V戰車，也是由霍特曳引機研發而來。它的乘組員共有18位，操作六挺機槍和57公釐主砲。駕駛座在車頂，可以駕駛戰車向前或往後行駛。它從1918年3月開始服役，但真正參與戰鬥的次數比德軍擄獲的英軍戰車還少。

排氣管和消音器

引擎室通風百葉窗

5.7公分馬克沁－諾登菲爾特（Maxim-Nordenfelt）火砲

兩具四汽缸戴姆勒引擎

◁ **中型戰車Mark A惠比特**
年代 1918 **國家** 英國
重量 14.2公噸
引擎 兩具泰勒（Tylor）汽油引擎，每具45匹馬力
主要武裝 三挺.303英吋口徑霍吉奇斯Mark I機槍

這款惠比特戰車可坐三人，主要作為快速戰車使用，時速可達13公里。每條履帶各由一具引擎帶動，若要轉向則要調整兩個油門來控制。惠比特戰車在1918年3月投入戰場，在戰爭最後幾個月的開闊地帶戰鬥中有巨大貢獻。

兩具泰勒汽油引擎

白／紅／白的協約國戰車識別標誌

37公釐主砲

▷ **雷諾FT-17（Renault）**
年代 1918 **國家** 法國
重量 6.5公噸
引擎 雷諾四汽缸汽油引擎，35匹馬力
主要武裝 37公釐口徑皮托（Puteaux）SA 18 L/21主砲

FT是世界第一款擁有現代標準布局的戰車，也就是引擎安裝在車尾，乘組員坐在車頭，還有一座可360度旋轉的砲塔。武裝有一挺霍吉奇斯機槍或一門37公釐主砲，在1918年法軍贏得的勝利中居功厥偉。這款戰車產量超過3000輛，曾大量外銷，且到了1940年仍有許多在服役。

尾橇可幫助戰車跨越戰壕

後驅動輪

垂直彈簧懸吊

長度足以跨越德軍壕溝

◁ **Mark V**
年代 1918 **國家** 英國
重量 29.5公噸
引擎 瑞卡多（Ricardo）汽油引擎，150匹馬力
主要武裝 兩門QF六磅六擔霍吉奇斯L/23主砲

Mark V的武裝和行駛速度與先前的型號差不多，但配有新的周轉齒輪箱，因此只需一人就可駕駛，共生產400輛。1918年協約國獲勝，它扮演了關鍵角色，到了戰後仍在愛爾蘭、德國和俄羅斯服役。

金屬履帶

路輪包覆在車身內

雷諾FT-17

第一次世界大戰時，法軍戰車部隊之父埃斯蒂安將軍（Estienne）要求路易‧雷諾（Louis Renault）設計一款兩人座的輕型戰車，希望用來在大規模攻勢中支援步兵。雷諾一開始以公司缺乏相關開發工作經驗的理由拒絕，但在1916年夏天禁不起軍方再度要求，於是改變心意展開研發工作，雷諾輕型戰車因此應運而生。

雷諾輕型戰車基本上是一個類似錐形的金屬盒子，後面安裝一具引擎，乘組員（車長和駕駛）坐在前面。它擁有世界第一個可完全旋轉的砲塔，砲塔上還有一個圓頂小鐵蓋，可以打開斜放，讓砲塔通風，而裝甲板構成的車身就是底盤。雷諾35匹馬力引擎和變速箱共有五個檔位，分別是四個前進檔和一個倒車檔。這輛戰車的道路行駛速度還不到每小時8公里，續航距離只有34公里。由於它尺寸小，重量只有6公噸多一點，因此可以用卡車運輸，十分方便。

車尾

　　這款戰車在1918年5月投入戰場，兩個月之後共有408輛在蘇瓦松（Soissons）突破德軍戰線，只可惜法軍騎兵未能好好利用這個戰果。它有幾款衍生車型，也曾在第一次世界大戰期間為美軍所用，戰後更被銷售到許多國家。1939年9月，法軍仍有10個營的雷諾戰車在服役。

規格說明	
名稱	雷諾FT-17
年代	1917
國家	法國
產量	3950輛
引擎	雷諾四汽缸汽油引擎，35匹馬力
重量	6.5公噸
主要武裝	37公釐皮托SA 18主砲（如圖）或8公釐霍吉斯奇Mle 1914機槍
次要武裝	無
乘組員	兩名
裝甲厚度	8-16公釐

引擎

車長

駕駛

37公釐皮托主砲

駕駛艙口

引擎蓋

金屬履帶　　**立體側視圖**　　葉片彈簧安裝在側面
　　　　　　　　　　　　　　　　大樑上

第一種現代戰車

FT-17的引擎安裝於車尾，乘組員座位在前方，如此
便可容納裝有戰車主要武裝、且可完全旋轉的砲
塔，這樣的配置具有劃時代的影響力。今日的戰車
依然是依照這種標準布局設計。

第一連標誌

火焰圈中有阿拉伯數字「1」的這
個圖案代表這輛戰車是所屬單位
第一連的車輛。

黑桃王牌

黑桃王牌標誌代表這輛戰車隸屬
於該連的第一班。以這輛戰車為
例，它屬於該單位的第一連。

外觀

法軍投入戰鬥的第一批戰車有諸多缺陷,雷諾加以改良。巨大的前輪裡嵌入了木頭,讓它可以進入並爬出彈坑,可拆卸式的「尾段」則可提升戰車的越壕能力。戰車砲塔頂端有個圓頂鐵蓋,可當成車長塔使用,也可打開讓車內通風。

1. 序列編號 2. 惰輪 3. 彈簧到張力器頂部滾輪導軌 4. 駕駛艙口 5. 兩個一組的懸吊輪 6. 37公釐皮托主砲和復進機 7. 引擎蓋鎖 8. 排氣管消音器 9. 後驅動輪和頂部滾輪導軌支撐 10. 驅動輪 11. 前拖車眼孔 12. 啟動把手 13. 可拆卸式車尾

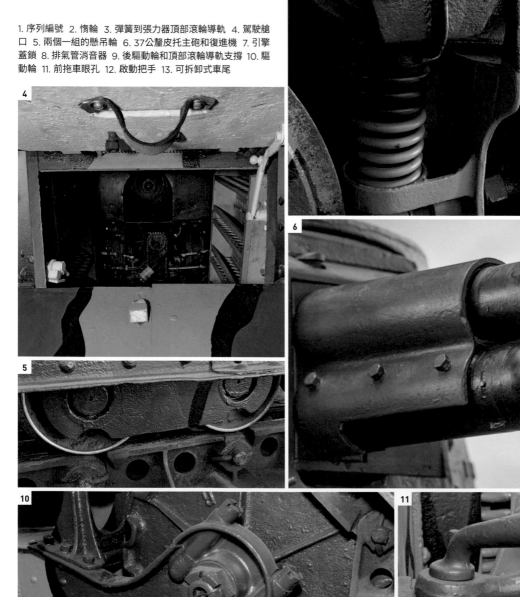

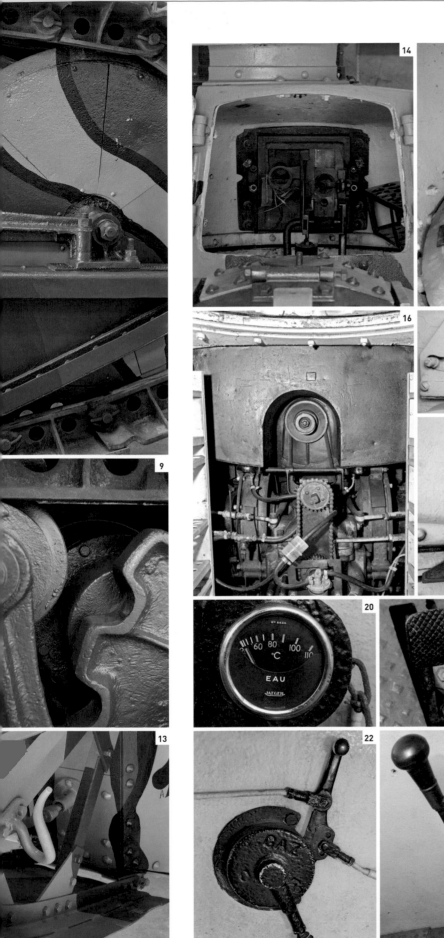

內裝

FT-17是輕型戰車,所以要減少重量,而它達到這個目標的一部分方法是什麼都設計得非常小巧。不過這也意味著乘組員得忍受非比尋常的狹窄空間。車長坐在一條帆布吊帶或折疊椅上,駕駛則只有墊子可坐,兩人周圍擺滿彈藥,若不打開艙蓋就很難看到四周狀況,而觀測窗就只是在裝甲板上的縫隙而已。戰車的裝甲也盡可能減少,正面是16公釐,但側面只有8公釐。

14. 車長艙蓋 15. 砲塔內部,可以看到彈藥架 16. 引擎室 17. 觀測窗 18. 砲塔旋轉鎖 19. 駕駛座 20. 引擎溫度計 21. 引擎控制踏板 22. 化油器控制桿 23. 排檔桿

威廉・特里頓爵士站在他的架橋曳引車旁邊。

偉大設計師
特里頓與威爾遜

西線在僵持了多年後，協約國軍隊終於在 1917 年突破德軍戰線，關鍵在於使用了一種讓敵人驚慌失措的發明，也就是戰車。戰車是英國工程師威廉・特里頓（William Tritton）和華特・威爾遜（Walter Wilson）的心血結晶，在極度保密的狀態下設計建造。

威廉・特里頓於1905年加入位於林肯（Lincoln）的農用機械製造商佛斯特公司，擔任總經理。他是幫浦製造和通用工程背景出身，協助佛斯特在南美洲銷售公司生產的新型通用農用曳引機。在佛斯特工作時，他和大衛・羅伯茨（David Roberts）攜手合作，打造了一款附有履帶的引擎，打算賣到加拿大的育空（Yukon）地區。之後羅伯茨把他的履帶專利賣給美國的霍特公司。

特里頓也推廣汽油引擎，在第一次世界大戰爆發前銷售40匹及105匹制動馬力的佛斯特戴姆勒曳引機。戰爭爆發後，他接到一筆訂單，訂購97輛這種大型新式曳引機來牽引海軍的要塞砲。其中一輛編號OHMS No. 44的曳引機受到改裝，能搭載一段4.5公尺長的橋梁，它

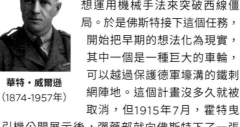

威廉・特里頓爵士
（1875-1946年）

華特・威爾遜
（1874-1957年）

會先把橋梁吊掛到車體下方，再往前推出，以便越過壕溝。儘管這個實驗最後被放棄，但佛斯特還是因為他們的創新發明與快速車輛而受到官方的注意。

1915年2月，溫斯頓・邱吉爾（Winston Churchill）成立陸上戰艦委員會（Landships Committee），想運用機械手法來突破西線僵局。於是佛斯特接下這個任務，開始把早期的想法化為現實，其中一個是一種巨大的車輪，可以越過保護德軍壕溝的鐵刺網陣地。這個計畫沒多久就被取消，但1915年7月，霍特曳引機公開展示後，彈藥部就向佛斯特下了一張訂單，要求生產一輛實驗性質的履帶裝甲車。他們在8月2日開始設計，8月11日動工建造，然後9月8日就首度上路測試——不論以何種標準來說，這樣的生產速度都快得驚人。直到8月下旬，特里頓才從陸軍部聽到消息，說這部機器應該要有能力越過1.5公尺寬的壕溝和爬上1.4公尺高的矮牆，而這超出了它的能力。就在他們繼續製造一號林肯機械（也就是之後的「小威利」）的同時，華特・威爾遜中尉也在特里頓的協助下，開始打造一款新車。

華特・威爾遜是皇家海軍志願後備隊（Royal Naval Volunteer Reserve）的軍官，曾在戰前設計出一輛汽車和一輛卡車。加入皇家海軍航空隊負責壕溝戰解決方案的工作小組後，他了解到小威利的外型設計有缺

前線的Mark IV戰車 1918年，加拿大部隊在一輛Mark IV戰車的車頂上拍照。萬一戰車陷入泥坑裡，就可把木條放在戰車的履帶下協助脫困。

最高機密的設計 出於保密考量，特里頓的原型戰車「小威利」（參見第14-15頁）的車身在測試時被包裹住。這是世界第一輛完工的戰車原型車。

陷。於是他把車身改成菱形，讓履帶環繞整個車身一圈，成果就是一次大戰戰車的經典設計。此外他也設計了容納戰車主砲的凸出砲座。9月26日，戰車的木質模型獲得批准，新的原型車稱為「母親」，僅花99天就建造完成。

威爾遜隨後被派往位於伯明罕（Birmingham）附近的大都會鐵路車輛公司（Metropolitan Carriage and Wagon Company），監督Mark I戰車的生產工作。當局向大都會公司訂購125輛，向佛斯特訂購25輛，因為佛斯特的產能小很多。在大都會公司時，威爾遜繼續設計，並發揮影響力，使得瑞卡多引擎獲當局批准，可以用在Mark V戰車上。而它也安裝了威爾遜新設計的變速箱，僅需一人就可駕駛。

在此同時，特里頓著手設計一款速度更快的新型戰車，稱為特里頓獵人式（Tritton Chaser），之後獲得批准進入部隊服役，正式編號為中型戰車Mark A（Medium Mark A），或稱惠比特。獵人式擁有兩具泰勒引擎，各自帶動兩邊的履帶，計畫作為騎兵支援武器。特里頓也設計出一款重91公噸的戰車，稱為「飛象」

「可怕的怪物就在那裡，所到之處無一倖免。」

陸軍少尉赫曼·柯爾（Hermann Kohl），1916年

一次大戰的海報 法國和西班牙的海報頌揚特里頓和威爾遜的新發明的威力。

Commission on Awards to Inventors）稱他們為第一種成功的戰車真正的設計師。戰車這種武器，從此改變了戰爭的面貌和本質。

（Flying Elephant），另外還設計並建造另一款新戰車，名叫「大黃蜂」（Hornet）。大黃蜂收到6000輛的訂單，但到戰爭結束時只完成一小批。戰後，威爾遜和特里頓的生涯都在工程領域大放異彩，皇家發明獎委員會（Royal

Mark C中型戰車 特里頓的Mark C中型戰車（Medium Mark C）又稱為大黃蜂，在戰爭快要結束時才投產──這是個成功的設計，但卻來不及上戰場。

工程上的勝利 1917年，工人在英國林肯郡（Lincolnshire）的佛斯特廠房裡裝配Mark IV戰車。Mark IV是Mark I的改良型，當年協約國部隊就是用它突破德軍防線。

最早的戰車行動

這張照片攝於1916年9月，圖中的Mark I在索母河戰役（Battle of the Somme）中，首度在夫雷爾－古瑟列特投入戰場。當時，究竟該在哪個時機出動第一批戰車，引發了激烈爭論——是要等到有足夠數量的戰車來造成壓倒性的衝擊，還是要在戰況危急的當下，把手頭上整備好戰車派出去？英軍總司令海格陸軍元帥亟欲在冬天來臨前在索母河前線有所進展，此外他也明白若發動攻擊，可以讓凡爾登（Verdun）地區的法軍喘口氣。海格最後決定出動新戰車，並組成兩個營發動攻擊。共有49輛可以出動，不過在進攻前，官兵沒有多少時間可以先勘查戰場。

這些戰車分散在英軍的一段防線上，而結果實在稱不上成功。只有九輛戰車抵達或越過德軍戰線，有些對著自己人開火，有些被英軍砲火擊中，還有好幾輛故障或是陷入壕溝動彈不得。儘管整體表現不佳，但還是有一些戰車成功達成目標，足以讓海格宣稱「只要是戰車能挺進的地方，我們就拿下了目標，戰車無法前進的地方，我們就失敗了。」他看到了戰車的潛力，於是又訂購了1000輛。

1916年9月15日，編號C15的Mark I參與了夫雷爾－古瑟列特之役，這是戰車參與的第一場戰鬥。

戰時的實驗戰車

第一次世界大戰在1918年11月結束，讓協約國將領驚訝不已，因為他們已經計畫要在1919年以多種戰車和裝甲車發動攻擊，當中許多型號已經有小批運抵前線，且已做好戰鬥準備。戰爭結束時，英軍正緊鑼密鼓地開發款式眾多的特種裝甲車輛，包括火砲運輸車、架橋車、步兵運輸車、補給戰車和維修車，但只有部分車輛服役。

履帶高度較低

△ Mark I火砲運輸車

年代 1917	**國家** 英國

重量 34.5公噸

引擎 戴姆勒汽油引擎，105匹馬力

主要武裝 無，但可運送60磅砲或6吋口徑火砲

火砲運輸車（Gun Carrier）是以Mark I戰車為基礎，設計用來運輸火砲和砲兵，可以給前進的步兵火力支援。火砲運輸車生產了50輛，有些時候確實發揮了原本的功用，但更多時候是用來運送補給物資，到了1918年就改為專門執行此一任務。

▷ Mark V**

年代 1918	**國家** 英國

重量 34.5公噸

引擎 瑞卡多汽油引擎，225匹馬力

主要武裝 六挺.303英吋口徑霍吉斯Mark I*機槍

為了越過較寬的德軍戰壕，英軍會使用柴捆或專用六角形木架，並設計長度更長的新型戰車。Mark V*基本上就是拉長版的Mark V戰車，而Mark V**則安裝了馬力更大的引擎，履帶的布局也重新設計過。

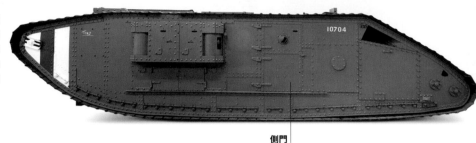

側門

◁ Mark VIII

年代 1918	**國家** 英國、美國

重量 37.6公噸

引擎 瑞卡多汽油引擎，300匹馬力

主要武裝 兩門QF六磅六擔霍吉斯L/23主砲

Mark VIII「萬國版」是英美攜手設計，計畫在法國生產，供協約國部隊使用。這是英國設計的第一款乘組員和引擎隔開的戰車，改善了車內的狀況。大戰結束後，美國生產了100輛，服役到1930年。

車外骨架

回行滾子

鉚釘接合的車身裝甲

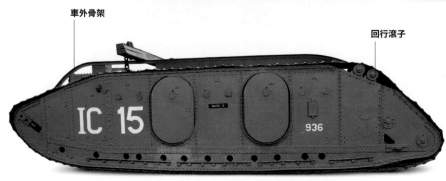

▷ Mark IX

年代 1918	**國家** 英國

重量 37.6公噸

引擎 瑞卡多汽油引擎，150匹馬力

主要武裝 兩挺.303英吋口徑霍吉斯Mark I*機槍

儘管正式名稱叫戰車，但Mark IX實際上是第一輛裝甲人員運輸車（armoured personnel carrier, APC），可搭載30名步兵。它的引擎和Mark V相同，但車身重量多了9公噸，所以馬力不足。有一輛車身兩側裝有大型浮桶的Mark IX被當成兩棲戰車進行測試。

◁ M1918三噸戰車

年代 1918 **國家** 美國

重量 3公噸

引擎 兩具福特T型汽油引擎，每具45匹馬力

主要武裝 .30英吋口徑機槍

M1918由福特汽車公司以量產為目的而設計，使用福特汽車零件，有兩名乘組員，並肩坐在兩條履帶之間。不過在法國作戰的美國坦克兵團（US Tank Corps）並沒有採用，因為他們認為這款戰鬥車的作戰效益不高。福特原本計畫生產1萬5000輛，最後只生產15輛。

大尺寸惰輪

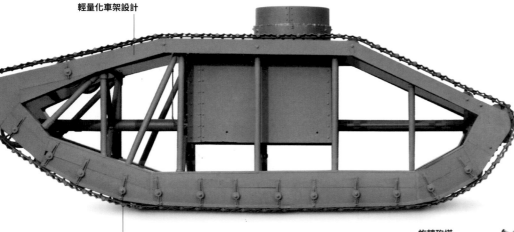

輕量化車架設計

△ 骨架戰車（Skeleton Tank）

年代 1918 **國家** 美國

重量 9.1公噸

引擎 兩具畢佛（Beaver）四汽缸汽油引擎，每具50匹馬力

主要武裝 .30英吋口徑機槍

這輛戰車採不尋常的骨架式結構，目的是要在降低車身重量的同時依然可以跨越較寬的戰壕。戰鬥艙可容納兩名乘組員和引擎。不過基於這樣的設計，車身側面無法安裝砲座，因此武裝設置在車頂的砲塔裡。

固定路輪的車軸

旋轉砲塔

正面裝甲

裝有六磅砲的凸出砲座

協約國標誌

▷ 飛雅特2000

年代 1917 **國家** 義大利

重量 40.6公噸

引擎 飛雅特航空（Fiat Aviazione）A.12六汽缸汽油引擎，240匹馬力

主要武裝 65公釐L/17榴彈砲

飛雅特（Fiat）2000是義大利的第一輛戰車，共有兩輛原型車，1917年由飛雅特公司自行研發製造，並在1918年捐給義大利陸軍。1919年，飛雅特2000被送往利比亞作戰，但由於速度緩慢，在對抗當地游擊隊時顯得力不從心。這輛戰車除了主砲之外，還裝備了六挺機槍。

機槍安裝在砲塔內

▷ Mark C中型戰車「大黃蜂」

年代 1919 **國家** 英國

重量 19.8公噸

引擎 瑞卡多汽油引擎，150匹馬力

主要武裝 四挺.303英吋口徑霍奇斯Mark I*機槍

英國設計師威廉·特里頓和華特·威爾遜在1917年分道揚鑣（參見第28-29頁）。威爾遜在1918年設計了Mark C中型戰車，一般認為比里頓的Mark B中型戰車更優越。Mark C中型戰車共生產了50輛，到1923年仍在服役。

早期的裝甲車

第一次世界大戰中投入戰事的第一批裝甲車，是1914年由英國和比利時部隊在安特衛普（Antwerp）一帶使用的。它們與挺進的德軍交戰，並營救在敵方戰線後方迫降的飛行員。這些早期的車輛常有臨時的裝甲和武器，但不久就有特別設計的車輛開始服役。西線的僵局限制了裝甲車的用途，但它們在還有機會執行機動作戰的地方依然有價值。

▷ 密涅瓦裝甲車

年代 1914 **國家** 比利時

重量 4.1公噸

引擎 密涅瓦四汽缸汽油引擎，40匹馬力

主要武裝 8公釐口徑霍吉斯機槍

比利時陸軍向該國的汽車製造商密涅瓦（Minerva）訂購了大約300輛裝甲車，第一款車型既沒有車門，也沒有車頂，最高速度約為每小時40公里。之後的版本加裝了車頂，也有足夠的裝甲可保護機槍。

▷ 蘭徹斯特裝甲車

年代 1915 **國家** 英國

重量 4.9公噸

引擎 蘭徹斯特（Lanchester）六汽缸汽油引擎，60匹馬力

主要武裝 .303英吋口徑維克斯機槍

蘭徹斯特裝甲車在皇家海軍航空隊展開服役生涯，總共生產了36輛。它們首先在比利時戰鬥，負責騷擾德軍部隊並拯救被擊落的飛行員。1916年，它們被派往俄國，特遣隊的足跡最遠曾抵達波斯和土耳其。

鉚釘接合鋼質裝甲

輻條車輪

兩個砲塔，各配備一挺機槍

50匹馬力引擎

▷ 奧斯汀裝甲車

年代 1914 **國家** 英國

重量 4.2公噸

引擎 奧斯汀汽油引擎，50匹馬力

主要武裝 兩挺.303英吋口徑霍吉斯Mark I機槍

雖然俄國陸軍對裝甲車極有興趣，但缺乏相關工業能力而無法生產，因此只能採購外國產品。這款裝甲車由英國奧斯汀公司（Austin Company）製造，在1918年獲得英國軍方採用。大戰結束後，新興東歐國家曾從俄國手中擄獲一些，並加以利用。

▷ 恩居布洛夫－雷諾

年代 1915 **國家** 俄國

重量 3.4公噸

引擎 雷諾四汽缸汽油引擎，30匹馬力

主要武裝 兩挺7.62公釐口徑M1910機槍

恩格布洛夫－雷諾（Mgebrov-Renault）裝甲車上的獨特傾斜甲是俄國陸軍上尉維拉迪米爾・恩格布洛夫（Vladimir Mgebrov）設計的，可以在不超重的狀況下提高防禦力。這輛裝甲車本來的武器是安裝在一種少見的旋轉式上層結構裡，但在1916年替換成兩個較小的砲塔。

傾斜的正面裝甲

砲塔位於車輛後段

△ 寶獅1914 AC裝甲車

年代 1914 **國家** 法國

重量 5公噸

引擎 寶獅（Peugeot）汽油引擎，40匹馬力

主要武裝 37公釐口徑Mle 1897主砲

寶獅裝甲車有兩款，分別是AC和AM，也就是機砲和機槍版本。它跟其他的裝甲車一樣，在西線戰場僵持期間無法發揮太大作用，但到了1918年戰場回到機動戰態勢的時候，數量已經所剩無幾了。

◁ 蘭吉雅安薩多IZ

年代 1916 **國家** 義大利

重量 3.8公噸

引擎 蘭吉雅（Lancia）V6汽油引擎，40匹馬力

主要武裝 三挺 6.5公釐口徑飛雅特－雷維利（FIAT-Revelli）M1914機槍

義大利戰場多山，不適合裝甲車，但1917年義軍在卡波雷托（Caporetto）慘敗崩潰後，蘭吉雅安薩多（Lancia Ansaldo）裝甲車在保護撤退的義軍部隊時貢獻良多。它總共生產120輛，當中僅10輛擁有兩個砲塔。這款裝甲車後來有少數在義大利的非洲殖民地服役，直到二次大戰展開。

雙層後輪

駕駛室

▷ 艾爾哈特（Ehrhardt）E-V/4

年代 1917 **國家** 德國

重量 7.9公噸

引擎 戴姆勒六汽缸汽油引擎，80匹馬力

主要武裝 三挺7.92公釐口徑MG 08機槍

這輛裝甲車跟第一次世界大戰中的大多數裝甲車不同，是特地打造的，而不是從民用汽車改裝來的。它在可進行機動戰的東線戰場作戰，直到戰事結束。大戰結束後，德國各地暴動頻繁，德國警方用它來鎮壓暴民，而志願軍（Freikorps，德國民兵組織）也用它來對付反對人士。

駕駛觀測窗

左前砲塔

裝甲底盤

右後砲塔

有裝甲保護的後輪

◁ 埃司霍斯基－飛雅特

年代 1917 **國家** 俄國

重量 4.8公噸

引擎 飛雅特六汽缸汽油引擎，60匹馬力

主要武裝 兩挺7.62公釐口徑M1910機槍

大部分俄國裝甲車都有兩個砲塔，各配備一挺機槍。這款裝甲車的底盤由飛雅特提供給俄國的埃司霍斯基（Izhorski）公司來加裝裝甲。它總共生產約70輛，每輛五名乘組員。

第二章
兩次大戰之間：
1918–1939年

feu
tancs... tancs... tanc

兩次大戰之間

第一次世界大戰結束時，許多野心勃勃的戰車生產和運用計畫都被束之高閣，但有關戰車未來角色的理論卻開始蓬勃發展。有些軍事思想家認為，戰車能夠且應該取代所有其他型態的武力，有些人則認為往後將不會再有壕溝戰，因此也不再需要戰車了。

在這段期間，戰車的機械可靠度大幅提高。理論家和行動家因而受到鼓舞，開始思考步調更快、更加靈活機動的作戰概念。英國在這方面拔得頭籌，在 1927 年組建實驗機械化部隊（Experimental Mechanised Force），這是第一個為測試裝甲作戰理論而成立的大型組織。

各國發展的腳步不一。英國認定需要兩種戰車，一種用來支援步兵，另一種用來取代機動的騎兵，兩種所需的設計大不相同。德國在 1933 年之前不得製造戰車，所以他們的戰車都是祕密研發，並送往蘇聯測試。德國的裝甲作戰理論強調以均衡的多兵種機械化編制進行快速作戰。法國有好幾年時間都只有 FT 系列戰車，但在 1930 年代生產了幾款新型戰車，擔負不同的任務。蘇聯通常以國外的設計為基礎，生產數以千計的戰車，並發展出以高機動力為根基的軍事準則。

1930 年代，當戰爭的腳步開始逼近，舊戰車也達到服役年限，世界各地都有新一代戰車開始服役，其中許多很快就會投入戰場。

△ 「西班牙復活」
這張西班牙國民軍的海報慶祝西班牙內戰結束。在這場內戰中，戰車首度被用來打閃電戰（blitzkrieg）。

「…戰車兵在特魯埃爾（Teruel）擊斃至少1000名法西斯官兵……我們威力強大的戰車砲已經無情地把他們逼出了戰壕。」

蘇聯上校康德拉捷夫（S.A. Kondratiev），1937年西班牙內戰期間

▷ **1919年7月**：儘管Mark C中型戰車未曾投入第一次世界大戰的戰鬥，但還是有四輛參加了倫敦的一場大戰勝利遊行。
▷ **1920年**：法國和美國的戰車部隊都交由步兵來管轄。
▷ **1923年**：英國政府的戰車設計部（Department of Tank Design）解散，戰車的研發由私人企業接手。
▷ **1923年**：英國皇家戰車兵團（Royal Tank Corps）成立，成為軍種下的獨立兵種，首先接收的是166輛1920年代產量最大的維克斯中型戰車（Vickers Medium）。
▷ **1929年**：卡馬戰車學校（Kama Tank School）在蘇聯的喀山（Kazan）成立，讓德國可以從事戰車研發與訓練工作。
▷ **1931年**：美國陸軍內部的機械化發展工作交由騎兵負責。
▷ **1931年**：法國陸軍採用D1戰車，是1918年以來的第一款新式戰車。
▷ **1935年10月**：德國編成三個裝甲師。

△ 日軍小戰車
日軍擁有數以千計的戰車，但大部分是輕型戰車，強調機動力而不是防護力。

▷ **1935年**：蘇聯一個擁有超過1000輛戰車的機械化軍在基輔（Kiev）參加軍事演習。
▷ **1936年**：西班牙內戰爆發，德國、義大利、蘇聯都派出最新式戰車參戰。

◁ **1936年西班牙共和軍（Spanish Republican）的海報**，以慷慨激昂的畫風呈現戰車。

戰間期的實驗

隨著汽車科技在1920和30年代進步，戰車也變得更可靠、性能更好。這樣的進步，加上各方對於戰車在未來戰場上扮演何種角色所進行的進行辯論，鼓勵了這段時期的戰車設計師動腦創新，因此開發出各式各樣的實驗車型。有些戰車的開發目的是要以自身的裝甲保護士兵，有些則是採用「路上戰艦」概念，可以在沒有其他兵種幫助下獨立作戰。有些設計確實成了未來戰車的先驅，有些則證實不可行。

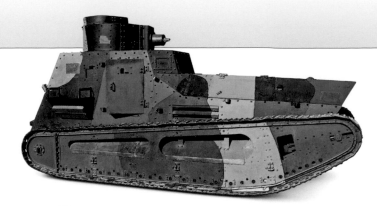

△ m/21戰車
年代 1921 **國家** 瑞典
重量 8.9公噸
引擎 戴姆勒－賓士（Daimler-Benz）汽油引擎，60匹馬力
主要武裝 6.5公釐口徑Ksp m/1914機槍

m/21是瑞典的第一輛戰車，以德國的LK II原型車為基礎研發，有四名乘組員。由於《凡爾賽條約》禁止德國研發戰車，因此德國偷偷地把LK II以曳引機零件的名義非法出口到瑞典。m/21主要用於訓練，其中有五輛在1930年代初期升級成m/21-29。

.303路易斯機槍

鉚釘接合裝甲

◁ 摩里斯－馬特爾（Morris-Martel）小戰車
年代 1926 **國家** 英國
重量 2.2公噸
引擎 摩里斯四汽缸汽油引擎，16匹馬力
主要武裝 .303英吋口徑路易斯機槍

1925年，英國軍官吉福德·馬特爾（Gifford Martel）少校設計出一款單人履帶車輛，馬上吸引高層注意，但測試發現只有一個人根本無法同時駕駛戰車和操作機槍，因此又研發了雙人車型（如圖）。摩里斯－馬特爾配發給實驗機械化部隊使用，是小戰車概念的先驅。

強化橡膠履帶

▷ A1E1 獨立式
年代 1926 **國家** 英國
重量 32.5公噸
引擎 阿姆斯壯席德利（Armstrong Siddeley）V12汽油引擎，270匹馬力
主要武裝 QF三磅砲

獨立式（Independent）戰車共有八名乘組員，不但主砲有砲塔，還有四挺機槍分別安裝在四個砲塔裡，此外車長也有專用的車長塔。獨立式只生產一輛，但多砲塔的設計很有影響力，不僅蘇聯的T-35和德國的新型結構車輛（Neubaufahrzeug）參考這個設計，英國的三砲塔巡航戰車（Cruiser）Mark I可能也是。

37公釐波佛斯m/38主砲

側面裝甲保護懸吊系統

◁ 輕型曳引機（Leichttraktor）Vs. Kfz.31
年代 1930 **國家** 德國
重量 9.7公噸
引擎 戴姆勒－賓士汽油引擎，100匹馬力
主要武裝 3.7公分口徑KwK 36 L/45主砲

德國違法和蘇聯在卡馬戰車學校祕密合作，因此得以生產並操作少量戰車。他們以「曳引機」為幌子，提供具備戰車設計、建造和操作經驗的人員和工業技術。

車輪在升起狀態

拆卸履帶後行駛速度更快

▷ 克利斯蒂M1931

年代 1931	**國家** 美國

重量 10.7公噸

引擎 自由式（Liberty）V12汽油引擎，338匹馬力

主要武裝 .50英吋口徑白朗寧（Browning）M2機槍

M1931由華特·克利斯蒂（J. Walter Christie）（見第52-53頁）設計，是沒有砲塔的M1928後繼車種。跟M1928不同的是，美國陸軍下單採購了M1931，但發揮更大影響力的是賣給蘇聯的那兩輛；之後的BT系列和T-34戰車就是從它們衍生出來的。這輛戰車裝甲較薄，並搭配懸吊系統，因此即便在崎嶇地面也能高速行駛。

後方副砲塔

前方副砲塔

▽ 輕型兩棲戰車

年代 1939 **國家** 英國

重量 4.4公噸

引擎 梅多斯（Meadows）六汽缸EST汽油引擎，89匹馬力

主要武裝 .303英吋口徑維克斯機槍

這款戰車是應英國要求而設計的，且是以維克斯輕型戰車而不是以公司先前的兩棲戰車為研發基礎。它的車身四周掛滿填充木棉的鋁質浮筒，在水中時以兩具推進器驅動。

船形鋁質車體

△ NbFz重戰車

年代 1934 **國家** 德國

重量 36.6公噸

引擎 BMW汽油引擎，290匹馬力

主要武裝 7.5公分口徑KwK 37 L/24主砲、3.7公分口徑KwK 36 L/45主砲

NbFz重戰車（Panzerkampfwagen Neubaufahrzeug）總共只生產五輛，包括兩輛原型車在內。它是為了當作德國的標準重型戰車而打造的，以彌補原本的一號到四號戰車之不足。兩門主砲安裝在同一座砲塔內，兩個較小的機槍砲塔可以向前和向後開火。這三輛車曾於1940年在挪威作戰，但戰鬥次數不多。

中空車輪可增加浮力

▽ fm/31戰車

年代 1935 **國家** 瑞典

重量 11.7公噸

引擎 麥巴赫（Maybach）DSO 8汽油引擎，150匹馬力

主要武裝 37公釐口徑波佛斯（Bofors）m/38主砲

早期戰車的一個缺陷就是履帶磨損速度太快。為了克服這點，許多國家都嘗試設計可以自帶車輪的戰車。這輛獨特的瑞典戰車可以在30秒內升起或降下車輪。不過戰車履帶在1930年代經過改良，變得更加可靠，可轉換車輪和履帶的車輛設計就不再需要了。

新時代的騎兵

世界各國騎兵步上機械化之路的時間有先有後。英國在這方面領先，他們於1920年代末在索茲斯柏立（Salisbury）平原舉行了一連串演習，結果顯示一支完全機械化的軍隊具有壓倒性的優勢——步兵由卡車運送，火砲由履帶或輪式車輛拖曳，此外還有戰車和履帶式偵察載具。

1928年，第一批英國騎兵團完成機械化工作。但必須再等十年，英國其餘的騎兵團才全部機械化，這是因為經濟大蕭條導致軍事預算縮減，倒不是因為騎兵團保守。英國陸軍部努力把以往騎兵的幹勁轉移到全新的機械化任務上，騎兵團要負責搜索、偵察、情報蒐集、掩護前進或撤退等。

當時的回憶錄與報章雜誌都充斥著許多騎兵團成員的失落感——長達幾個世紀的傳統、他們的馬匹、英挺的制服被換成單調的工作服等等。陸軍中校摩根（C.E. Morgan）在一首詩裡寫道：「我一輩子與馬匹為伍，我愛這份工作的甘苦。但我無法忍受這些新冒出來、專吃汽油的怪物。」

1930年代，英軍皇后灣（Queen's Bays）騎兵團的官兵在英國多塞特（Dorset）看一輛維克斯輕型戰車試車。

裝甲車

早期的戰車不是很可靠，像是履帶容易因為在崎嶇的地面上行駛或操作不當而斷裂，磨損速度也特別快。反之，輪式車輛就耐用許多，火力和防禦力通常沒比較差，噪音更小，且只要不是在最崎嶇的地面上，行駛速度還更快。基於這些條件，裝甲車適合作為巡邏車輛，例如英國就在印度運用裝甲車執行巡邏任務。其他國家則用它們作為裝甲部隊前方的斥候。

通往駕駛室的踏板

◁ **皮爾雷斯裝甲車**

年代 1919	**國家** 英國

重量 7公噸

引擎 皮爾雷斯四汽缸汽油引擎，40匹馬力

主要武裝 兩挺.303英吋口徑霍奇吉斯Mark I機槍

這款裝甲車以奧斯汀公司供應的裝甲車身和皮爾雷斯（Peerless）的卡車底盤搭配建造而成。它在愛爾蘭服役，結果顯示體積過大、速度慢，而且實心橡膠輪胎讓乘組員感覺不舒服。這款裝甲車之後移交給本土陸軍預備隊（Territorial Army），直到1930年代末期還有部分單位操作它們。

▷ **勞斯萊斯（Rolls-Royce）裝甲車**

年代 1920 **國家** 英國

重量 4.3公噸

引擎 勞斯萊斯六汽缸汽油引擎，80匹馬力

主要武裝 .303英吋口徑維克斯機槍

勞斯萊斯裝甲車1920年型和皇家海軍的1914年型幾乎一樣，駐紮世界各地的英國陸軍和皇家空軍都有使用，包括在愛爾蘭、伊拉克、上海和埃及等地。一些經過升級的1920年型和1924年型勞斯萊斯裝甲車曾參與1940和1941年的北非沙漠戰役。

裝備儲存空間

▽ **蘭徹斯特裝甲車**

年代 1931 **國家** 英國

重量 7.1公噸

引擎 蘭徹斯特六汽缸汽油引擎，90匹馬力

主要武裝 .50英吋口徑維克斯機槍

這款裝甲車和一次大戰時的同名裝甲車（見第34頁）大不相同。它更大更重，有四個位在車身後段的驅動輪，一個位在車尾面朝後方的第二駕駛座，還有兩挺.303維克斯機槍。這款裝甲車共生產39輛，其中有10輛因為加裝無線電而沒有車身上的維克斯機槍。1941－42年，一些仍堪用的蘭徹斯特裝甲車曾在馬來亞（Malaya）和日軍作戰。

▷ **Sd Kfz 231六輪裝甲車**

年代 1932 **國家** 德國

重量 5.4公噸

引擎 瑪吉魯斯（Magirus）M206汽油引擎，70匹馬力

主要武裝 2公分口徑KwK30L/55主砲

1929年，德國人開始以幾款不同的6x4卡車底盤為基礎開發Sd Kfz 231。它有四名乘組員，包括面向後方的第二駕駛，共生產151輛。這款裝甲車曾在奧地利、波蘭、捷克斯洛伐克和法國執行任務，但因為越野能力不佳而在1940年撤回。圖中這輛為複製品。

傾斜的車身設計可彈開來襲的砲彈

▽ 潘哈德（Panhard）機
槍偵察車1935年型

年代	1937	國家	法國
重量	8.2公噸		
引擎	潘哈德ISK四汽缸汽油引擎，105匹馬力		
主要武裝	25公釐口徑霍奇吉斯SA 35主砲		

AMD（Automitrailleuse de Découverte，機槍偵察車）35主要執行偵察任務，產量超過1100輛。它有面向後方的第二駕駛，同時兼任無線電操作員。儘管AMD 35越野能力不足，但噪音小、速度快，受到部隊官兵歡迎。1940年法國投降後，這款車仍持續生產，甚至持續到1945年戰爭結束後。

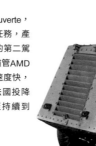

△ 禮蘭裝甲車

年代	1937	國家	愛爾蘭
重量	13.2公噸		
引擎	福特V8 type 317汽油引擎，155匹馬力		
主要武裝	20公釐口徑麥德森（Madsen）機砲		

這款車是愛爾蘭人從報廢的皮爾雷斯裝甲車上拆下裝甲，然後安裝到6x4禮蘭（Leyland）卡車底盤上，砲塔則由瑞典蘭得斯維克（Landsverk）供應。它共生產四輛，和另外八輛相似的瑞典L-180裝甲車一起服役。1956－57年，它們經過重新設計，安裝了新的正面裝甲。

後方駕駛和機槍手的位置

踏腳板

△ 山貓式（Lynx）m/40裝甲車

年代	1939	國家	瑞典
重量	7.1公噸		
引擎	富豪（Volvo）六汽缸汽油引擎，135匹馬力		
主要武裝	20公釐口徑波佛斯m/40機砲		

這款車原本是為丹麥設計的，但在1940年德軍入侵丹麥之前，第一批的18輛只有三輛交付到丹麥人手裡。瑞典留下另外15輛，並追加訂購30輛。這輛車設計前後對稱，共有六名乘組員，包括前後駕駛及機槍手。它的前後輪都可轉向，甚至連前進和倒退的速度都相同。

砲塔頂上有車長塔

.303維克斯機槍

▷ 克羅斯利－雪佛蘭（Crossley-Chevrolet）裝甲車

年代	1939	國家	英國
重量	5.1公噸		
引擎	雪佛蘭六汽缸汽油引擎，78匹馬力		
主要武裝	兩挺.303英吋口徑維克斯機槍		

駐守在印度的英國陸軍部隊是裝甲車使用大戶，尤其是在與阿富汗接壤的西北邊境省（North West Frontier Province）。它們根據「印度型」的標準生產，包括半球形砲塔和車長塔，還有可以隔熱的石棉襯裡。到了1939年，原本的底盤已經耗損殆盡，因此把原本的車身安裝到新的雪佛蘭底盤上。

NOWSHERA

輕型戰車和小戰車

由於受到經濟大蕭條的影響，整個1930年代的軍事預算愈來愈吃緊。因此，概念取自摩里斯－馬特爾（Morris-Martel）戰車的小戰車（tankette），成了軍方在戰場上投入大量裝甲火力時相對廉價的選擇。小戰車一般用在支援步兵，日漸普及。另一方面，輕型戰車（light tank）車體較大、防護力較佳，因此通常用於重型戰車突破敵陣後的後續作戰任務。在這段時期，大部分輕型戰車只配備機槍，直到1930年代末才開始配備反戰車砲。

.303維克斯（Vickers）機槍

▷ **卡登－洛伊德運輸車Mark VI**

年代 1928	國家 英國
重量	1.5公噸
引擎	福特T型汽油引擎，22.5匹馬力
主要武裝	.303英吋口徑維克斯機槍

1920年代中期，卡登－洛伊德公司（Carden-Loyd Company）生產了一系列的單人和雙人小戰車，Mark VI是當中最成功的型號（到1935年已生產了450輛），也是公司被維克斯買下之前的最後一個型號。它的設計圖被賣到世界各地，影響了後來許多戰甲車輛的研發。

表面硬化裝甲

霍斯特曼懸吊系統

◁ **維克斯輕型戰車Mark IIA**

年代 1931	國家 英國
重量	4.3公噸
引擎	勞斯萊斯六汽缸汽油引擎，66匹馬力
主要武裝	.303英吋口徑維克斯機槍

維克斯輕型戰車從卡登－洛伊德戰車衍生而來，目標是取代偵察用的裝甲車。第一批投入服役的型號有Mark II、Mark IIA和Mark IIB，彼此之間沒有太大差異。Mark II系列都有兩位乘組員、改良版霍斯特曼（Horstmann）懸吊系統，還有防護力更佳的新型裝甲板。Mark II共生產60輛，另外還有大約50輛「印度型」的變化版。

開啟的駕駛艙蓋

薄裝甲能提高浮力

◁ **T-37A**

年代 1933	國家 蘇聯
重量	3.2公噸
引擎	GAZ-AA汽油引擎，40匹馬力
主要武裝	7.62公釐口徑DT機槍

T-37A兩棲戰車是從1931年銷往蘇聯的維克斯A4E11發展而來的，機動性強，用於執行偵察和步兵支援。由於必須能夠浮在水上，它只能使用薄裝甲，結果在德國入侵俄國時損失慘重。共生產約1200輛。

△ **馬蒙－赫林頓（Marmon-Herrington）CTL-3**

年代 1936	國家 美國
重量	4.6公噸
引擎	林肯V12汽油引擎，110匹馬力
主要武裝	.30英吋口徑白朗寧（Browning）M1919機槍二挺

CTL-3是為美國海軍陸戰隊生產的戰車。基於船艦甲板作業限制，重量控制在4.6公噸，結果證明這是一個重大缺陷。到了1939年，情況已經很清楚：美國陸軍的輕型戰車性能比較好，雖然重量較重，但無礙作業。

配備機槍的兩座砲塔

△ M2A3輕型戰車

年代 1936 **國家** 美國

重量 9.7公噸

引擎 大陸R-670-9A汽油引擎，250匹馬力

主要武裝 .50英吋口徑白朗寧M2機槍

由於M2系列是設計來支援步兵的，因此武裝只有機槍而已。M2A3有兩座砲塔，其中一座安裝.50機槍，另一座安裝.30機槍。不過歐洲戰場的教訓顯示這樣的火力並不夠，因此M2A4就配備了一門37公釐砲。

垂直渦形彈簧懸吊

△ M1戰鬥車

年代 1937 **國家** 美國

重量 9.9公噸

引擎 大陸R-670-9A汽油引擎，250匹馬力

主要武裝 .50英吋口徑白朗寧M2機槍

在1920年和1940年之間，美國法律規定美軍只有步兵可以操作戰車，因此騎兵使用的這款車輛必須稱為「戰鬥車」（Combat Car）。M1和M2的設計有許多特徵，後來都在二次大戰期間的美軍戰車上不斷出現，包括垂直渦形彈簧懸吊系統（Vertical Volute Suspension System, VVSS）和大陸（Continental）R-670引擎。

斜堤板裝甲

「半球形」裝甲可保護乘組員頭部

載貨用貨斗

△ UE小戰車

年代 1937 **國家** 法國

重量 3.3公噸

引擎 雷諾四汽缸汽油引擎，38匹馬力

主要武裝 無

▷ 維克斯輕型戰車Mark VIB

年代 1937 **國家** 英國

重量 5.3公噸

引擎 梅多斯（Meadows）ESTB六汽缸汽油引擎，88匹馬力

主要武裝 .50英吋口徑維克斯機槍

UE小戰車也是從卡登－洛伊德運輸車衍生而來，目的是當作步兵的輕裝甲補給車輛。UE小戰車的乘組員座位區後方有一具貨斗，具有自動傾倒功能，還可以拖曳各種裝備，例如迫擊砲、反戰車砲和履帶式拖車等。UE小戰車大約生產了5000輛，當中絕大部分都沒有武裝。

維克斯輕型戰車從Mark V開始加裝雙人砲塔，配備.50和.303機槍，Mark VI則多加裝了無線電設備。Mark VIB是最常見的型號，製造了將近1000輛，不過法國、北非和希臘的戰鬥經驗卻顯示這些戰車的性能已經落伍。

駕駛座位於左前方

Mark VIB輕型戰車

Mark VIB 輕型戰車是維克斯－阿姆斯壯（Vickers-Armstrongs）為英國陸軍研發的戰車。自 1936 年起，英國政府大量訂購這款戰車，認為它適合用來在殖民地執行警察巡邏任務，也可從事偵察行動，且價格不算高。1939 年 9 月二次大戰爆發時，這款輕型戰車共有超過 1000 輛在英國陸軍服役，較重型的戰車則只有 150 輛。

Mark VIB在當時當屬於快速戰車，使用霍斯特曼懸吊系統，時速可達到56公里，負責執行偵察或掩護裝甲部隊側翼的任務。它的砲塔安裝了兩組機槍座，配備維克斯.50和.303機槍各一挺。裝甲最厚的地方只有13公釐多，擋得住子彈，但擋不住更強大的火力。

　　這款戰車乘組員有三人，包括坐在車頭引擎左側的駕駛，以及坐在砲塔內的車長和砲手。車長必須同時操作無線電。由於車身不長，在行經崎嶇地形時會劇烈晃動，砲塔內的車長和砲手必須抓緊車內固定物品，才不會摔來摔去。英國陸軍在1940年成立新的皇家裝甲軍（Royal Armoured Corps），有七個騎兵團就裝備了VIB輕型戰車，此外幾個皇家戰車團（Royal Tank Regiment）也有配備。在二次大戰初期，這款戰車參與了許多戰事，包括1940年在法國和利比亞，以及1941年在希臘和克里特島（Crete）。

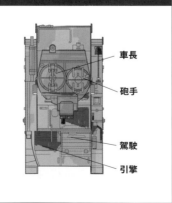

後視圖

規格說明	
名稱	Mark VIB輕型戰車
年代	1936
國家	英國
產量	1682輛
引擎	梅多斯6汽缸汽油引擎，88匹馬力
重量	5.3公噸
主要武裝	.50英吋口徑維克斯機槍
次要武裝	.30英吋口徑維克斯機槍
乘組員	3名
裝甲厚度	13公釐

車長
砲手
駕駛
引擎

車長塔讓車長有更好的視野

裝甲引擎蓋

正面裝甲厚度38公釐

霍斯特曼懸吊系統

立體側視圖

遠征軍

這輛Mark VIB輕型戰車漆有1940年在法國與英國遠征軍第2步兵師並肩作戰的第4／第7禁衛龍騎兵團（Dragoon Guards）的標誌。

單位識別代碼

數字「4」表示這輛戰車隸屬於第4／第7禁衛龍騎兵團。

重量標示

戰車的過橋重量漆在車身上，以最接近的噸位標示。

外觀

在Mark VIB輕型戰車的生產年代，潛望鏡還沒應用在戰車上，所以乘組員必須直接從裝甲觀測窗往外看，被子彈或破片擊中受傷的機率比較高。車外的銅質製造商銘牌原本刻有工廠生產訊息，但文字被鑿刻破壞──這是為了防止萬一戰車被敵軍擄獲時洩露工廠地址，反而成為德軍轟炸機的優先目標。

1. 營戰術標誌 2. 頭燈 3. 聚光燈 4. 駕駛用觀測窗 5. 滅火器 6. 主機槍和同軸機槍 7. 煙霧彈發射器 8. 車長用觀測窗 9. 製造商銘牌，文字已被鑿刻破壞 10. 排氣管 11. 拖曳鋼纜 12. 天線座 13. 每兩個路輪為一個懸吊單位

內裝

雖然這輛戰車生產的年代已經有現代化的生產線製造技術，但它並不算真正的量產戰車。從裝甲板的貼合度和拋光度，看得出完成這些工作所需的技術和工藝水準。

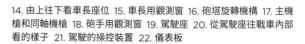

14. 由上往下看車長座位 15. 車長用觀測窗 16. 砲塔旋轉機構 17. 主機槍和同軸機槍 18. 砲手用觀測窗 19. 駕駛座 20. 從駕駛座往戰車內部看的樣子 21. 駕駛的操控裝置 22. 儀表板

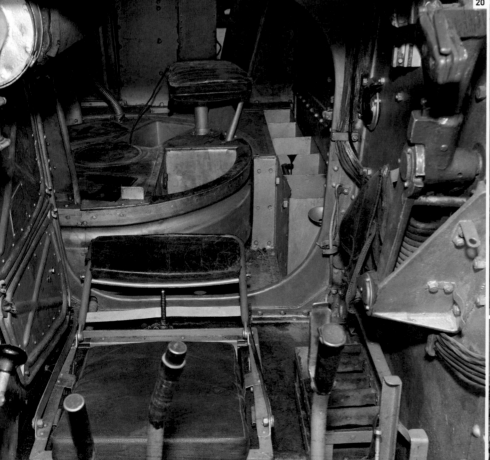

克利斯蒂站在他為美國陸軍設計的M1931戰車上。

偉大設計師
華特・克利斯蒂

華特・克利斯蒂（J. Walter Christie）經常被描述成一位特立獨行的發明家——脾氣火爆、好發議論、難以相處。或許正是這樣的個性問題，導致他設計的戰車無法量產。不過，他的一些發明為戰車的研發帶來了深遠的影響。

克利斯蒂是美國人，先是在幾間輪船公司擔任顧問工程師，之後開始往賽車領域發展，曾駕駛自己設計的一輛前輪驅動汽車參加1907年的法國大獎賽（French Grand Prix）。同年稍晚，他在匹茲堡的賽車場為了打破賽道紀錄而發生嚴重車禍。他設計的一輛名為「克利斯蒂賽車」（Christie Racer）的汽車，後來成為第一輛在印第安納波利斯（Indianapolis）賽車場跑出平均時速超過161公里的賽車。

克利斯蒂也設計計程車和消防車。第一次世界大戰期間，他為美國陸軍軍械局設計出一款砲車，但拒絕美國軍方提出的規格要求。克

華特・克利斯蒂
（1865-1944年）

利斯蒂態度強硬，堅持己見，對官員粗魯無禮，成了軍方的不受歡迎人物。不過，他的一輛輕型兩棲戰車倒是有點進展，儘管在初期的一次測試裡發生過無法靠岸的問題，但美國海軍陸戰隊還是認為很有潛力。克利斯蒂開始對戰車產生興趣，經過多年實驗並投入大量資金之後，他在1928年10月向美國軍方展示了一款完全創新的戰車底盤。他原本打算把這輛戰車的編號訂為Model 1940，因為他認為他的設計領先當時十幾年，但最後獲得的編號是Model 1928。這組戰車底盤的特色是安裝了大尺寸路輪，拿掉履帶也能行駛。特別是，每一個輪子都有獨立的懸吊系統——也就是安裝在車身內的螺旋彈簧（helicoil）——因此戰

通過測試
1936年，裝有克利斯蒂懸吊系統的T3E2戰車穿越一座障礙訓練場。這輛戰車每個車輪都有各自的懸吊系統，可以輕鬆越過崎嶇地形。

車行駛在崎嶇地面時出奇靈活，每個車輪在越過障礙物時都會上下跳動。這讓它的前進速度比使用相對笨重的「板片彈簧」（leaf spring）懸吊系統的傳統戰車還要快得多。為了降低重量並提高速度，這款戰車裝甲較薄，車頭還有傾斜設計，可彈開來襲的砲彈。在克利斯蒂的構想中，他的戰車可以用來穿透敵軍陣地，並憑藉高速深入敵方領域。全車重量僅8公噸，配備一具「自由」式（Liberty）引擎，以履帶行駛時最高時速可達68公里，而用車輪行駛時更可達到每小時112公里，十分驚人。

由於美國陸軍步兵戰車委員會把戰車視為步兵的支援武器，對這輛裝甲薄弱的戰車興趣缺缺，所以他們把克利斯蒂介紹給騎兵隊，因為在當時，騎兵對裝甲車較有興趣。讓克利斯蒂倍感挫折的是，美國軍方拒絕支付他已經投入的開發成本。

克利斯蒂不善罷干休，變得更加憤恨不滿，決定把他的設計賣給願出高價的買家，因此他和好幾個國家都做了交易：波蘭訂

實驗性設計
克利斯蒂的實驗型T3E2戰車可以快速行駛，但內部空間只能容納兩人。美國陸軍認為它不適合作為步兵支援武器。

> 「克利斯蒂先生，我們不要你的設計，也不在乎你拿去賣給誰。」
>
> 美國軍械局，克利斯馬斯（Christmas）少校

「蘇聯戰車兵的榮光」
克利斯蒂的懸吊系統成為蘇聯革命性的T-34戰車上的關鍵部件。

購了一輛，但因未能交貨而退款。蘇聯收到了兩輛，以及透過非法管道寄送、佯裝成農用曳引機的各種設計圖。英國也購買了一輛，是以農用機械零件的名義出口。這幾輛外銷的戰車都對俄國的BT系列快速戰車和英國的A13巡航戰車產生了直接影響。

儘管後來又研發出其他許多設計，克利斯蒂卻從未受到美國軍方器重，最後抑鬱而終。

飛行戰車
克利斯蒂還設計了「飛行戰車」：這是一種雙人戰車，附有可拆卸式機翼，目的是直接飛到戰場上。但這個想法從未實現。

英國戰車工廠
二次大戰期間，許多在這座英國工廠裡組裝的戰車都配備克利斯蒂設計的路輪和懸吊系統，當中包括盟約者式（Covenanter）、十字軍式（Crusader）、彗星式（Comet）、克倫威爾式（Cromwell）以及A13巡航戰車。

暢銷全球的維克斯戰車

維克斯Mark E戰車（又稱為六噸戰車）是私人企業的產物，在1920年代設計完成，設計團隊包括約翰・瓦倫廷・卡登（John Valentine Carden）和薇薇安・洛伊德（Vivian Loyd）兩位設計師。這款車銷售到世界各地，相當受歡迎。它主要分成兩種關鍵版本：一種是這張圖中的A型，擁有兩座砲塔，各配備一挺維克斯機槍。另一種則是B型，只有一座砲塔，但有創新設計的砲座，安裝一挺機槍及一門47公釐或三磅砲。它裝有鉚釘接合裝甲板，正面最厚處為25公釐，懸吊系統由兩根用葉片彈簧連接兩組車輪架的車軸組成，當一組車輪抬高時，彈簧就會把第二組車輪下壓。這款車裝有一具阿姆斯壯席德利引擎，最高道路行駛速度可達每小時35公里。

維克斯外銷的Mark E戰車超過150輛，授權生產的數量更多，有些國家甚至是因為取得他們的授權才開始生產戰車。蘇聯購買了15輛A型，然後開始生產自己的版本，稱為T-26，產量十分龐大。而使用Mark E的17國當中，有許多修改了原設計，以符合自身需求。這款戰車的參戰紀錄遍及世界各地：首先是1933年玻利維亞和巴拉圭之間的查科戰爭（Chaco War），然後是西班牙內戰，接著是芬蘭和蘇聯間的戰爭。此外在中國、波蘭和泰國也都可以看到它的身影。

1930年代， 一輛維克斯Mark E戰車在波蘭華沙公開演示，吸引大批群眾圍觀。

中型和重型戰車

中型和重型戰車速度較慢，但火力更加強大，它們的目的是要攻擊敵方的戰車和要塞，突破戰線，讓速度更快的作戰車輛有機會發揮。因此一般而言，它們重視防禦力和火力多於機動力。維克斯獨立式戰車的多砲塔概念影響了一部分這類戰車，華特·克利斯蒂的懸吊系統也開始受到青睞。許多國家採購維克斯Mark E戰車，而蘇聯則是以它作為藍本，研發自己的設計。

◁ **維克斯Mark II*中型戰車**

年代 1926	國家 英國

重量 13.7公噸

引擎 阿姆斯壯席德利V8汽油引擎，90匹馬力

主要武裝 QF三磅砲

Mark I和Mark II中型戰車幾乎一模一樣，1923年到1938年在皇家裝甲軍服役。它們是第一種在英軍服役的旋轉砲塔戰車。儘管從未上過戰場，但它們對兩次大戰期間的戰車設計有重大影響。Mark II中型戰車共生產166輛。

▷ **維克斯Mark E六噸戰車**

年代 1928	國家 英國

重量 7.5公噸

引擎 阿姆斯壯席德利四汽缸汽油引擎，80匹馬力

主要武裝 QF三磅砲

維克斯設計這款戰車，結果十分暢銷，賣給了12個國家，但生產量不大，只生產約150輛。數量最多的一筆訂單來自波蘭，共買了38輛。不過它的設計影響深遠，7TP（見第70-71頁）和T-26均脫胎於此。這輛戰車有兩種版本，分別是擁有兩座機槍砲塔的A型，和本圖所示只有一座砲塔的B型。

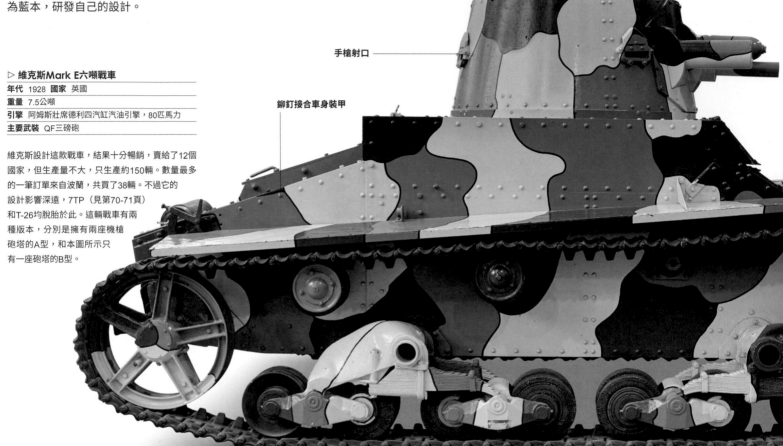

手槍射口

鉚釘接合車身裝甲

45公釐主砲

引擎排氣管

△ **T-26**

年代 1931	國家 蘇聯

重量 9.4公噸

引擎 T-26四汽缸汽油引擎，91匹馬力

主要武裝 45公釐口徑20K Model 1934 L/46主砲

T-26顯然是這段時期產量最多的戰車，共生產1萬2000輛，包括2000輛雙砲塔版本和1700輛其他改裝版本。它曾參與西班牙內戰，但弱點隨即暴露，雖然後來經過升級，但到了1939年就已經被歸為過時車種。不過在遠東地區，仍有少數存留到1945年。

▽ **T-28**

年代 1933	國家 蘇聯

重量 29公噸

引擎 米庫林（Mikulin）M17T汽油引擎，500匹馬力

主要武裝 76.2公釐口徑KT-28 L26榴彈砲

T-28是多砲塔設計，目的是用來支援步兵，因此裝備榴彈砲而不是反戰車砲，大約生產了500輛。根據在波蘭和芬蘭獲得的作戰經驗，這款車有一部分加了額外的裝甲。

車體上的備用路輪

裝備機槍的小砲塔

駕駛艙口

履帶可拆卸並以路輪行駛

◁ **BT-7**

年代 1935	**國家** 蘇聯
重量 13.8公噸	
引擎 米庫林M17T汽油引擎，450匹馬力	
主要武裝 45公釐口徑20K Model 1934 L/46主砲	

BT-7以克利斯蒂的M1931（見第40-41頁）為基礎研發，是BT-2和BT-5的後繼車種，共生產8122輛，分成三種版本。這款戰車速度快、武裝齊全，但裝甲薄弱，曾參與西班牙內戰、遠東衝突、波蘭和芬蘭的戰事，後來1941年德軍入侵時，損失數量數以千計。不過它也跟T-26一樣，有一些在遠東戰場存留了下來。

每個砲塔都有獨立戰鬥艙

△ T-35

年代 1936	**國家** 蘇聯
重量 45.7公噸	
引擎 米庫林M17T汽油引擎，650匹馬力	
主要武裝 76.2公釐口徑Model 1927/32主砲	

T-35屬於重型戰車，為簡化生產，許多零件和T-28通用，但最後只生產61輛。它有五個砲塔，一個砲塔裝備76.2公釐榴彈砲，兩個砲塔裝備45公釐20K反戰車砲，另外兩個裝備DT機槍。這款戰車絕大部分都在德軍入侵時失去。

迷彩塗裝

驅動齒輪

▷ M2A1中型戰車

年代 1939	**國家** 美國
重量 23.4公噸	
引擎 萊特（Wright）R-975汽油引擎，400匹馬力	
主要武裝 37公釐口徑M3 L/56.6主砲	

M2A1是美國第一款投入生產的中型戰車，目的是要支援步兵，因此裝備了六挺.30機槍，可向所有方向開火。儘管到了1940年代M2戰車已經過時，但\它的垂直螺旋懸吊系統（參見P46－47）和R-975引擎依然好用，因此被用在接下來的M3和M4上。

傾斜的砲塔裝甲

機槍可360度掩護四周

U.S.A. W-30444

垂直渦形彈簧懸吊

砲塔上有備用路輪

瑞典軍標誌

頭燈

◁ Strv m/40L

年代 1940	**國家** 瑞典
重量 9.1公噸	
引擎 斯堪尼亞－瓦比世（Scania-Vabis） 1664汽油引擎，142匹馬力	
主要武裝 37公釐口徑Bofors m/38主砲	

Strv m/40L以蘭得斯維克L-60為基礎研發，共生產100輛。戰間期的瑞典戰車性能優異，但因為瑞典是中立國，因此後來並未跟上二次大戰期間戰車的快速進步發展。這款戰車在1956年賣給多明尼加共和國20輛，1965年時被用來對抗美國，成為m/40L唯一的參戰記錄。

維克斯Mark II 中型戰車

維克斯中型戰車在 1923 年開始服役,是英軍第一款裝有彈簧懸吊系統和旋轉砲塔的戰車。由於設計成功,這款中型戰車是 1923 年到 1935 年間英軍的主要戰車。

這款中型戰車的設計目標是要能機動作戰,因此車頭的地方安裝了一具阿姆斯壯席德利氣冷引擎,速度達每小時48公里。這款車共有七種版本,首先是Mark I中型戰車,在砲塔配備一門三磅砲和霍奇吉斯機槍,車體兩側則各有一挺維克斯機槍。這款主砲可用來對付當時的戰車,但卻無法對抗野戰要塞工事和反戰車砲,因此衍生出近接支援版

後視圖

本。Mark II取消了霍奇吉斯機槍,改裝一挺同軸維克斯機槍。除了裝有火砲的車型外,還生產了指揮車和架橋車。

維克斯中型戰車是1928年英國陸軍實驗機械化部隊的骨幹。這支擁有革命性編制的部隊在索茲斯柏立平原進行演習,展現出機械化部隊的潛力。有鑑於此,英國陸軍在整個1930年代持續機械化工作。

規格說明

名稱	Mark II中型戰車
年代	1923
國家	英國
產量	100輛
引擎	阿姆斯壯席德利V8汽油引擎,90匹馬力
重量	13.7公噸
主要武裝	三磅砲
次要武裝	三挺.303英吋口徑維克斯機槍
乘組員	5名
裝甲厚度	6.25－8公釐

砲手

砲手

車長

砲手

駕駛

三磅砲

用鑄件連結的金屬履帶

有蓋的彈簧懸吊　　立體側視圖

團指揮部戰車戰術符號

安裝在球型機槍座的.303
維克斯機槍

T199　ML8642

MIGHTIER YET !

**Britain's Mechanised Army
grows stronger every day**

機械化騎兵
這張1940年的宣傳海報
主角是Mark II，充分顯示
出英國陸軍自一次大戰以
來改變了多少。到了1941
年，所有英國陸軍的騎兵
團都已經機械化。

E16

車輛識別代碼
從漆在車輛側面的識別代
碼可以看出，這輛維克斯
Mark II中型戰車是訓練用
戰車。

外銷成績亮眼
維克斯中型戰車證明了裝甲部隊的潛力，且外銷
成績優異，因此影響深遠。俄國購買15輛，日本
也購買一輛，並直接影響到日本國產89式
（Type 89）戰車的設計。

外觀

維克斯中型戰車是用鉚釘接合裝甲板打造，正面厚6.25公釐，只能抵擋子彈。不過1923年編成的皇家戰車兵團非常擅長在行進間射擊三磅砲，這樣優異的成績讓他們可以維持機動力，也能讓敵軍砲手難以開砲擊中。

1. 總部指揮戰車標誌　2. 燈罩　3. 頭燈　4. 引擎進氣口　5. 駕駛艙口　6. 同軸維克斯機槍座　7. 車身球形機槍座的維克斯機槍　8. 主砲瞄準孔　9. 砲塔觀測窗　10. 斜接式車長艙口　11. 履帶張力器　12. 履帶滾輪　13. 驅動齒輪　14. 排氣管

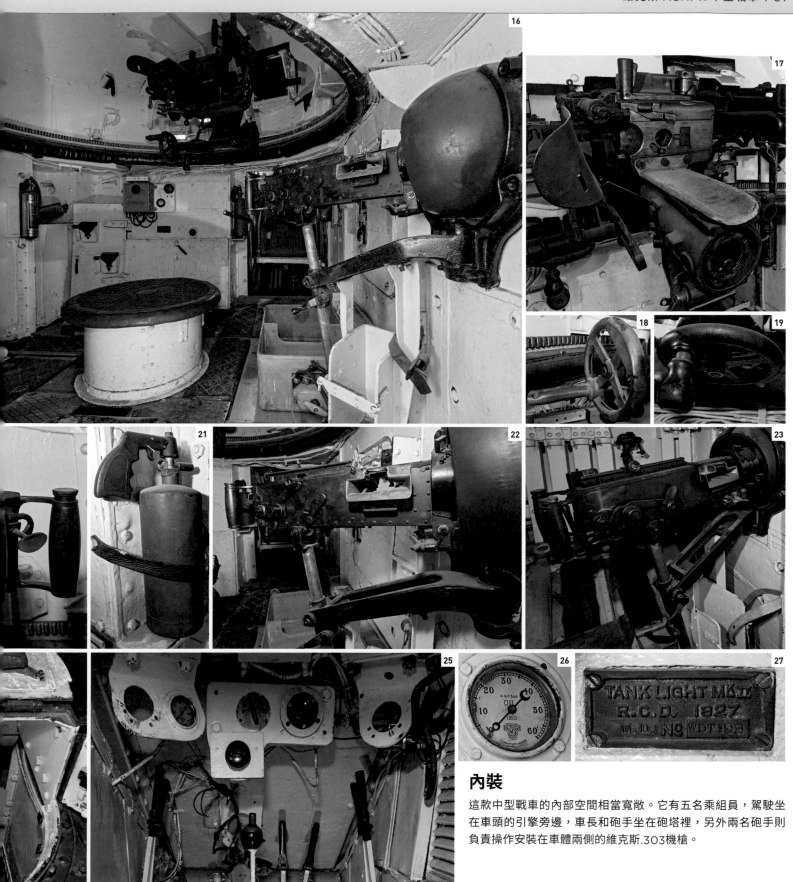

內裝

這款中型戰車的內部空間相當寬敞。它有五名乘組員，駕駛坐在車頭的引擎旁邊，車長和砲手坐在砲塔裡，另外兩名砲手則負責操作安裝在車體兩側的維克斯.303機槍。

15. 從後門往內看　16. 戰鬥艙內裝　17. 三磅砲後膛　18. 火砲升降轉盤　19. 砲塔旋轉轉盤　20. 同軸維克斯機槍　21. 滅火器　22. 車身機槍座　23. 維克斯.303機槍　24. 由上往下看駕駛座　25. 駕駛控制桿　26. 引擎油量表　27. 製造商銘牌

第三章
第二次世界大戰：
1939-1945年

第二次世界大戰

戰車在第二次世界大戰期間發展成熟，在世界各地、各種氣候、各種地形條件下服役。1939 － 40 年間，德軍節節勝利，很大一部分要歸功於裝甲部隊。雖然以戰車本身來說，許多德軍戰車都不如盟軍的最新戰車先進，但德國人卻把戰車部隊編組成更大的作戰單位，再加上砲兵和空軍的支援，形成可以徹底壓倒對手的組合。相對之下，法國和英國的戰車在戰線上常常分散布署，過於稀疏，且許多戰車火力不足，無法進行反戰車作戰。

在北非，英軍對上義大利軍時占盡優勢。不過德軍陸續抵達後，雙方你來我往，互有攻守，前線位置的變動以數百公里計。當德軍入侵時，蘇聯擁有大約 2 萬 2600 輛戰車，但絕大部分是落伍車種，且光是在 1941 年就損失達 2 萬 500 輛。德軍侵略迫使蘇聯把所有工廠向東方遷移數百公里，然後以前所未有的規模開始全力生產戰車和裝備。1944 － 45 年，盟軍掌握了裝甲部隊的機動力，因此可以在歐洲快速推進。此外戰車也在義大利作戰，它們的機動力在當地受到考驗。在遠東戰場，盟軍手上較老舊、裝甲較薄的戰車用來對抗日軍依然有效。

盟軍在整個大戰期間生產超過 18 萬輛戰車，戰後仍有許多在世界各地服役達數十年之久，和吸收大戰的教訓而設計出來的新型戰車一起並肩作戰。

△ **德國戰爭海報**
一張德國黨衛軍徵兵海報徵召荷蘭人：「為了你的榮譽和良心，打倒布爾什維克！武裝黨衛軍正在呼喚你！」

「**尼可萊耶夫（Nikolayev）和他的裝填手車諾夫（Chernov）跳進那輛起火燃燒的戰車，發動之後踩下油門，直直地朝一輛虎式戰車撞去。撞擊之後，兩輛戰車都爆炸了。**」
俄羅斯國防部檔案館，談庫斯克戰役。

◁ **美國戰時生產委員會（War Production Board）** 的海報提醒所有工廠：戰爭期間，他們的優先任務就是生產戰車。

關鍵事件

▷ **1939年9月1日**：德軍入侵波蘭。蘇聯也在9月17日入侵，10月6日波蘭戰敗。

▷ **1940年5月**：阿哈會戰（Battle of Arras）中，英軍戰車看似堅不可摧，刺激德軍研發虎式戰車（Tiger）。

▷ **1941年4月**：底特律戰車兵工廠（Detroit Tank Arsenal）交付第一批戰車給美國陸軍，最後共交付了2萬5059輛。

▷ **1941年6月**：德軍入侵蘇聯，翌日即首度遭遇T-34戰車。

▷ **1941年11月**：第一批英美援助蘇聯的戰車投入戰場，最後共提供超過1萬2000輛。

▷ **1942年10月**：第二次阿來曼戰役（Second Battle of El Alamein）在埃及開打。M4雪曼（Sherman）戰車在這場戰役裡首度登場。

▷ **1943年7－8月**：庫斯克戰役爆發。雖然蘇聯損失的戰車比德國多很多，但卻贏得了戰略主動權。

▷ **1944年6月**：日軍在塞班島（Saipan）發動太平洋戰爭爆發以來最大規模的戰車攻擊行動，共投入44輛戰車，最後僅剩12輛存活。

△ **庫斯克戰役**
1943年，蘇聯步兵朝庫斯克附近的德軍陣地挺進。他們最後獲得勝利，敲響了德國東方野心的喪鐘。

▷ **1945年4月**：美軍開始入侵沖繩。美軍投入超過800輛戰車，反映出它們在太平洋戰區的價值。

德國戰車：
1939-40年

雖然1919年的《凡爾賽條約》禁止德國擁有戰車，但在1920年代，德國陸軍依然在蘇聯境內實驗戰車作戰的概念。1933年希特勒上台後，德國開始公然組建裝甲部隊。德軍使用的第一批戰車是一號和二號戰車，它們是訓練用車，但都曾參加西班牙內戰，因此暴露了一些弱點。三號和四號戰車吸收了這些教訓，但1939年時它們數量稀少。二號戰車在這個時期是德軍最普遍的戰車。

觀測窗

△ 一號戰車A型

年代 1934	國家 德國
重量 5.5公噸	
引擎 克魯伯（Krupp）M305汽油引擎，57匹馬力	
主要武裝 兩挺7.92公釐口徑MG13機槍	

一號戰車可乘坐兩人，原本是用來訓練，但因為其他戰車數量短缺，所以還是投入西班牙、波蘭、法國、丹麥、挪威和俄國的戰鬥中。一號戰車A型馬力不足，在戰鬥中不是很堪用，但用來訓練倒是相當有價值。

◁ 一號戰車指揮車

年代 1935	國家 德國
重量 6公噸	
引擎 麥巴赫NL38TR汽油引擎，100匹馬力	
主要武裝 7.92公釐MG34機槍	

標準的一號戰車內部空間只能容下無線電接收器，但作戰單位指揮官還需要發報。因此這款戰車配備了無線電發報機，還有第三個座位供無線電操作員使用。它從1935年服役到1942年底，之後就被更先進的車型取代。

兩公分主砲

▷ 二號戰車

年代 1937	國家 德國
重量 9.7公噸	
引擎 麥巴赫HL62TR汽油引擎，140匹馬力	
主要武裝 2公分口徑KwK 30 L/55主砲	

雖然二號戰車的武裝比一號戰車更強，裝甲也更厚，但主要也是做為訓練用途。1939－40年，由於現代化戰車短缺，二號戰車成了德軍的主要戰車。之後它做為輕型戰車執行偵察任務效果卓越，因此服役到1943年。

驅動齒輪位於車頭

▽ 三號戰車E型

年代 1937 **國家** 德國

重量 20.1公噸

引擎 麥巴赫HL120TRM汽油引擎，300匹馬力

主要武裝 3.7公分口徑KwK 36 L/46.5戰車砲

二次大戰剛爆發時，三號戰車主要被德軍用來對抗敵軍戰車。它的砲塔可容納三人，給予德軍戰車兵無與倫比的優勢。三號戰車在波蘭和法國表現良好，但不久之後，戰況就證實了它的火力不夠強大。

△ 四號戰車F型

年代 1937 **國家** 德國

重量 20.3公噸

引擎 麥巴赫120TRM汽油引擎，300匹馬力

主要武裝 7.5公分口徑KwK 37 L/24戰車砲

四號戰車原本的用途是支援三號戰車，用它的短砲身主砲摧毀軟性目標，像是反戰車砲和防禦工事等。不久狀況就顯示它可以配備更大的主砲和更厚的裝甲，需要有這兩樣東西才能對抗新的威脅。

▷ 35(t)戰車

年代 1935 **國家** 捷克斯洛伐克

重量 10.7公噸

引擎 許科達（Skoda）T11/0汽油引擎，120匹馬力

主要武裝 3.7公分口徑Kwk 34(t) L/40戰車砲

儘管35(t)戰車的設計領先那個時代，但有些地方構造複雜，實際上不是很可靠。1939年德國兼併捷克斯洛伐克時，獲得了219輛這款戰車，之後它們參與了波蘭、法國和俄國的戰事。到了1941年末，35(t)戰車因為零件短缺、可靠度低且耐寒性差而退出前線。

3.7公分主砲

路輪

儲物箱

板片彈簧懸吊

鉚釘接合車身裝甲

車長塔

△ 38(t)戰車E型

年代 1938 **國家** 捷克斯洛伐克

重量 10公噸

引擎 普拉加（Praga）EPA汽油引擎，125匹馬力

主要武裝 3.7公分口徑Kwk 38(t) L/47.8戰車砲

德國在併吞了捷克斯洛伐克後繼續生產38(t)戰車，等於是承認它的戰力和可靠度比一號和二號戰車更好。這款車生產超過1400輛，並參與了法國、波蘭和蘇聯的戰鬥，直到1942年。它的底盤還被用來生產驅逐戰車。

開戰前夕的德國戰車

第一次世界大戰結束後，《凡爾賽條約》第24條禁止德國製造戰車。但德國軍方開始祕密實驗履帶車輛，和蘇聯合作研發測試裝甲履帶車輛，並用一般汽車底盤製造假戰車來進行訓練。奧斯瓦德·魯茲將軍（Oswald Lutz）和他的參謀長海因茨·古德林中校（Heinz Guderian）大力鼓吹把戰車集中編組在裝甲師裡的概念。古德林認為需要三種戰車：可以破壞敵方防禦工事的巨型突破戰車，可以伴隨步兵進攻的步兵戰車，還有一旦突破敵軍戰線後可以深入敵軍後方的巡航戰車。

1933年希特勒上台後，他看見戰車的宣傳價值，因此大力支持戰車研發工作。古德林把他的需求簡化成兩種，也就是步兵支援戰車（之後成為四號戰車）和通用巡航戰車（三號戰車）。就在德國軍工廠商辛苦開發三號和四號戰車的同時，一號戰車也跟著投產，成為德國陸軍的訓練用戰車。它之後被二號戰車取代，而二號戰車則成為戰爭初期最常見的車種。

1936年，德軍的一個裝甲軍團在薩克森（Saxony）的卡門茲（Kamenz）一場遊行集會上展示一號戰車。

盟軍戰車：1939-40年

1939年9月1日，德軍入侵波蘭，波蘭軍隊英勇抵抗，但仍被德軍和其盟友擊潰。1940年5月，德軍入侵西歐。法軍和英軍擁有的戰車比對手還多，且有許多戰車性能數據更加優越。但它們卻過於分散，並未集結成大規模的作戰單位，加上德軍震撼來襲、自身戰略欠佳，盟軍指揮高層遭受了很大的心理衝擊。因此，參與過1940年戰事的盟軍戰車，大多不是被德軍俘虜就是被拋棄。

大角度傾斜的車身設計

△ 7TP

年代	1937	國家	波蘭
重量	9.6公噸		

引擎 紹瑞爾（Saurer）VLDBb柴油引擎，110匹馬力

主要武裝 37公釐口徑波佛斯wz.37 L/45戰車砲

7TP是波蘭從維克斯Mark E發展而來，大約生產150輛，其中少數擁有兩座裝備機槍的砲塔，但大部分都只有一個砲塔，裝備一門37公釐主砲。在1939年，7TP比大部分德國戰車優異，但因為數量太少，無法扭轉德軍入侵波蘭的結局。

車身的圓滑區域可彈開砲彈

路輪有裝甲保護

△ SOMUA S35

年代	1935	國家	法國
重量	19.5公噸		

引擎 索慕亞（Somua）VLDBb柴油引擎，190匹馬力

主要武裝 47公釐口徑SA 35戰車砲

S35以鑄鐵生產，因此裝甲防護力比鉚釘接合鋼板更好。它有三名乘組員，但砲塔僅能容納一人，因此車長必須自己裝填、瞄準並發射主砲，同時還要指揮戰車。

六角形單人砲塔

觀測窗

△ 1935 R輕型戰車

年代	1935	國家	法國
重量	11公噸		

引擎 雷諾V-4汽油引擎，85匹馬力

主要武裝 37公釐口徑皮托SA 18 L/21戰車砲

這是一款能容納兩人的輕型步兵戰車，常被稱為雷諾R35。它的裝甲厚重，配備一門主砲，主要用來摧毀敵方防禦工事及殲滅敵方步兵，而非擊毀敵方戰車。由於它的設計目標是要能夠伴隨步兵，因此最高行駛速度只有每小時20公里。

引擎排氣管

▷ B1 bis戰車

年代	1936	國家	法國
重量	31.5公噸		

引擎 雷諾V12汽油引擎，307匹馬力

主要武裝 一門75公釐口徑ABS 1929 SA 35 L/17.1榴彈砲、一門47公釐口徑SA 35戰車砲

B1 bis是1940年法國威力最強大的戰車，在車身裝有一門75公釐榴彈砲以支援步兵，而常見的單人砲塔上則安裝一門用來反戰車的47公釐砲。因為這款車從1920年代就開始研發，它的裝甲相當厚重，但也因此行駛速度緩慢，續航力不佳。等到它終於研發完成的時候，就已經被其他車型超越了。

焊接裝甲

△ 1936 FCM輕型戰車

年代 1936	**國家** 法國

重量 12.4公噸

引擎 貝利埃（Berliet）四汽缸汽油引擎，91匹馬力

主要武裝 37公釐口徑皮托SA 18 L/21戰車砲

這是一款能容納兩人的輕型步兵戰車，常被稱為FCM 36，僅生產100輛，是第一款使用焊接裝甲的戰車。它的裝甲防護力十分優異，但SA 18砲威力無法有效應付敵軍戰車，因此FCM在面對德軍裝甲部隊時力不從心。

鑄造砲塔

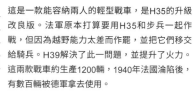

△ A9巡航戰車

年代 1937	**國家** 英國

重量 12.2公噸

引擎 AEC Type 179汽油引擎，150匹馬力

主要武裝 QF兩磅砲

A9是第一款巡航戰車，在英國的概念中是要獨立作戰而不是步兵支援，因此它的速度快，但裝甲較薄。A9的懸吊系統性能優異，且配備一門兩磅砲，很可能是當時世界上威力最強大的反戰車砲。

驅動齒輪安裝在車頭

△ 1939 H輕型戰車

年代 1935	**國家** 法國

重量 12公噸

引擎 霍奇吉斯六汽缸汽油引擎，120匹馬力

主要武裝 37公釐口徑皮托SA 38 L/33戰車砲

這是一款能容納兩人的輕型戰車，是H35的升級改良版。法軍原本打算要用H35和步兵一起作戰，但因為越野能力太差而作罷，並把它們移交給騎兵。H39解決了此一問題，並提升了火力。這兩款戰車約生產1200輛，1940年法國淪陷後，有數百輛被德軍拿去使用。

盟軍識別標誌

由戴尼斯‧派維特（Denys Pavitt）設計的迷彩圖樣

單人砲塔

47公釐反戰車砲

△ Mark IIA A12步兵戰車

年代 1939	**國家** 英國

重量 26.9公噸

引擎 兩具AEC六汽缸柴油引擎，每具95匹馬力

主要武裝 QF兩磅砲

這款車常被稱為馬提爾達二型（Matilda II），比起前一型性能高出許多，裝甲更厚重，也配備一門兩磅砲。從1940年末到1941年初，這款戰車叱吒北非戰場，被稱為「沙漠女王」（Queen of the Desert）。儘管它不如後來的德軍戰車，但澳洲部隊卻用它來對抗日軍。這款車是英國唯一一款在二次大戰期間從頭到尾服役的戰車。

金屬履帶

▽ A13 Mark III巡航戰車

年代 1939	**國家** 英國

重量 14.4公噸

引擎 納菲爾德（Nuffield）自由式V12汽油引擎，240匹馬力

主要武裝 QF兩磅砲

A13 Mark III巡航戰車是英國第一款使用克利斯蒂懸吊系統（見第52-53頁）的戰車。這套系統搭配馬力強大的引擎，讓它擁有較佳的機動力，但其裝甲最厚處只有14公釐。1940年，Mark III和裝甲更厚、但其他地方相同的Mark IV一起在法國服役，1941年時則轉戰西部沙漠（Western Desert）。

砲塔上的乘組員工具包

軸心國戰車：
1941-45年

北非戰役於1940年展開，接著是1941年德軍入侵蘇聯，然後日軍也在同年偷襲珍珠港。由於戰事日趨激烈，戰車科技也跟著進化，因此到了戰爭結束時，戰車擁有的火力、防護力和機動力都已經是1939年時作夢也想不到的。德國人生產出愈來愈可怕的戰車，但它們經常故障，且乘組員經驗不足。同屬軸心國的日本和義大利生產的戰車沒那麼先進，因此愈來愈無法與盟軍部隊抗衡。

▽ 95式Ha-Go

年代 1936	**國家** 日本

重量 7.5公噸

引擎 三菱（Mitsubishi）六汽缸柴油引擎，110匹馬力

主要武裝 37公釐口徑98式戰車砲

95式在整個二次大戰期間都在第一線服役，受到乘組員的歡迎。1930年代末期，這款戰車對付中國部隊相當有效，對日軍在1942年獲得的勝利也貢獻良多，但等到盟軍戰車開始投入戰鬥後，它就馬上落居下風。它的引擎以車體尺寸來說馬力充足，且車重較輕，易於越過複雜地形。

37公釐主砲

儲物箱

雙臂曲柄懸吊

車長塔

鉚釘接合車身

◁ 97式Chi-Ha

年代 1937	**國家** 日本

重量 15.2公噸

引擎 三菱Type 97柴油引擎，170匹馬力

主要武裝 47公釐口徑一式戰車砲

97式中型戰車的設計和95式Ha-Go類似，裝有一門57公釐戰車砲，適合用來支援步兵，但是其火力不足的弱點在1939年的哈拉哈河戰役中暴露無遺，於是日本推出改良的「新砲塔Chi-Ha」，裝備一門47公釐戰車砲。

7.92公釐MG 34機槍

▷ 四號戰車H型

年代 1937	**國家** 德國

重量 25.4公噸

引擎 麥巴赫120TRM汽油引擎，300匹馬力

主要武裝 7.5公分口徑KwK 40 L/48戰車砲

四號戰車在1937年首度生產，並在1942年改裝升級。它安裝了一門7.5公分主砲，使它從原本扮演的支援戰車角色，搖身一變成為德國陸軍對抗敵軍戰車的主要車種。它的裝甲防護也有改進，包括加裝側裙和砲塔裝甲。它大約生產了8500輛，是二次大戰期間德軍最常用的戰車。

△ 三號戰車L型

年代 1937	**國家** 德國

重量 23.1公噸

引擎 麥巴赫HL120TRM汽油引擎，300匹馬力

主要武裝 5公分口徑Kwk 39 L/60車砲

有了在法國作戰的經驗後，三號戰車的裝甲和主砲都升級了。這款L型擁有50公釐厚的裝甲和5公分主砲。它曾在蘇聯和北非作戰，但自1942年起就被四號戰車取代。三號戰車的最後一個版本安裝了和第一批四號戰車相同的7.5公分榴彈砲。

▷ M14/41

年代 1940	**國家** 義大利

重量 14.5公噸

引擎 SPA 15T M41柴油引擎，145匹馬力

主要武裝 47公釐口徑M35 L/32戰車砲

義大利派出戰車參加西班牙內戰，獲得寶貴實戰經驗，並把這些知識應用在設計新戰車上。M14/41是M13/40的升級版，1940年在北非首度投入戰鬥，並針對沙漠條件做出改良。它的武裝齊全，但裝甲無法抵擋盟軍的兩磅砲。

板片彈簧懸吊

布瑞達（Breda）38機槍

路輪邊緣包覆橡膠

大尺寸驅動齒輪

◁ **虎式（Tiger）戰車**
年代 1942 **國家** 德國
重量 57.9公噸
引擎 麥巴赫HL210P45汽油引擎，650匹馬力（見第75頁）
主要武裝 8.8公分口徑KwK 36 L/56戰車砲

虎式戰車是德軍總結1940年在法國的戰鬥經驗研發出來的戰車。它裝甲厚重，裝備一門威力強大的8.8公分主砲，是盟軍裝甲兵的可怕對手。不過虎式戰車價格昂貴，僅生產1347輛，且機械結構複雜，因此故障率較高。

交錯配置的路輪

7.5公分主砲

備用履帶

◁ **豹式（Panther）戰車**
年代 1943 **國家** 德國
重量 46.2公噸
引擎 麥巴赫HL230P30汽油引擎，700匹馬力
主要武裝 7.5公分口徑KwK 42 L/70戰車砲

豹式戰車的設計原則是要對抗蘇聯的T-34，它擁有更加厚重的裝甲，火力也更強大。1943年7月，這輛戰車首度在庫斯克戰役中投入實戰。它速度快、機動性強、正面裝甲厚實、主砲威力和精準度皆高，但卻和虎式戰車一樣不是非常可靠，引擎起火的意外屢見不鮮。

車長塔

7.92公釐MG 34機槍

524

斜堤板板

▷ **虎二式／虎王（King Tiger）戰車**
年代 1944 **國家** 德國
重量 69.1公噸
引擎 麥巴赫HL230P30汽油引擎，700匹馬力
主要武裝 8.8公分口徑KwK 43 L/71戰車砲

虎二式很可能是二次大戰期間最令人畏懼的戰車。它的正面裝甲可以抵擋所有盟軍反戰車武器，8.8公分主砲即使在遠距離也能造成威脅，不過它的引擎並不可靠。這款車僅生產489輛，數量太少，無法影響戰爭的最後結果。

裝甲傾斜角度在25度和50度之間

虎一式戰車

在二次大戰的所有戰車裡，法沒有任何戰車像虎式戰車一樣令人聞風喪膽。憑藉著 8.8 公分口徑的主砲、厚重的正面裝甲、寬大的履帶和龐大的車身，它在戰場上成為令盟軍恐懼不已的毀滅性武器。不過它經常發生故障，使它的戰術效果大打折扣。

由於德軍武器無法有效擊穿英軍馬提爾達二型和法國B1戰車的裝甲，因此1941年5月，希特勒下令生產一款重型戰車。虎式戰車的箱形外觀和布局類似德國早期的戰車，但尺寸放大不少，車重超過四號戰車的兩倍。這款重型戰車車身穩定，適合裝載精準的8.8公分 KwK 36戰車砲，並可攜帶92發砲彈。它的引擎在生產期間

車尾

從650匹馬力升級到700匹，但因為車重從計畫中的50公噸提高到57.9公噸，所以引擎和傳動系統還是難以負荷。

　　虎式戰車在匆忙之間投入服役，因此在初期遭遇各種問題。它主要是用在防禦作戰，而不是如原本的計畫用來突破敵軍戰線。由於生產成本高昂，加上缺少技巧純熟的乘組員，因此在戰場上造成的衝擊不如原本的預期。不過它對敵軍造成嚴重的心理影響，因此依然是二次大戰期間最富傳奇色彩的戰車。

規格說明	
名稱	六號虎式戰車E型
年代	1942
國家	德國
產量	1347輛
引擎	麥巴赫HL210P45 V-12汽油引擎，650匹馬力
重量	57.9公噸
主要武裝	8.8公分口徑KwK 36戰車砲
次要武裝	7.92公釐口徑MG 34機槍
乘組員	5名
裝甲厚度	最厚處120公釐

無線電操作員
裝填手
車長
駕駛
砲手

砲口制退器可排出推進
氣體以穩定主砲

球型機槍座可同時
提供射界和防護

備用履帶也可當成額
外的裝甲

立體側視圖

交錯配置的路輪
可分散重量

宣傳機器

在戰爭期間，虎式戰車經
常成為德國宣傳品的主
角。如圖，廣受歡迎的戰
時插畫雜誌《柏林畫報》
（Berliner Illustrierte
Zeitung）就以虎式戰車
為封面主題。

戰術編號

「131」代表這輛戰車隸屬
於第一連第三排的第一號
戰車。

獨一無二

1943年4月，這輛編號131
的虎式戰車在突尼西亞被
盟軍俘獲。由於這是盟軍
首度俘獲完整無缺的虎式
戰車，因此馬上被送到英
國進行徹底分析。這款車
屬於早期型號，因此擁有
原本的HL210P45引擎，
而不是更常見的700匹馬
力HL230P30引擎。這輛
戰車已復原至可行駛的狀
態。

外觀

為了分散沉重的車身重量,路輪的配置模仿早期的德國半履帶車,以交錯的方式排列。這款車由16根扭力桿提供懸吊,每側八根,每根支撐三個路輪,但採用這種配置,也代表若要換掉內側的路輪,就得拆下另外九個。由於戰車體積太大,德軍還開發出拆除外側路輪並更換成較窄的運輸專用履帶以便火車運送的新技術。圖中這輛虎式131號戰車還保留被俘獲當日的外部戰損傷痕。

1. 德軍識別標誌 2. 駕駛觀測窗 3. 砲塔吊耳 4. 無線電操作員的機槍 5. 煙霧彈發射器 6. 驅動齒輪和交錯配置的路輪 7. 車長艙口 8. 砲塔手槍射孔 9. 車身上的拖曳鋼纜和纜線切割器 10. 菲費爾(Feifel)空氣濾淨器管 11. 履帶工具箱

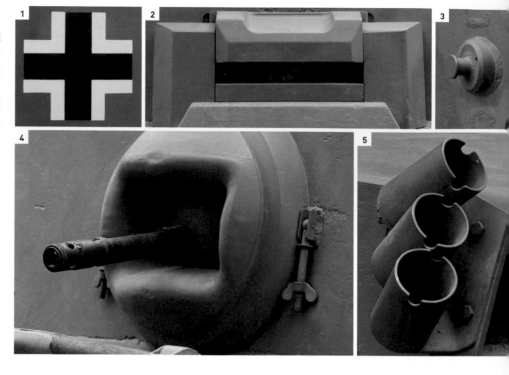

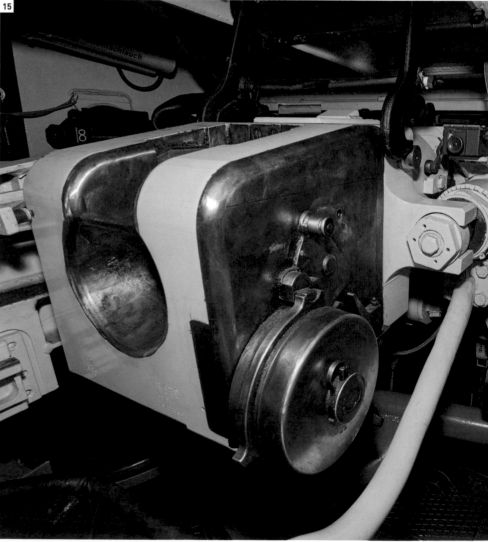

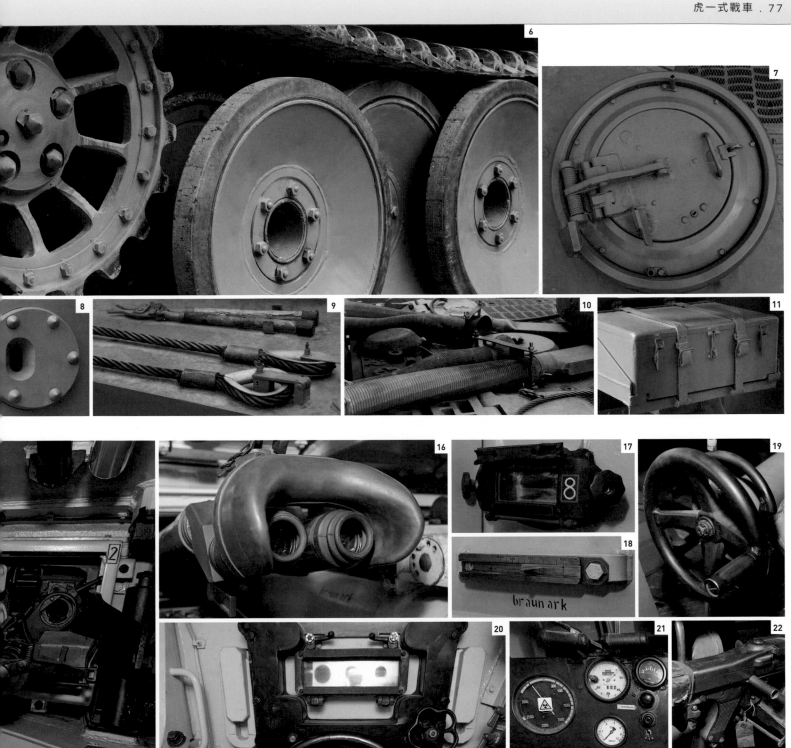

內裝

車長和砲手坐在砲塔的左邊,車長在後,裝填手的位置則在右側的空間。駕駛和無線電操作員座位在車體前方,無線電操作員還要負責操作安裝在球形機槍座上的機槍。

12. 由上往下看車長位置 13. 車長用潛望鏡 14. 砲塔旋轉轉盤 15. 裝填手位置和主砲後膛 16. 雙筒主砲瞄準鏡 17. 砲塔側面觀測窗 18. 主砲後座回復量尺 19. 砲管俯仰轉盤 20. 駕駛操控設備和觀測窗 21. 駕駛用儀表板 22. 副駕駛用機槍

D日的飛行戰車

空運戰車的想法早在1930年代就有人提出，但一直要到1944年的D日才實現。6月6日清晨，一些飛機搭載戰車，從英格蘭南部一座機場起飛，降落在接近奧恩河（Orne River）河口附近的法國海岸上。執行這個任務的戰車是領主式（Tetrarch）輕型戰車，而載運它們的飛機是哈米爾卡式（Hamilcar）滑翔機。

哈米爾卡式在當時是大型飛機，翼展有34公尺，重量約達6.3公噸。它幾乎全由木材打造，需要兩名飛行員操作，起飛時會拋棄輪架，並用滑橇降落。降落後，滑翔機一停止滑行，戰車就會發動，向前開就會牽動一條繩索，把連動的機鼻門打開。

在D日，每一架哈米爾卡式都運載兩輛通用載具

（Universal Carrier，見第122頁）或一輛領主式。1945年3月，哈米爾卡式在盟軍渡過萊茵河時再度派上用場，不過這次搭載的是美軍的蝗蟲式（Locust）輕型戰車。蝗蟲式在美國生產，目的是要取代領主式，不過它毛病很多，且等到它抵達歐洲的時候，因為整體戰力太弱，所以沒有發揮太大用處。渡過萊茵河行動中共出動了八輛戰車，其中一輛因為滑翔機在飛行途中解體而損失，三輛在著陸時毀損，另一輛沒多久就被一座德軍的突擊砲擊毀。

1944年，美軍蝗蟲式輕型戰車從一架機鼻門打開的哈米爾卡式滑翔機裡駛出。

M3斯圖亞特

第二次世界大戰的腳步逼近時，美國軍方打算用更新、裝甲防護更好的戰車替換掉老舊的 M2 輕型戰車。M3 裝備了一門 37 公釐口徑 M6 主砲和五挺機槍，之後減為兩挺。雖然它的裝甲和武裝無法和大部分戰車匹敵，但卻因為速度夠快且機件妥善率高而受到喜愛。

美軍和英軍都有使用M3，並遵循美製戰車以美國將領姓名來命名的英國軍事傳統，將它命名為「斯圖亞特」（Stuart）輕型戰車，以紀念美國內戰中南方邦聯將領斯圖亞特（J.E.B. Stuart）。不久之後，英軍部隊有感於它的可靠度，給它取了個親暱的綽號「甜心」（Honey）。

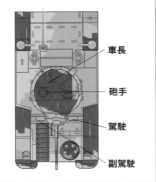

車尾

M3配備一具耗油量大的大陸公司氣冷星形引擎，因此影響到它的續航力，只有120公里左右，之後就得加油。儘管英軍部隊對它的可靠度讚不絕口，但許多斯圖亞特戰車剛開上北非沙漠裡的戰場上沒多久就被擊毀，不過這主要是因為戰術指揮不佳，而不是車輛本身有什麼特殊的問題。

這款戰車的改良型為M5，擁有重新設計的車身和凱迪拉克（Cadillac）V-8引擎，從1943年起開始取代M3的早期型號（見第84頁）。不過到了這個時候，狀況已經很清楚：它裝備的37公釐口徑主砲在歐洲無法有效應付更重型的戰車。M3和M5依然在英軍部隊服役，擔負偵察工作，有時甚至把砲塔拆下以提高速度，且這款戰車在太平洋戰區對付防禦力較差的日軍裝甲車輛，依然綽綽有餘。

規格說明	
名稱	M3A1斯圖亞特
年代	1941
國家	美國
產量	2萬2700輛
引擎	大陸R-670七汽缸汽油引擎，250匹馬力
重量	12.9公噸
主要武裝	37公釐口徑M6戰車砲
次要武裝	.30英吋口徑白朗寧M1919機槍
乘組員	4名
裝甲厚度	最厚處51公釐

車長

砲手

駕駛

副駕駛

兩人砲塔可容納車長和砲手

37公釐主砲,最多可
攜帶174發砲彈

序列編號

車輛名字

副駕駛的機槍

拖曳鋼纜可在戰場
上快速回收車輛

立體側視圖

垂直渦形彈簧懸吊系統

CLEMENTINE

車輛名字「柯蕾門汀」(Clementine)
有些單位允許官兵用愛人的名字給戰車命
名,有些則會用地名或是所屬單位名稱的
第一個字母。

T37765

序列編號
每輛戰車都會有一個獨一無二的車輛序
列編號,一輛車一個號碼,即使改編到
新單位也不會改變。

偵察戰車
這輛戰車叫「柯蕾門汀」(可參考上方說
明),隸屬於第四裝甲旅第三皇家戰車團
A連,在1942年11月突尼西亞戰役剛開打
時曾參與作戰。第二次世界大戰打到這個
階段,斯圖亞特開始被當成偵察車輛使
用,因為德軍的戰車和反戰車砲可以輕易
擊穿它38公釐厚的正面裝甲。

外觀

M3的雙人砲塔十分小巧，因此它的輪廓很
纖細，但對車長和砲手而言相當擁擠。由於
沒有裝填手，車長需要自己動手裝填，還要
時時緊盯敵軍位置，找出最佳的攻擊方向，
因此車長壓力較大。後期車型加裝了車長
塔，可以改善視野。這個版本需要依賴潛望
鏡和砲塔四周的手槍射口，至於駕駛的視野
只有車頭的一個裝甲觀測窗可用。

1. 標誌 2. 副駕駛的機槍 3. 由外向內看駕駛座 4. 駕駛
觀測窗 5. 車長用潛望鏡 6. 砲塔手槍射口 7. 驅動齒輪
8. 履帶張力器 9. 懸吊系統和路輪 10. 引擎 11. 滅火器
釋放開關 12. 後燈 13. 工具箱

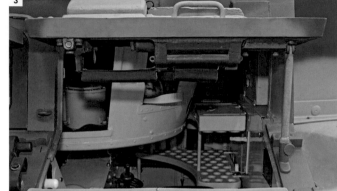
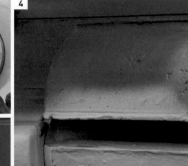

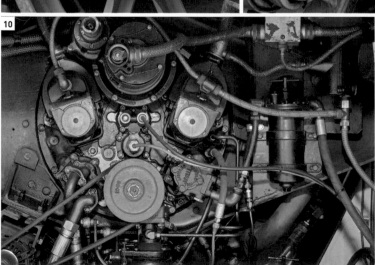

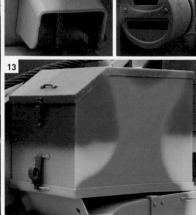

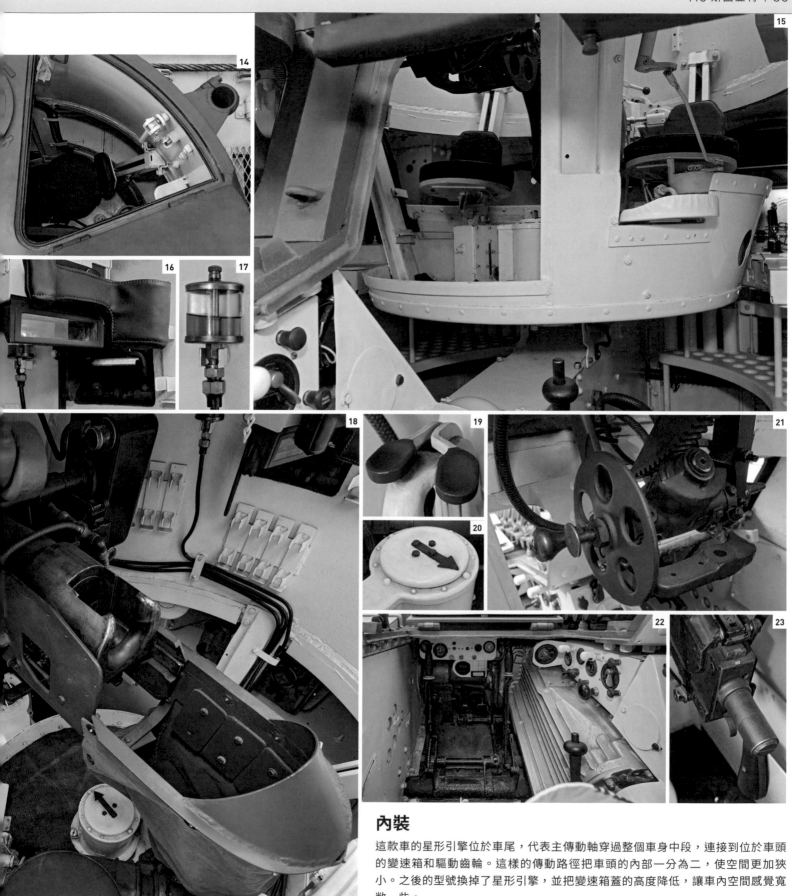

內裝

這款車的星形引擎位於車尾,代表主傳動軸穿過整個車身中段,連接到位於車頭的變速箱和驅動齒輪。這樣的傳動路徑把車頭的內部一分為二,使空間更加狹小。之後的型號換掉了星形引擎,並把變速箱蓋的高度降低,讓車內空間感覺寬敞一些。

14. 由上往下看車長位置 15. 砲塔籃支撐車長(左)和砲手(右)的位置 16. 車長用潛望鏡 17. 液壓油 18. 砲手位置 19. 砲塔自動旋轉控制器 20. 行駛方向指示器 21. 手動砲管俯仰轉輪 22. 駕駛座位 23. 副駕駛機槍

美國戰車：1941-45年

在1940年，美軍有大約350輛現代化戰車服役。美國強盛的汽車工業開始製造戰車，並且迅速擴張，到了1945年就已經生產超過6萬輛戰車，並供應給每一個盟國。凡是設計成功的零組件，都會在各個車型間沿用，以簡化生產。M4雪曼（Sherman）更是當中的佼佼者，能接受廣泛的改裝升級。美國戰車堅固耐用、品質良好、性能優異——雖然德國的戰車設計有時從書面上看來比較強大，但美國戰車兵憑藉著優越的戰術、後勤和訓練，往往就足以克敵致勝。

空氣濾淨器

△ M3A1斯圖亞特

年代 1940	**國家** 美國

重量 12.9公噸

引擎 大陸R-670 9A汽油引擎，250匹馬力

主要武裝 37公釐口徑M6 L/56.6戰車砲

斯圖亞特戰車是同樣裝備37公釐砲的M2A4的改良版。受惠於大規模量產技術，這款車性能可靠，易於維修。二次大戰期間，每一個戰區的同盟國都使用這款戰車。到了1944年，它已經算過時，但還是繼續服役，執行偵察任務。

鉚釘接合裝甲

37公釐主砲

△ M3格蘭特

年代 1941 **國家** 美國

重量 27.2公噸

引擎 萊特大陸R-975汽油引擎，340匹馬力

主要武裝 一門75公釐口徑M2 L/31戰車砲，一門37公釐M5 L/56.5戰車砲

M3之所以出現，是因為他們迫切地需要在適合的砲塔推出前就把75公釐砲投入戰場。這門砲安裝在車身的砲塔上，因此射界受限，但M3沿用M2中型戰車性能良好的引擎和垂直渦形彈簧懸吊系統。英軍的M3配的是經過修改的砲塔，並命名為格蘭特（Grant）。原版的則稱為李（Lee）。

75公釐主砲

▷ M4A1雪曼

年代 1942 **國家** 美國

重量 30.2公噸

引擎 萊特大陸R-975汽油引擎，400匹馬力

主要武裝 75公釐口徑M3 L/40戰車砲

雪曼使用M3的底盤，並裝有一個配備75公釐砲的砲塔。雪曼的量產型共可分成五個主要型號，主要差異在於引擎不同。M4A1的車體是以鑄造工法製成，而非焊接。雪曼生產了將近5萬輛。圖中這輛是生產出來的第二輛，也是現存最古老的一輛。

頭燈保護籠

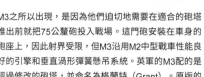

天線座

△ M5A1斯圖亞特

年代 1942 **國家** 美國

重量 15.3公噸

引擎 兩具凱迪拉克42系列汽油引擎，每具148匹馬力

主要武裝 37公釐口徑M6 L/56.6戰車砲

M5從M3發展而來，目的是要騰出R-670引擎給飛機使用，此外車身也重新設計以改善防護力。新引擎配置的方式也可以讓乘組員享有更大的車內空間，並讓戰車更安靜。跟M3不同的是，蘇聯並沒有使用M5，但這兩款戰車在英國和美國軍隊中都扮演一樣的角色。

▷ M4A3E8 (76)（雪曼）

年代 1944 國家 美國	
重量 32.3公噸	
引擎 福特GAA V8汽油引擎，500匹馬力	
主要武裝 76公釐口徑M1A2 L/52戰車砲	

這輛戰車是M4A3的晚期型號，「Easy 8」雪曼在新的T23砲塔上安裝了一門威力更強大的76公釐主砲。它的正面裝甲傾斜47度，因此防護力更好。新的水平渦形彈簧懸吊系統（Horizontal Volute Suspension System, HVSS）和更寬的履帶也改善了戰車的機動性。這款車曾在2014年的電影《怒火特攻隊》（Fury）中出現。

升級的76公釐主砲

水平渦形彈簧懸吊系統

主砲瞄準孔

◁ M24 查飛（Chaffee）

年代 1944 國家 美國	
重量 18.3公噸	
引擎 兩具凱迪拉克Type 44T24汽油引擎，每具110匹馬力	
主要武裝 75公釐口徑M6 L/39戰車砲	

和斯圖亞特相比，M24的設計不論是機動力還是火力都更好，不過因為生產工作延誤，到戰爭結束時它都還無法把所有的斯圖亞特替換掉。這款車是美軍第一款使用扭力桿而不是垂直渦形彈簧懸吊系統的戰車。

砲口制退器

惰輪

手槍射口

△ M26潘興（Pershing）

年代 1945 國家 美國	
重量 41.7公噸	
引擎 福特GAF V8汽油引擎，500匹馬力	
主要武裝 90公釐口徑M3 L/53戰車砲	

由於開發工作延遲，M26的生產被耽擱，只有20輛運抵歐洲參加戰鬥。它的90公釐口徑主砲威力強大，可有效對抗豹式和虎式戰車。它和查飛一樣使用扭力桿懸吊系統，但卻使用和M4A3相同的引擎，且因為車身更重，因此馬力不足。

履帶

M4雪曼

跟 T-34 以及虎式戰車一樣，雪曼戰車的故事經常充滿迷思與錯誤資訊。1940 年年底，美軍只有 365 輛現代化戰車，但等到戰爭結束時，光是雪曼戰車就已經生產了 4 萬 9234 輛。這是驚人的成就，且在同等的基礎上比較雪曼戰爭和戰爭後期的德國戰車時，這也是不能忽略的一個點。

1940年，美國對戰車的運用準則就是把它們當成擴大戰果的武器，也就是有裝甲的騎兵，可以在突破敵軍防線後衝鋒陷陣，並在敵軍戰線後方造成騷亂。雪曼在1940年設計，是過渡車型M3李中型戰車的後繼車種，完美符合各項標準：速度快、配備一門性能優異的兩用砲、易於保養維修、堅固耐用可靠。雪曼在美國境內的11間不同的工廠生產，當中大多數在這之前都沒有製造戰車的經驗。

雪曼戰車隨即證明它相當符合二次大戰戰場的需求，並衍生出幾種車型，能夠適應多種角色，且產量相當大（包括衍生車型共生產6萬3181輛），因此足以裝備美軍、英軍和大英國協、俄軍和其他盟國的部隊。第二次世界大戰後，雪曼戰車依然在許多國家的陸軍部隊服役，例如巴拉圭軍隊到2016年還在使用。

車尾

規格說明	
名稱	M4A1雪曼
年代	1940
國家	美國
產量	4萬9234輛
引擎	萊特大陸R-975星形汽油引擎，400匹馬力
重量	30.2公噸
主要武裝	75公釐口徑M3戰車砲
次要武裝	.30英吋口徑白朗寧M1919機槍
乘組員	五名
裝甲厚度	最厚處118公釐

裝填手 —

車長 —

砲手 —

— 駕駛

— 副駕駛

75公釐中初速主砲

砲盾

砲管行軍鎖

正面傾斜裝甲上的額外
儲物空間

立體側視圖

附橡膠塊履帶　　額外的裝甲

裝甲提升型

M4A1雪曼戰車擁有鑄造車身，車身側面還焊上額外的
裝甲來保護彈藥架。先不論裝甲兵之間流傳的說法，報
告顯示雪曼戰車的彈藥架比引擎更容易引起火，因此用
額外的裝甲保護彈藥架，或是在之後推出「溼式」彈藥
架，就變得至關重要。

「浩劫」（Havoc）

這輛戰車漆有美軍第二裝甲師
第66裝甲團H連車輛的標誌，
因此可以理解H連的戰車命名
以H字母作為開頭。

戰車序列編號

雖然戰車可能會換單位，不論
是重新組建還是再度指派，都
代表標誌會更換，但這個獨一
無二的序列號碼會一直保留在
車上，永久不變。

外觀

隨著戰爭進行,雪曼的設計也跟著修改,因此有更厚的裝甲、更寬的履帶和全新升級的76公釐主砲。由於共有11家不同的工廠負責生產,引擎又分為四種主要型號,因此各個車型之間的差異十分可觀。1943年,這輛戰車在美國俄亥俄州的利馬(Lima)戰車工廠製造,配備一門升級過後的主砲,第二次世界大戰後在法國陸軍服役,作為訓練車輛使用。

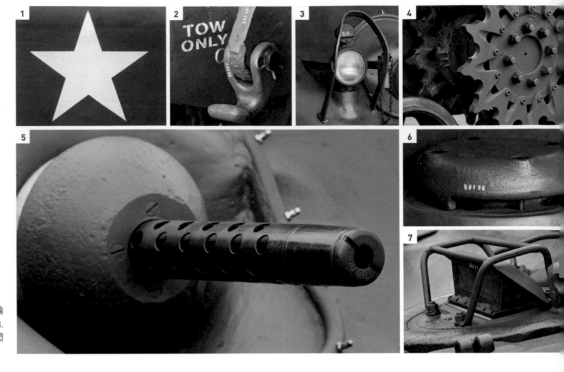

1. 盟軍部隊識別標誌 2. 拖車鈎 3. 頭燈 4. 前驅動齒輪 5. 副駕駛用機槍 6. 裝甲車頂風扇蓋 7. 駕駛用潛望鏡 8. 駕駛艙口(關閉) 9. 成對的路輪 10. 空氣濾淨器 11. 閃光燈 12. 砲塔艙口與車長塔 13. 引擎蓋打開的樣子

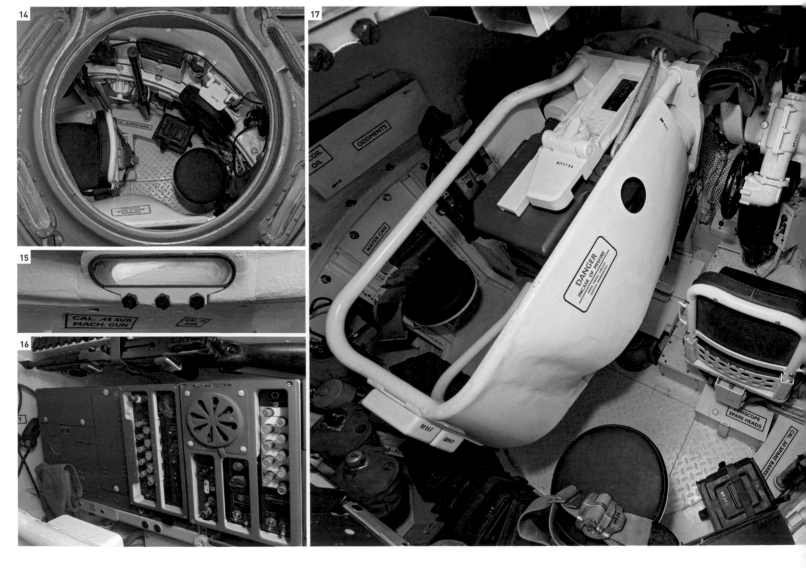

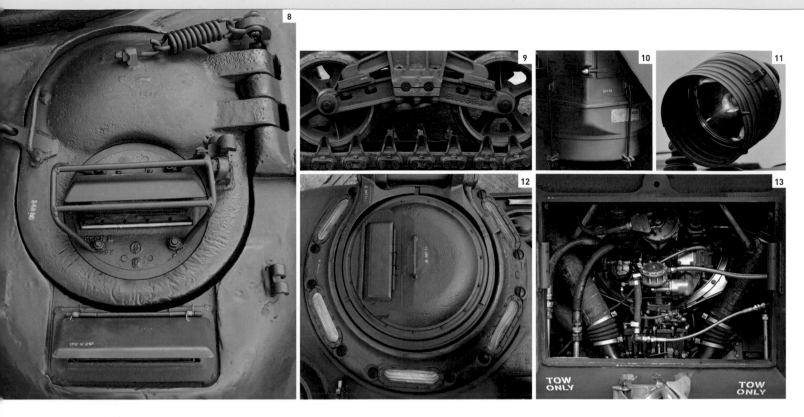

內裝

這個版本呈現出早期的砲塔設計，只有一個砲塔艙蓋，由車長、砲手和裝填手共用，後期的車型則裝有第二個艙蓋。車長塔各個方向都有觀測窗，可提供更好的視野。

14. 由上往下看車長位置 15. 車長塔上的觀測窗 16. SCR 508無線電 17. 砲塔內部的車長和砲手位置 18. 75公釐主砲瞄準鏡 19. 75公釐砲彈藥 20. 主砲後膛 21. 同軸機槍 22. 方位角指示器 23. 主砲俯仰轉輪 24. 駕駛艙口 25. 駕駛座位 26. 駕駛用儀表板

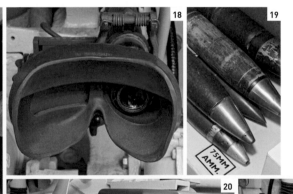

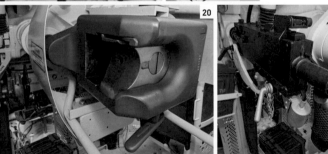

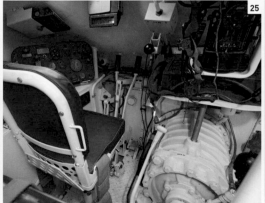

在敵境更換引擎

1944年6月6日，隸屬於第二裝甲師第66裝甲團H連的戰車「颶風」（Hurricane）登上猶他海灘（Utah Beach）。到了8月16日，它已經需要一具新的引擎。如圖所示，在法國諾曼第提耶勒（Teilleul）的戰線後方，吊車正準備把一具全新的大陸R-975-C4引擎吊掛進它的車身。

戰車承受沉重的作戰壓力，因此零組件磨損速度相當快，氣候和地形的影響相當明顯：熱帶氣候地區的塵土會跑進引擎，和沙子與碎石一起產生類似研磨膏的作用，而在寒帶氣候地區金屬會變脆，戰車內的液體會結凍，造成傷害。此外，經驗不足或缺乏訓練的乘組員也可能會傷害車輛，且

戰爭的本質就代表維修保養不可能總是進行得很妥善，進而導致故障或零件損壞。

當英國陸軍在1941年首度接收美製戰車時，大家公認美國戰車的保養維修比當時的英國戰車簡單不少。對戰場上的戰車兵來說，保養愈簡單就代表花費的時間愈少，就有更多時間可以用來補眠。

1944年，M4雪曼「颶風」在法國諾曼第更換引擎。雪曼的操作手冊有16頁的篇幅在解說如何更換引擎。

英國與大英國協戰車：1941-45年

撤離法國後，英國的戰車所剩無幾，且大家認為德軍很快就會入侵。有鑑於情勢危急，當局決定繼續生產較老舊、性能較差的戰車，因為他們不想多花時間設計新戰車、修改工廠的生產設備、造成生產延誤。這點再加上鐵路運輸限制了戰車的尺寸和重量，因此在整場戰爭裡，英國戰車的裝甲防護幾乎總是比對手差。

△ 盟約者式

年代 1940 **國家** 英國

重量 18.3公噸

引擎 梅多斯Flat 12汽油引擎，300匹馬力

主要武裝 QF兩磅砲

A13盟約者式（Covenanter）和早期的A13共用的只有克利斯蒂懸吊系統。它有幾個缺陷：引擎散熱器裝在車身前方，導致冷卻有問題；使用鋼製路輪而不是鋁製，提高了車的重量並增加了懸吊系統的負擔。因此，這款車主要用於訓練。

▷ 華倫坦 Mark II

年代 1940 **國家** 英國

重量 16.3公噸

引擎 AEC Type 190柴油引擎，131匹馬力

主要武裝 QF兩磅砲

華倫坦（Valentine）使用A10巡航戰車的零件，因此價格比馬提爾達（見第71頁）便宜。此外，它的裝甲也較少，但也較容易生產。早期的版本（如圖中這輛）有一座裝有兩磅砲的雙人砲塔。後來又開發出三人砲塔，以及配備更大的六磅砲的雙人砲塔。

同軸機槍

駕駛用觀測窗

三輪車輪架

惰輪

反步兵機槍

車身上的燃料箱

駕駛用觀測窗

◁ 領主式（近接支援）

年代 1940 **國家** 英國

重量 7.6公噸

引擎 梅多斯12汽缸汽油引擎，165匹馬力

主要武裝 三英吋口徑榴彈砲

領主式是二戰前的設計，原本裝備一門兩磅砲，目的是要改善英國輕型戰車的火力，不過法國戰役的結果卻顯示它們易受戰損。領主式只生產了少數幾輛，撥交給空降部隊，有些曾參與1944年6月的D日登陸。不過到了8月時，它們都已退出戰場。

◁ **十字軍式三型**

年代 1941 **國家** 英國

重量 20.1公噸

引擎 納菲爾德自由式Mark III V12汽油引擎，340匹馬力

主要武裝 QF六磅砲

十字軍式（Crusader）大約生產5300輛，並且在北非戰場占有一席之地。一型和二型裝甲較薄，配備較老式的兩磅砲，至於本圖的十字軍三型擁有更好的裝甲防護和六磅砲。這款引擎和克利斯蒂懸吊系統搭配，讓它可以跑得很快，但在沙漠中妥善率卻不是很高。

驅動齒輪

兩磅砲

▷ **邱吉爾Mark I**

年代 1941 **國家** 英國

重量 39.1公噸

引擎 百福（Bedford）12汽缸汽油引擎，350匹馬力

主要武裝 一門QF兩磅砲，一門三英吋口徑榴彈砲

邱吉爾Mark I裝有一門兩磅砲可以對抗敵軍戰車，另有一門三吋榴彈砲，可用高爆彈來支援步兵，但後來的型號不再安裝榴彈砲。早期的邱吉爾戰車由於倉促投產而毛病百出，Mark I只有參與過1942年8月在第厄普（Dieppe）的作戰行動。

螺旋彈簧懸吊

蓋住惰輪的金屬片

有裝甲保護的機槍

◁ **哨兵式**

年代 1942 **國家** 澳洲

重量 28.4公噸

引擎 三具凱迪拉克V8 41-75汽油引擎，每具117匹馬力

主要武裝 QF兩磅砲

1940年，英國沒有任何多餘的戰車可援助盟國，因此澳洲決定自行研發並生產哨兵式（Sentinel）。它的砲塔和車身相當大，採用複雜的鑄造工法生產。美國參戰後提供大量戰車給盟國，已經生產65輛的哨兵式就只做為訓練用車。

履帶

水平渦形彈簧懸吊

▷ **騎士式**

年代 1940 **國家** 英國

重量 26.9公噸

引擎 納菲爾德自由式汽油引擎，410匹馬力

主要武裝 QF六磅砲

為了取代十字軍式，英國軍方開發了三款非常相似的巡航戰車，騎士式（Cavalier）是第一款。它是過渡車種，因為預定使用的流星式（Meteor）引擎還無法取得，所以安裝十字軍式配備的自由式引擎，且從未投入戰鬥。

後驅動齒輪

95公釐榴彈砲

液壓驅動砲塔

◁ **半人馬式四型（近接支援）**

年代 1942 **國家** 英國

重量 27.9公噸

引擎 納菲爾德自由式汽油引擎，395匹馬力

主要武裝 95公釐口徑榴彈砲

半人馬式（Centaur）是預計取代十字軍式的第二種車型，配備自由式引擎，但再加以修改，因此只需進行最小幅度的更動就能裝上流星式引擎。這款車大部分車型都配備六磅砲或75公釐砲，但唯一參與過戰鬥的卻是近接支援型，裝備95公釐榴彈砲，曾參與D日作戰。

英國與大英國協戰車：1941-45年（續）

英國的戰車教範可追溯至1930年代，它指出英國需要兩種戰車。像克倫威爾那樣的巡航戰車用來獨立作戰，因此速度要快——但這也限制了裝甲的厚度。另一方面，像華倫坦這樣的步兵戰車需要和步兵並肩作戰，因此速度可以慢些，但需要更厚的裝甲。英國也使用美製戰車，有些還經過改裝。

流星引擎

履帶裝甲

儲物箱

螺旋彈簧懸吊

驅動齒輪

◁ 華倫坦Mark IX

年代 1942 **國家** 英國
重量 17.3公噸
引擎 通用汽車（General Motors）6004柴油引擎，138匹馬力
主要武裝 QF六磅砲

華倫坦是二次大戰期間英國產量最多的戰車，遍布北美、太平洋地區和東歐。這款戰車曾改裝成多種特殊車輛，像是架橋車、雙重驅動（Duplex Drive）兩棲戰車和火焰發射車，可謂多才多藝。

鑄造車身

六磅砲

◁ 公羊式

年代 1943 **國家** 加拿大
重量 29.5公噸
引擎 萊特－大陸R-975-C4汽油引擎，400匹馬力
主要武裝 QF六磅砲

加拿大在1940年開始生產戰車，先生產1400輛華倫坦，之後開始研發公羊式（Ram）。公羊式採用許多M3中型戰車的技術，再搭配加拿大自行設計的車身和砲塔，共生產將近2000輛，絕大部分用來訓練戰車兵。

▽ 邱吉爾Mark VI

年代 1943 **國家** 英國
重量 40.6公噸
引擎 百福12汽缸汽油引擎，350匹馬力
主要武裝 QF 75公釐口徑戰車砲

在經過廣泛升級改良以提升可靠度後，邱吉爾Mark VI跟邱吉爾Mark I（見第92-93頁）相比，可說是脫胎換骨。它現在裝備一門六磅砲或75公釐砲，裝甲防護也大有改善，不但可以登上看起來無法翻越的山丘，也可有效抵擋反戰車火力。

有角度的砲塔裝甲

75公釐主砲

△ 哈利・霍普金斯

年代 1943 **國家** 英國
重量 8.6公噸
引擎 梅多斯汽油引擎，148匹馬力
主要武裝 QF兩磅砲

哈利・霍普金斯（Harry Hopkins）是領主式（見第78-79頁）的放大版，裝甲也有改良。它採用同樣的罕見轉向技術，也就是路輪會偏斜轉動，進而扭轉履帶方向。不過跟領主式不同的是，它重量太重，無法空運，且從未服役。

引擎通風口

砲口退制器

△ 克倫威爾四型

年代 1944 **國家** 英國

重量 27.9公噸

引擎 勞斯萊斯流星Mark IB汽油引擎，600匹馬力

主要武裝 QF 75公釐口徑戰車砲

克倫威爾的流星引擎是馬林（Merlin）飛機引擎的一個版本，因此它是二次大戰期間速度最快的戰車，再加上車身高度低，所以深受在西北歐作戰的裝甲偵察團（Armoured Reconnaissance Regiment）官兵歡迎。然而，它還是比不上更重型的德國戰車。圖中這輛克倫威爾IV是產量最多的型號。

偽裝網

儲物箱

△ 彗星式

年代 1944 **國家** 英國

重量 33公噸

引擎 勞斯萊斯流星Mark III汽油引擎，600匹馬力

主要武裝 QF 77公釐HV砲

彗星式（Comet）堪稱二次大戰期間英國最佳戰車，但只有少數在1945年初抵達前線。雖然它的裝甲更厚重，但因為配備強勁的懸吊系統，因此機動力和較輕的克倫威爾不相上下。它的77公釐主砲可安裝在較小的砲塔裡，威力比17磅砲稍微遜色一點。

△ A30挑戰者式

年代 1944 **國家** 英國

重量 32公噸

引擎 勞斯萊斯流星汽油引擎，600匹馬力

主要武裝 QF 17磅砲

挑戰者式（Challenger）的17磅砲比英國之前的戰車砲威力更強大，但體積也更大。這款戰車的車身是以克倫威爾為基礎，但經修改拉長以容納更高、更寬的砲塔。挑戰者式僅生產200輛，主要任務是為使用克倫威爾的單位提供長距離反戰車火力支援。

引擎排氣管

QF 17磅主砲

▷ 雪曼螢火蟲式

年代 1944 **國家** 英國

重量 24.9公噸

引擎 克萊斯勒（Chrysler）A57 多排式汽油引擎，400匹馬力

主要武裝 QF 17磅砲

英國用17磅砲來升級雪曼戰車，但因為17磅砲在對付軟性（非裝甲）目標時效果較差，因此螢火蟲（Firefly）從未徹底取代配備75公釐的雪曼戰車。對德軍來說，螢火蟲是要優先打擊的目標，因此許多它的乘組員都會想辦法把長砲管偽裝起來。這款車是M4A4的變化版，因為引擎更大，所以車身更長。

蘇聯戰車：
1941-45年

在德國入侵蘇聯的頭幾個月裡，蘇聯喪失了大批士兵和戰車。蘇聯戰車工廠被遷移到烏拉爾山脈（Ural Mountains）以東的地方。在完全恢復作業以前，他們也使用英國和美國生產的戰車。隨著戰爭進行，為了提升戰車產量，製造工作也盡可能標準化。蘇聯戰車相當簡單，反映出蘇聯戰車兵有限的技術——他們經常不是缺乏經驗就是訓練不足。

可抵禦反戰車砲的裝甲

高大的重型砲塔

152公釐榴彈砲

扭力桿懸吊

△ 柯里門特・佛洛希羅夫（Kliment Voroshilov）一型（KV-1）

年代 1939	**國家** 蘇聯
重量 48.3公噸	
引擎 哈爾可夫（Kharkiv）Model V-2K柴油引擎，500匹馬力	
主要武裝 76.2公釐口徑ZiS-5 L/41.5戰車砲	

KV-1是一款重型戰車，可說是完全不怕1941年的德軍反戰車武器。它也是蘇聯戰車工廠東遷之後仍繼續生產的少數車種之一。它配備的引擎和主砲與T-34相同，但重量更重，因此機動力較差。KV-1在1943年4月停產之前，大約製造了4700輛。

◁ KV-2

年代 1939	**國家** 蘇聯
重量 53.9公噸	
引擎 哈爾可夫Model V-2K柴油引擎，550匹馬力	
主要武裝 152公釐口徑M-10T L/20榴彈砲	

蘇聯軍在1939-40年間碰上堅固的芬蘭碉堡，因此堅信他們亟需一種配備大口徑火砲的戰車——而KV-2就是他們最早的答案。它的原始概念相當好，但在現實中卻不管用：KV-2的高聳砲塔使得戰車變得更重、速度更慢、更容易成為敵軍火力攻擊的目標。這款車只生產334輛，1941年德軍入侵俄國時就停產了。

▷ T-34

年代 1941	**國家** 蘇聯
重量 31.4公噸	
引擎 哈爾可夫Model V-2-34柴油引擎，500匹馬力	
主要武裝 76.2公釐口徑F-34 L/41戰車砲	

T-34是歷史上最重要的戰車之一，早在1938年就開始研發。基於戰時壓力，蘇聯當局排除了外觀的考量，把重點放在降低成本、提高生產速度。

45公釐車體後方裝甲

▽ T-60

年代 1941 **國家** 蘇聯
重量 5.8公噸
引擎 GAZ-202六汽缸柴油引擎，70匹馬力
主要武裝 20公釐口徑TNSh機砲

兩人乘坐的T-60是一款偵察車，目的是要取代二戰前生產的輕型戰車。早期和德軍交鋒的結果顯示，它火力不足，裝甲也太薄弱。加裝更厚的裝甲會降低機動力，砲塔也太小，無法改裝更大的主砲，因此不受歡迎，被T-70所取代。

20公釐TNSh機砲

橡膠包覆的路輪

引擎排氣管

△ T-70

年代 1942 **國家** 蘇聯
重量 9.2公噸
引擎 兩具GAZ-202六汽缸柴油引擎，每具70匹馬力
主要武裝 45公釐口徑ZiS-19BM戰車砲

相較於T-60，T-70雖然裝甲更厚、火力也更強，但還是比不上更先進的德國戰車。到了1943年，俄軍終於了解輕型戰車在戰場上已無用武之地，因此只能安排它們執行次要任務。SU-76突擊砲（見第110-11頁）就是從T-70的底盤衍生出來的。

▷ T-34/85

年代 1944 **國家** 蘇聯
重量 32公噸
引擎 哈爾可夫Model V-2-34柴油引擎，500匹馬力
主要武裝 85公釐口徑ZiS S-53 L/55戰車砲

雖然一開始還算成功，但T-34的缺點在1943年年底就變得明顯。它的雙人砲塔空間過於狹小，乘組員無法有效作戰，主砲的威力也不再足夠。T-34/85解決了這些問題。二次大戰結束後，T-34/85繼續服役，在蘇聯和其附庸國家度過漫長的生涯，直到2015年還有一輛在葉門服役。

85公釐ZiS S-53主砲

外掛柴油油箱

76.2公釐主砲

74公釐車體正面裝甲

克利斯蒂懸吊系統

焊接的砲塔可提供較佳的防禦力

122公釐主砲

寬大的履帶

◁ 約瑟夫・史達林（Iosif Stalin）二型（IS-2）

年代 1944 **國家** 蘇聯
重量 44.7公噸
引擎 哈爾可夫Model V-2IS柴油引擎，520匹馬力
主要武裝 122公釐口徑D-25T L/45戰車砲

面對德軍新型虎式和豹式戰車的威脅，蘇聯有了重新生產重型戰車的需求。IS系列戰車從KV-1發展而來，擁有新的車體和傳動裝置。IS-2服役後，取代了IS-1和裝備85公釐主砲的KV-85，並被編入獨立的重戰車團（Heavy Tank Regiment），擔任攻擊德軍陣地的前鋒部隊。

▷ IS-3M

年代 1945 **國家** 蘇聯
重量 46.5公噸
引擎 哈爾可夫Model V-2IS柴油引擎，600匹馬力
主要武裝 122公釐口徑D-25T L/45戰車砲

IS-2在速度和裝甲方面的侷限，促成了IS-3的發展。它雖然倉促上場，但對二戰來說還是太晚了。這款戰車剛開始有一些機械毛病，但這些問題在改良的IS-3M上都獲得了解決。IS-3傾斜的側面裝甲能帶來更好的防禦力，成為戰後蘇聯戰車設計的一個特色。

圓弧形「倒扣湯碗」砲塔

柴油油箱

T-34/85

當德國的保羅・路德維希・艾瓦德・馮・克萊斯特（Paul Ludwig Ewald von Kleist）將軍麾下的部隊在 1941 年夏天首度遭遇 T-34 戰車時，他將這款戰車譽為「世界最好的戰車」。這款戰車之所以如此成功，部分是因為它的設計，部分則是因為它們成群結隊出擊，因此可以打敗技術更先進的敵軍戰車。

T-34是一種火力強大、防禦力充足的中型戰車，由米海・柯錫金（Mikhail Koshkin）在1930年代末設計（見第102-103頁），目的是取代較早的BT系列快速戰車。由於受到1939年俄軍在哈拉哈河戰役對抗日軍獲得的教訓影響，它的設計前所未見，和老舊車型相比擁有較厚的裝甲和更大的火砲，配備柴油引擎，起火機率比早期容易受到燃燒彈破壞的汽油引擎低。

1940年春，新戰車接受測試時，柯錫金得到了肺炎，並在9月去世，而第一批量產的T-34也在這個月完工出廠。戰爭期間，改良設計工作持續進行，許多都是要降低生產成本、縮短製造時間：一輛T-34的成本從26萬9500盧布縮減到13萬5000盧布，而之所以需要簡化生產步驟，有一部分是因為製造工廠為躲避德軍的進擊，必須搬遷到烏拉爾山脈以東的新址。之後T-34也在波蘭和捷克斯洛伐克繼續生產，有成千上萬輛在世界各地服役。T-34/85擁有放大的砲塔，可容納車長、砲手和裝填手，並升級成85公釐主砲，並以此命名。

車尾

規格說明	
名稱	T-34/85
年代	1940
國家	蘇聯
產量	8萬4700輛
引擎	Model V-2-34 V12柴油引擎，500匹馬力
重量	32公噸
主要武裝	85公釐口徑ZiS-53戰車砲
次要武裝	7.62公釐口徑DT機槍
乘組員	5名
裝甲厚度	最厚處60公釐

砲手　　　　　　　　　　　裝填手
　　　　　　　　　　　　　引擎
駕駛　　　　　　　　　　　車長

後期車型加裝車長塔

威力更強的
85公釐主砲

由副駕駛操作的共軸機槍

立體側視圖

惰輪安裝在車首

橡膠包覆的路輪

營標誌
這輛戰車隸屬於第一營的
第二連（2），且是第一
排的指揮戰車（11）。右
邊較小的俄文字母（英文
的「I」）代表第一營的營
長伊凡諾夫（Ivanov）名
字的首字母。

影響深遠的設計
當T-34首度踏上二次大戰
的戰場時，它的裝甲防護
和打擊火力都具有突破
性，但它的乘組員經常訓
練不足，因此難以完全發
揮它的性能。

外觀

早期T-34車型的最後加工做得相當好,但隨著德軍入侵,生產工作轉移到俄國東部的臨時廠房,標準就降低了。紅軍發現砲塔上粗糙的鑄造痕跡對戰車的戰鬥性能沒有影響,因此就不多花時間去處理。T-34的裝甲包括均質滾軋和焊接的鎳鋼兩種。

1. 第四近衛戰車軍(Guards Tank Corps)所屬團級單位標誌 2. 駕駛艙口(關閉) 3. 副駕駛用機槍 4. 路輪 5. 備用履帶 6. 輪軸接頭 7. 燃料箱蓋 8. 車長(右)和砲手(左)艙口 9. 車長用潛望鏡 10. 燃料桶 11. 排氣管 12. 引擎室

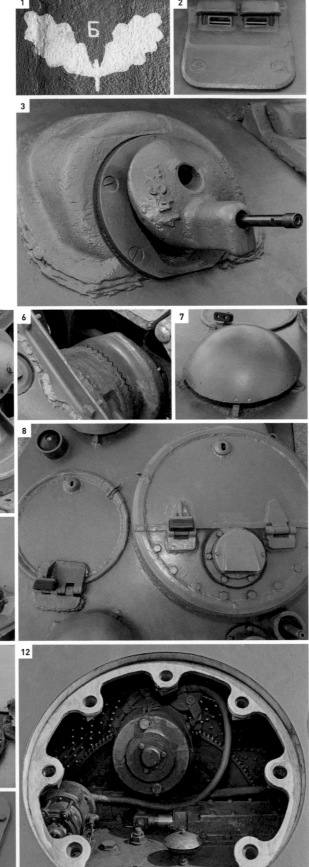

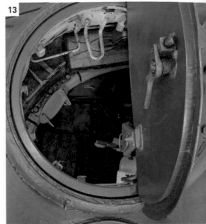

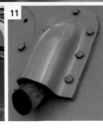

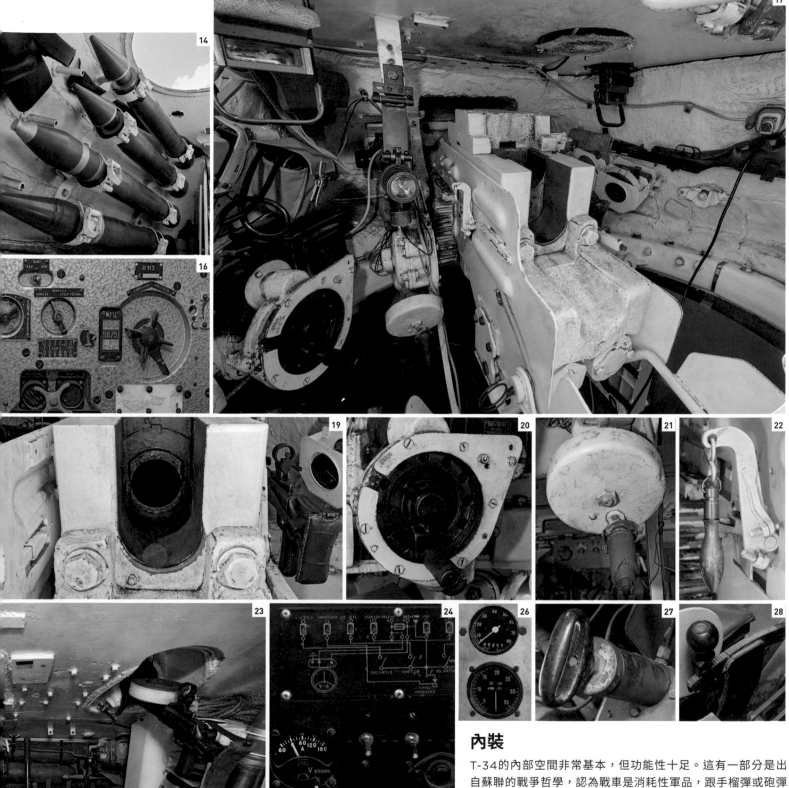

內裝

T-34的內部空間非常基本,但功能性十足。這有一部分是出自蘇聯的戰爭哲學,認為戰車是消耗性軍品,跟手榴彈或砲彈等武器被歸在同一類。因此,戰爭期間戰車的估計服役期都只有幾個月而已,乘組員的舒適度並非優先考量。不過比起早期的車型,T-34/85的砲塔加大了,讓乘組員有更多活動空間。

13. 由上往下看車長位置 14. 備用砲彈 15. 砲手用潛望鏡 16. 無線電 17. 從車長的位置可看見主砲後膛 18. 同軸機槍 19. 主砲後膛(打開) 20. 砲管俯仰轉盤 21. 砲塔旋轉轉盤 22. 滅火器開關 23. 駕駛座 24. 儀表板 25. 逃生艙口 26. 儀器表盤 27. 壓力幫浦 28. 變速桿

一間蘇聯工廠正在生產
T-34戰車。

偉大設計師
米海・柯錫金

米海・柯錫金（**Mikhail Koshkin**）是哈爾可夫戰車製造廠的設計團隊主管，他最重要的遺贈就是 T-34 這款扭轉第二次世界大戰戰局的中型戰車（見第 98-101 頁）。它的背景源自於蘇聯戰車設計的歷史。

在約瑟夫・史達林的領導下，蘇聯官員眼中的戰車不只是重要的軍事資產，還是至關重要的權力象徵。而就像歐洲另外那一位大獨裁者阿道夫・希特勒一樣，史達林個人也對這件事十分感興趣，影響了蘇聯戰車的設計和生產。

不論是俄國還是之後的蘇聯，在戰車生產的領域都起步較晚。第一次世界大戰期間，俄國設計的戰車都沒有生產出來，但到了戰爭結束後，俄國工廠開始仿製擄獲的戰車，像是法國的雷諾FT-17。1920和30年代是歐洲其他國家實驗裝甲車輛設計的時期，但蘇聯缺乏重型車輛的相關經驗。由於蘇聯是共產政權，國際間他們唯一可以進行工業合作的對象，就是歐洲另一個被排斥的國家——德國，

米海・柯錫金
（1898-1940年）

因此他們在喀山的測試中心祕密測試德國的裝甲車輛。隨著五年計畫（FiveYear Plan）實施，蘇聯的工業經驗和能力增長，因此得以進口新戰車，取得授權仿製及生產，例如英國的維克斯Mark E和卡登─洛伊德小戰車，還有美國華特・克利斯蒂的M1931車輪附履帶車輛樣品。車輪附履帶的設計是指車輛的履帶可卸下，用車輪在道路上高速行駛。這些戰車成為蘇聯大規模量產戰車的基礎，引導了T-26、BT-2和T-27的設計。

與此同時，出身低微的米海・柯錫金在1917年被陸軍徵召，派往各前線作戰。他之後在大學就讀，然後進入技術學院，最後在列寧格勒（Leningrad）的基洛夫（Kirov）工廠工作，負責T-29和T-111的原型車。到了1937年，蘇聯軍方要求研發新戰車以取代輕型的BT系列戰車時，柯錫金已經升任哈爾可夫戰車製造廠的設計團隊主管。針對計畫中的新戰車，他強烈主張放棄車輪附履帶的設計，加強車輛的裝甲防護，並提升火力。

儘管有來自其他競爭工廠設計團隊的不同意見，加上缺乏軍方支持，柯錫金還是把他的設計圖直接提交給史達林，結果獲得批准。儘管這輛戰車剛開始服役時有許多機械毛病和設計缺陷，但卻成功地結合了機動力、裝甲防禦力和火力，最後成為威震天下的T-34戰車。它的構造簡單，易於生產，且產量相當大，對1941年入侵的德國國防軍而言是個可怕的驚奇。然而T-34不是蘇聯當時唯一研發的戰車，另一支競爭的設計團隊由柯廷（S.J. Kotin）領導，設計出一款新型重型戰車，也就是KV，以當時的防衛人民委員（People's Commissar of Defence）柯里門特・佛洛希羅夫來命名，擁有更厚重的裝甲，還有和T-34相同的76公釐

在列寧格勒組裝的KV-1戰車 和柯錫金的T-34打對臺的設計，就是KV-1，它的裝甲相當厚重，是可怕的武器，但製造成本高昂，所以以無法持續生產。

砲。和柯錫金一樣，柯廷和他的團隊也強烈主張放棄早期風靡一時的多砲塔戰車設計，且KV戰車擁有和計畫中T-34戰車相同的柴油引擎，可降低起火風險。雖然KV戰車各型號的生產數量比T-34少很多，但它們旋即成為其他戰車的基礎，包括IS系列重型戰車。

蘇聯在戰車生產領域最偉大的成就，也許就是在如此艱困的條件下生產了這麼多戰車。德軍入侵不只導致蘇聯在戰鬥中損失無數戰車，還逼得他們不得不把工廠遷移到相對安全的烏拉爾山脈後方地區。全新且簡化的生產辦法成為必然——工人使用最基本的生產設施，製造戰車給前線。由於生產成本降低，製造速

挺進中的俄軍T-34戰車 T-34戰車擁有寬大的履帶和性能優異的懸吊系統，在泥濘或雪地環境依然暢行無阻。

「數量本身就是一種品質。」

據信出自約瑟夫・史達林之口

以T-34戰車為圖案的蘇聯戰爭債券和郵票
柯錫金的設計成為蘇聯軍事霸權的象徵。他死後獲頒各種國家榮譽獎章，最後一次是在1990年。

度提高，蘇聯在1940到1945年間生產的各型戰車，累計達到驚人的11萬2000輛。

柯錫金在一次長時間的T-34原型車越野測試過程中染上肺炎，之後不幸逝世。雖然他的貢獻一直要到好幾年之後才被官方正式承認，但他的T-34戰車確實是蘇聯最後擊敗德國的致勝關鍵。

蘇聯戰車工廠 1943年，工人正在組裝一輛IS-2重型戰車。IS-2採用比柯錫金的T-34戰車更大口徑的火砲，這個設計是深思熟慮過的，因為T-34的作戰效能已經激起了德國和蘇聯在戰車設計領域的軍備競賽。

準備作戰

不論規格與性能如何，戰車的效率還是取決於裡頭的乘組員。如果乘組員無法有效操作戰車，那麼頂尖工程師和設計師的心血、為生產如此複雜的機械所投入的鉅額成本、以及測試並配發相關裝備的種種努力，全都會付諸流水。歷史已經證明，經驗豐富、主動進取、訓練精良的乘組員，即使操作技術性能較差的戰車，也可以擊敗性能較優越但由經驗不足或消極被動的乘組員操作的戰車。和戰爭的其他許多面向一樣，動機、士氣、信念、和領導力的效果難以量化，但對戰車兵來說卻至關重要，深深影響著他們在戰鬥中的表現。

　　舉例來說，美軍的戰車兵在1944年底或1945年初對抗性能優異許多的德軍戰車時經常獲勝。之後的研究分析顯示，在戰爭的這個階段，德國的戰車乘組員確實訓練不佳，儘管戰車性能更優異，卻還是屢屢戰敗。此外研究也發現，戰鬥壓力會讓人尋求宗教上的幫助、指引和慰藉。統計數據指出，當戰事變得更加激烈時，會祈禱的士兵從32%上升到74%。

1945年，美軍隨軍牧師喬治‧道姆（George F. Daum）少校在雪曼戰車兵準備進軍德國之前帶領他們祈禱。

德國驅逐戰車

最早期的德國驅逐戰車使用擄獲車輛或老舊輕型戰車的車體,在上方加裝反戰車砲而成。驅逐戰車通常沒有車頂,主要配發給操作反戰車砲的士兵,稱為「自走反戰車砲」(Panzerjäger),以取代拖曳式的火砲,可以提高機動力。反之,德軍的突擊砲(Sturmgeschütz/assault gun)原本不是用來執行反戰車任務,而是一種由砲兵操作的步兵支援車輛,配備低初速主砲,不過戰鬥經驗迫使他們做出改變,因此不久之後都升級成反戰車砲。

一號戰車車身

4.7公分PaK(t)主砲

板片彈簧懸吊

▷ **三號突擊砲(StuG III)**

年代 1940 **國家** 德國

重量 24.3公噸

引擎 麥巴赫HL120TRM汽油引擎,300匹馬力

主要武裝 7.5公分口徑StuK 40 L/48主砲

第一款突擊砲裝備了一門和早期四號戰車相同的短砲身7.5公分L/24火砲。突擊砲車身低矮,並附有裝甲,適合作為驅逐戰車,因此在1942年改裝成長砲身的L/48 主砲,以便更有效執行此一任務。這款車是德國產量最多的裝甲車輛,共生產超過1萬1000輛。

◁ **一號自走反戰車砲**

年代 1940 **國家** 德國

重量 6.5公噸

引擎 麥巴赫NL38TR汽油引擎,100匹馬力

主要武裝 4.7公分口徑PaK(t) L/43.4主砲

一號自走反戰車砲(Panzerjäger)用擄獲的捷克火砲搭配一號戰車的車身,這是德國第一次嘗試為部隊提供有機動力的反戰車火砲。雖然它作為戰車已經落伍,但機動力比拖曳式的火砲好太多。這款車共生產202輛,用於法國和北非。

▷ **貂鼠一型**

年代 1942 **國家** 德國

重量 8.4公噸

引擎 德拉哈耶(DelaHaye)103TT汽油引擎,70匹馬力

主要武裝 7.5公分口徑PaK 40 L/46主砲

1941年,實戰證明德國的反戰車砲無法有效對付裝甲厚重的蘇聯戰車。德軍要求把新式的PaK 40拖曳式反戰車砲安裝在履帶車上,以便有較高的機動力,貂鼠(Marder)因此在這個緊急狀況下應運而生。貂鼠一型使用法國洛林(Lorraine)37L補給曳引車的底盤。

洛林曳引車底盤

7.5公分PaK 40/2主砲

二號戰車底盤

7.62公分PaK 36(r)主砲

△ **貂鼠二型**

年代 1942 **國家** 德國

重量 11公噸

引擎 麥巴赫HL62TRM汽油引擎,140匹馬力

主要武裝 7.5公分口徑PaK 40/2 L/48主砲

貂鼠二型使用二號戰車的底盤,因為那時二號戰車已經被淘汰了。這款車共生產650輛,配備一門PaK 40主砲。另外200輛稱為Sd Kfz 132,配備一門擄獲的蘇聯76.2公釐F-22野戰砲,由德軍改裝成反戰車砲。

▷ **貂鼠三型**

年代 1942 **國家** 德國

重量 10.9公噸

引擎 普拉加EPA/2汽油引擎,140匹馬力

主要武裝 7.62公分口徑PaK 36(r) L/51.5主砲

貂鼠三型是以捷克的38(t)戰車(見第66-67頁)為基礎開發而成的。這款車使用改裝的俄造F-22火砲,就像Sd Kfz 132貂鼠二型一樣,共生產344輛。雖然它們主要是在蘇聯作戰,但也有66輛被派往北非戰場。

扭力桿懸吊系統

惰輪位於車尾

▷ 貂鼠三型H

年代 1942 **國家** 德國

重量 11公噸

引擎 普拉加EPA/2汽油引擎，140匹馬力

主要武裝 7.5公分口徑PaK 40/3 L/46主砲

貂鼠三型的這個變化版擁有改良過的上層結構，重量較輕，也更能有效保護乘組員。這款車大約生產410輛，或從原本的戰車改裝。貂鼠三型主要用於蘇聯戰場，它在那裡扮演防衛性角色或執行長距離火力支援任務時的表現最好。

經過修改的38(t)戰車底盤

戰鬥室位於車尾

大角度傾斜的
正面裝甲

經過修改的38(t)戰車底盤

◁ 貂鼠三型M

年代 1943 **國家** 德國

重量 10.7公噸

引擎 普拉加AC汽油引擎，140匹馬力

主要武裝 7.5公分口徑PaK 40/3 L/46主砲

M型使用經過修改的38(t)戰車底盤，主要是設計用來給自走砲使用。引擎移到車身中段，讓火砲可以安裝在車尾，此外它也跟所有其他貂鼠車型一樣沒有車頂。這款車共生產975輛。

15公分StuH 43榴彈砲

▷ 灰熊式

年代 1943 **國家** 德國

重量 28.7公噸

引擎 麥巴赫HL120TRM汽油引擎，300匹馬力

主要武裝 15公分口徑StuH 43 L/12榴彈砲

隨著突擊砲愈來愈常被當作驅逐戰車使用，德軍還需要一種裝甲車輛來支援步兵，必須能發射高爆彈，特別是針對堅固的市區建築物。這個需求由三號突擊砲衍生出來的StuH 42，以及四號戰車衍生出來的灰熊式（Brummbär）解決。

德國驅逐戰車（續）

驅逐戰車由於沒有複雜且昂貴的砲塔，因此和傳統戰車相比，生產速度較快，製造成本也較低。它們通常可以在同樣的車身上安裝威力更強的主砲，而當德軍在盟軍壓倒性的數量和火力優勢下撤退時，這就變成了獨特的優點。後期的驅逐戰車（Jagdpanzer）有完整的裝甲防護，且通常使用重型戰車的底盤。在戰爭的最後幾個月裡，驅逐戰車慢慢開始取代原本戰車的位置。

▷ 犀牛式
年代 1943 **國家** 德國
重量 24.4公噸
引擎 麥巴赫HL120TRM汽油引擎，300匹馬力
主要武裝 8.8公分口徑PaK 43/1 L/71主砲

犀牛式（Nashorn／Hornisse）是一種過渡的設計，使用從四號戰車衍生而來的底盤，之後被命名為犀牛式，是德軍第一款安裝威力強大的PaK 43反戰車砲的驅逐戰車。這門火砲射程相當遠，可以讓車輛遠離敵軍打擊範圍。

強化的四號戰車底盤

7.5公分StuK 40主砲

△ 四號突擊砲
年代 1944 **國家** 德國
重量 23.4公噸
引擎 麥巴赫HL120TRM汽油引擎，300匹馬力
主要武裝 7.5公分口徑StuK 40 L/48主砲

德軍對三號突擊砲的需求量相當大，因此當工廠遭盟軍轟炸後，德國人修改四號戰車的底盤設計，以維持生產。四號突擊砲大約生產1140輛，兩種版本執行防禦性反戰車任務都有很好的效果。

經過修改的PaK 43主砲

△ 斐迪南
年代 1943 **國家** 德國
重量 66公噸
引擎 兩具麥巴赫HL120TRM汽油引擎，每具300匹馬力
主要武裝 8.8公分口徑PaK 43/2 L/71主砲

斐迪南（Ferdinand）的車身沿用失敗的虎式戰車設計。這款車共生產90輛，配備一門PaK 43主砲，安裝在全封閉式且裝甲厚重的上部結構裡。強大的火力和厚重的裝甲使它成為優秀的反戰車武器平臺，但車體太大、太重，限制了機動力。

7.5公分PaK 42主砲

△ 驅逐戰車IV/70
年代 1944 **國家** 德國
重量 24.4公噸
引擎 麥巴赫HL120TRM汽油引擎，300匹馬力
主要武裝 7.5公分口徑PaK 42 L/70主砲

四號驅逐戰車就像四號突擊砲一樣，是以四號戰車底盤為基礎研發，共生產769輛，非改裝而來。這款車專門用於反戰車任務，原本配備PaK 39 L/48主砲。這個型號安裝了更長、威力更大的PaK 42 L/70主砲，並自1944年起取代早期的型號。這型生產約1200輛。

車身以38(t)為基礎研發

惰輪位於車尾

8.8公分PaK 43/3主砲

交錯配置的路輪

◁ **獵豹式**

年代	1944	**國家**	德國

重量 46.7公噸

引擎 麥巴赫HL230P30汽油引擎，700匹馬力

主要武裝 8.8公分口徑PaK 43/3 L/71主砲

獵豹式（Jagdpanther）以豹式戰車（見第72-73頁）的底盤為基礎研發，裝甲防護力好、機動性高、火力強大。它是一款性能優異的武器，特別適合用在伏擊戰鬥或防禦陣地裡，不過只生產了392輛，且因為保養不易、乘組員訓練不佳而無法發揮應有實力。獵豹式同樣因為數量太少而無法影響戰局。

12.8公分PaK 44主砲

車身包括砲管長達 10.65公尺

▽ **38(t)驅逐戰車追獵者式**

年代	1944	**國家**	德國

重量 16公噸

引擎 普拉加AC/2汽油引擎，150匹馬力

主要武裝 7.5公分口徑PaK 39 L/48主砲

追獵者式（Hetzer）以38(t)戰車（見第66-67頁）的車身為基礎研發，體積小、重量輕，生產成本比戰爭後期其他驅逐戰車便宜。由於這款車車體小，因此在戰場上可以輕易躲藏起來伏擊敵軍。不過追獵者式的乘組員不喜歡它，因為它內部空間極度狹窄，內裝布局不佳。這款車大約生產2584輛。

△ **獵虎式**

年代	1944	**國家**	德國

重量 71.1公噸

引擎 麥巴赫HL230P30汽油引擎，700匹馬力

主要武裝 12.8公分口徑PaK 44 L/55主砲

獵虎式（Jagdtiger）驅逐戰車是二次大戰期間重量最重的裝甲車輛，它使用和虎二式（見第72-73頁）相同的懸吊，但車身更長，主砲則可以在遠距離擊毀任何盟軍戰車。許多獵虎式因為機械故障而損失，有些則是被自己的乘組員破壞。

扭力桿懸吊

7.5公分PaK 39主砲

38公分迫擊砲

驅動齒輪位於車首

△ **突擊虎式**

年代	1944	**國家**	德國

重量 66公噸

引擎 麥巴赫HL230P45汽油引擎，700匹馬力

主要武裝 38公分口徑Stu M RW61 L/5.4迫擊砲

突擊虎式（Sturmtiger）是一款以虎式戰車底盤為基礎開發的突擊砲，裝甲十分厚重，目的是要能夠在短兵相接的巷戰中存活。它裝備一門威力無與倫比的火箭助推迫擊砲，擁有毀滅性的破壞力，但砲彈尺寸太大，因此只能攜帶14枚。這款突擊砲只生產了18輛。

盟軍驅逐戰車

蘇聯和美國的驅逐戰車與突擊砲設計有明顯的差異。出於和德國人一樣的理由，蘇聯人偏愛沒有砲塔的車輛：它們的生產速度較快，價格較便宜，且能搭載比原本的戰車更大的主砲和更厚的裝甲。至於美國的驅逐戰車，則是打算用來執行逆襲任務，擊敗敵軍戰車，強調機動力更勝於防護力，保留更多功能的砲塔。而在現實中，這兩國都把它們當成支援步兵的火砲來使用。

▷ M10

年代 1942	國家 美國
重量 29.5公噸	
引擎 通用動力6046柴油引擎，375匹馬力	
主要武裝 三英吋口徑M7 L/40主砲	

M10是以M4A2雪曼戰車的底盤為基礎開發，而M10A1則是使用配備汽油引擎的M4A3底盤，以簡化後勤工作。這兩種驅逐戰車裝甲較薄，配備開頂式砲塔，能提升機動力，也有助車內乘組員更快察覺車外動靜。它總共生產約6500輛，其中有許多供應給英國，之後改裝升級成17磅砲，稱為阿基里斯（Achilles）。

垂直渦形彈簧懸吊

主砲砲口制退器

橡膠包覆的路輪

△ SU-76M

年代 1943	國家 蘇聯
重量 10.4公噸	
引擎 兩具GAZ-203六汽缸柴油引擎，每具85匹馬力	
主要武裝 76.2公釐口徑ZiS-3Sh L/42.6主砲	

SU-76M是二戰期間蘇聯產量第二多的裝甲車，共生產超過1萬2600輛。它是以拉長的T-70輕型戰車底盤為基礎研發，作為輕型突擊砲和機動火砲使用，有能力擊毀較輕型的德軍戰車。雖然這款車廣受步兵歡迎，但其開頂式設計和薄弱的裝甲會使乘組員暴露在危險中。

122公釐榴彈砲

◁ SU-122

年代 1943	國家 蘇聯
重量 30.9公噸	
引擎 哈爾可夫Model V-2-34柴油引擎，500匹馬力	
主要武裝 122公釐口徑M-30S L/23榴彈砲	

SU-122用T-34的底盤來製造，被歸類為中型突擊砲。它配備一門可直射的榴彈砲，主要用來對付敵軍陣地防禦工事。SU-122的火力和裝甲使它成為受部隊歡迎的步兵支援武器，共生產約1100輛。升級過後的SU-85驅逐戰車使用相同的設計，裝備一門85公釐D-5S主砲。

三吋主砲

主砲指向後方

◁ 華倫坦射手式

年代 1943	**國家** 英國	
重量 16.3公噸		
引擎 通用汽車6-71M柴油引擎，192匹馬力		
主要武裝 QF17磅砲		

1943年，華倫坦是唯一一款可用的戰車底盤，能夠安裝強而有力的17磅砲，做為驅逐戰車使用。不過由於這種砲尺寸太大，所以只能以砲管朝後的方式安裝。儘管如此，射手式（Archer）依然耐用可靠，作戰效果好。

序列編號

▷ M18 地獄貓式

年代 1943	**國家** 美國	
重量 17.8公噸		
引擎 萊特－大陸R-975汽油引擎，400匹馬力		
主要武裝 76公釐口徑M1A2 L/52主砲		

M18地獄貓式（Hellcat）可說是速度最快的裝甲車，完全符合美軍的驅逐戰車教範，雖然它的速度和機動力因為非常薄弱的裝甲和扭力桿懸吊系統而提升，但經實戰證明價值有限，且火力在面對德軍重型戰車時效果不大。

重型裝甲砲盾

極地迷彩

◁ ISU-152

年代 1944	**國家** 蘇聯	
重量 47.2公噸		
引擎 哈爾可夫Model V-2IS柴油引擎，520匹馬力		
主要武裝 152公釐口徑ML-20S L/29加榴砲		

蘇聯重型戰車的底盤是一系列重型突擊砲的研發基礎，SU-152是用KV-1S的底盤生產，而非常近似的ISU-152則是用之後的IS戰車底盤製造。由於152公釐的砲管供不應求，因此衍生出另一種版本，也就是配備122公釐主砲的ISU-122。這些車輛配置在不同的單位，用來支援攻擊行動，突破敵方防線。它們的火力極具破壞力，因此在巷戰中受到歡迎。

車身上的備用履帶

▷ M36

年代 1944	**國家** 美國	
重量 29公噸		
引擎 福特GAA V8汽油引擎，500匹馬力		
主要武裝 90公釐口徑M3 L/53主砲		

M36是從M10A1發展而來，火力更強，但機動力與裝甲都差不多，可以在遠距離擊毀德軍重型戰車，經實戰證明相當有價值。由於需求量大，因此還衍生出以柴油引擎M10和未經修改的M4A3車身為基礎的版本。這款驅逐戰車共生產了大約2300輛。

90公釐主砲

外掛燃料箱

車長塔

◁ SU-100

年代 1944	**國家** 蘇聯	
重量 31.5公噸		
引擎 哈爾可夫Model V-2-34柴油引擎，500匹馬力		
主要武裝 100公釐口徑D-10S L/53.5主砲		

SU-100是從SU-85的設計升級而來。這兩款驅逐戰車都可為部隊提供長距離反戰車火力支援，也可做為預備隊，防範德軍重型戰車的逆襲。它在戰爭期間生產了約1200輛，生產和升級作業在戰爭結束後持續進行，並在世界各地又服役了數十年。

M18地獄貓式

美國開發了一系列速度快、裝甲輕但配備強力火砲的反戰車車輛，M18地獄貓式是其中之一。它是根據美軍在二次大戰前規畫的驅逐戰車準則內容來設計的：戰車負責支援步兵攻擊，若敵軍戰車反擊，地獄貓這類快速的驅逐戰車就會趕往敵軍突破的地點，擊毀敵軍戰車，並靠速度來躲避敵方的火力。

地獄貓，由別克（Buick）公司設計，安裝一具馬力強大的萊特R-975星形引擎，搭配輕裝甲和開頂式砲塔（所有美國驅逐戰車的標準配備），車重不到18公噸，但車速非常快，在道路上行駛可達每小時80公里。它配備一門76公釐口徑高初速主砲，這款主砲也安裝在雪曼戰車的後期車型上。

D日之後，地獄貓在歐洲服役並參戰，但面對大戰後期德軍開發出來擁有較厚重正面裝甲的新銳戰車（如豹式）時，卻顯得有些吃力。若使用高初速穿甲彈（High Velocity Armour Piercing, HVAP），擊穿機率會比較高，但這種砲彈供應量卻不夠。驅逐戰車構型的地獄貓共生產1857輛，當中最後生產的700輛的主砲砲口裝有制退器，有助減少砲口噴焰揚起的塵土。另外還有650輛無武裝版本，稱為M39，生產或改裝來做為彈藥或部隊運輸車使用，有一些在韓戰中服役。

車尾

規格說明	
名稱	M18地獄貓式
年代	1942
國家	美國
產量	1857輛
引擎	萊特－大陸R-975油引擎，400匹馬力
重量	17.8公噸
主要武裝	76公釐口徑M1或M1A2戰車砲
次要武裝	.50英吋口徑白朗寧M2機槍
乘組員	5名
裝甲厚度	最厚處25公釐

副駕駛
駕駛
車長
砲手
裝填手

變速箱前蓋板

扭力桿懸吊系統

立體側視圖

橡膠履帶

驅逐戰車

M18地獄貓容易被誤認為戰車,但它的設計是作為速度快、輕裝甲的反戰車砲載具,依賴速度而非裝甲來保護自己。

C-4

TOW ONLY

「搜索…攻擊…摧毀」

這是美軍驅逐戰車部隊的徽章。美軍在二次大戰期間成立了超過100個驅逐戰車營。

過橋重量標章

地獄貓的過橋重量為18公噸,用這個標章來表示。以重裝甲車量的標準來看,這個重量相當輕。

外觀

許多美國車輛，像是地獄貓，都會使用共通零組件。德國陸軍元帥艾爾文·隆美爾（Erwin Rommel）在突尼西亞首度遭遇美軍部隊時，便察覺了這個狀況。像頭燈這類可交換使用的零件意味著補給鏈裡的品項會比較少，有助降低野戰部隊的後勤負擔。

1. 盟軍識別標誌　2. 喇叭　3. 頭燈　4. 加油口蓋　5. 主砲瞄準鏡孔　6. 砲手用潛望鏡　7. 車長用機槍　8. 車身上的砲管清潔桿　9. 乘組員儲物處　10. 機槍三腳架，供機槍在地面使用　11. 車身上的鏟子　12. 上部履帶下方的頂支輪　13. 後燈　14. 引擎室

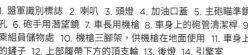

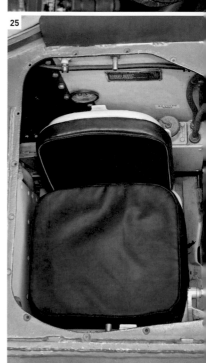

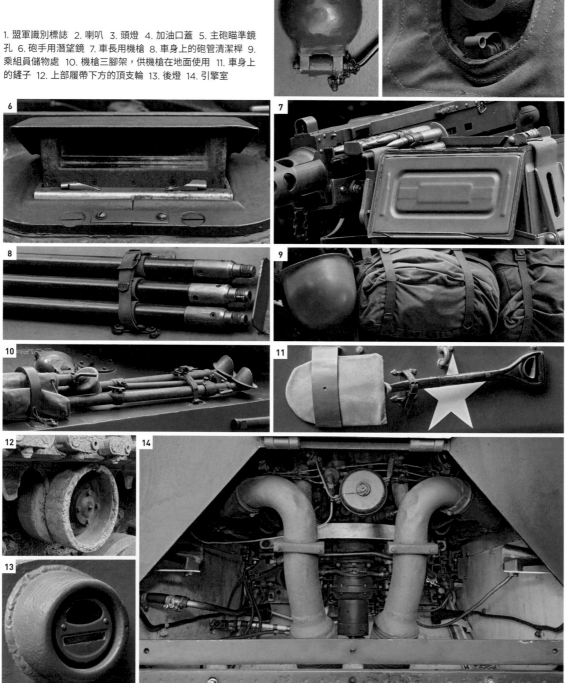

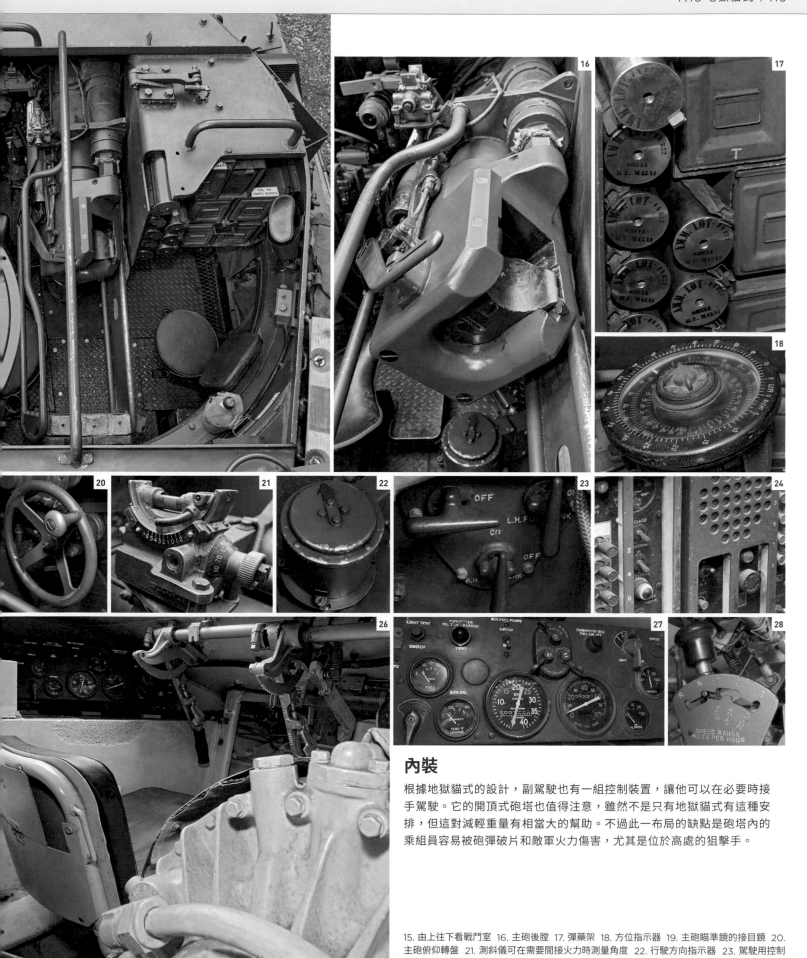

內裝

根據地獄貓式的設計，副駕駛也有一組控制裝置，讓他可以在必要時接手駕駛。它的開頂式砲塔也值得注意，雖然不是只有地獄貓式有這種安排，但這對減輕重量有相當大的幫助。不過此一布局的缺點是砲塔內的乘組員容易被砲彈破片和敵軍火力傷害，尤其是位於高處的狙擊手。

15. 由上往下看戰鬥室 16. 主砲後膛 17. 彈藥架 18. 方位指示器 19. 主砲瞄準鏡的接目鏡 20. 主砲俯仰轉盤 21. 測斜儀可在需要間接火力時測量角度 22. 行駛方向指示器 23. 駕駛用控制開關 24. 無線電和對講機設備 25. 駕駛座 26. 駕駛位 27. 駕駛用儀表板 28. 排檔桿

工程車輛和特種車輛

1942年,盟軍突襲第厄普失敗,暴露出登陸車輛在兩棲登陸期間會碰到的困境。盟軍高層明白讓戰車越過法國的海灘會是個挑戰,於是就把開發合適車輛的工作指派給英軍第79裝甲師師長佩爾西·霍巴特(Percy Hobart)。這些車輛被稱為「霍巴特馬戲團」(Hobart's Funnies),以戰車車體為基礎開發,因此擁有類似的機動力和防護力,且可減輕後勤負擔。它們的足跡遍布西北歐、義大利和遠東地區。

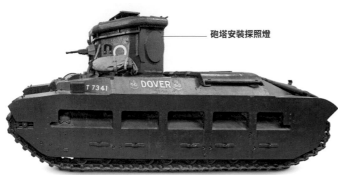

砲塔安裝探照燈

T16278

△ 馬提爾達CDL

年代 1940 **國家** 英國

重量 26.9公噸

引擎 兩具AEC六汽缸柴油引擎,每具95匹馬力

主要武裝 無

運河防禦燈(Canal Defence Light, CDL)是一種在夜間戰鬥時可以讓敵軍目眩的裝備。這輛馬提爾達的砲塔安裝了一具1300萬燭光的探照燈,且可依固定頻率閃爍,加強盲眩效果。

▷ 華倫坦架橋車

年代 1943 **國家** 英國

重量 19.9公噸

引擎 AEC A189汽油引擎,135匹馬力

主要武裝 無

最早的架橋戰車在第一次世界大戰結束時便已開發,但一直要到二次大戰才投入使用。圖中的剪力橋可跨過9.2公尺寬的距離,並讓30公噸重的車輛通過。

炸藥安裝在車身內

△ 歌利亞遙控戰車

年代 1943 **國家** 德國

重量 0.4公噸

引擎 春達普(Zundapp)SZ7汽油引擎,12.5匹馬力

主要武裝 100公斤炸藥

歌利亞(Goliath)只有1.63公尺長、0.62公尺高,實際上是個小型炸彈。它是由650公尺長的導線遙控,因此操作人員可以在安全的掩體內作業。它原本是用來攻擊要塞陣地或清除雷區,但容易因為輕兵器射擊及地形複雜等因素而受損。

▽ 邱吉爾鱷魚式

年代 1943 **國家** 英國

重量 40.6公噸

引擎 百福Twin-Six汽油引擎,350匹馬力

主要武裝 火焰發射器,75公釐口徑QF主砲

火焰發射器在對付要塞時格外有效,而若是在戰車上加裝火焰發射器,便可在逼近敵軍時提高存活的機率。邱吉爾鱷魚式(Crocodile)就是這樣的戰車。它除了具備完整的戰車功能,還附有一輛攜帶燃料的拖車。鱷魚式會吸引猛烈的敵軍火力,但只要有它們出現,德軍常常都會投降。

攜帶燃料的拖車

T173258'H

砲塔裝有290公釐迫擊砲

剪力橋摺疊安放在戰車上

△ 邱吉爾皇家工兵裝甲車

年代 1943 **國家** 英國

重量 39.6公噸

引擎 百福12汽缸汽油引擎，350匹馬力

主要武裝 290公釐口徑攻城迫擊砲
（Petard Mortar）

皇家工兵裝甲車（Armoured Vehicle Royal
Engineers, AVRE）是邱吉爾系列戰車中的
一款多用途車種，在第厄普登陸後開發，
目的是要讓工兵可以在裝甲保護下作業。
它裝備一門短射程的迫擊砲，可摧毀敵軍
防禦工事。

液壓臂可展開剪力橋

鐵鍊連枷可引爆地雷

△ 雪曼五型蟹式

年代 1943 **國家** 美國

重量 32.2公噸

引擎 克萊斯勒A57 多排式汽油引擎，425匹馬力

主要武裝 75公釐口徑M3 L/40主砲

清理雷區是危險的工作，一方面是因為地雷本
身，另一方面是雷區通常都在敵軍火力的射擊範
圍內。像雪曼五型蟹式（Crab）這樣的連枷戰車
必須以低於每小時3.2公里的速度直線前進，旋轉
的鏈條會以足夠的力量打擊地面，引爆地雷。

帆布帳可提供浮力

假主砲

吊車安裝在車尾

△ 雪曼三型雙重驅動戰車

年代 1943 **國家** 美國

重量 32.2公噸

引擎 通用汽車6046柴油引擎，375匹馬力

主要武裝 75公釐口徑M3 L/40主砲

這輛雪曼三型（本圖是M4A2）完全具備戰鬥
能力，且裝有推進器和一組帆布帳，可讓它在
水中前進。這款車的開發目的是要支援D日入
侵當天第一波登陸的步兵，它的帆布帳可提供
浮力，但海象惡劣時容易損壞。

△ 邱吉爾裝甲回收車

年代 1944 **國家** 英國

重量 33.5公噸

引擎 百福Twin-Six汽油引擎，350匹馬力

主要武裝 無

裝甲回收車（Armoured Recovery Vehicle, ARV）可
以讓皇家電機工兵（Royal Electrical and Mechanical
Engineers, REME）的技工擁有機動力和防護力，在
戰場上移動並修理故障的車輛。它配備吊車，可用來
吊掛引擎，也有拖曳設備，還有修理受損戰車零組件
所需的工具和器材。

實驗車輛

基於戰爭的壓力，交戰國紛紛研發各式各樣的戰車設計方案，當中有許多從未服役。有些因為科技進步太快而顯得落伍，有些因為戰爭結束而來不及研發，只好取消。還有一些則是直接放棄，因為既有的戰車儘管不像替代品那麼好，但也堪用，而導入新型戰車會造成的生產延誤被認為是無法接受的。

△ M7

年代 1942 **國家** 美國
重量 24.4公噸
引擎 萊特－大陸R-975汽油引擎，400匹馬力
主要武裝 75公釐口徑M3 L/40主砲

M7原本是要設計成12.7公噸重的輕型戰車，卻在開發的過程中不斷變大，因此被重新歸類為中型戰車，但在這個位置就要和M4雪曼（見第86-89頁）競爭。M4性能較優異，且已經生產，因此M7在生產七輛之後就被放棄了。

射擊口

垂直渦形
彈簧懸吊

△ TOG II*

年代 1941 **國家** 英國
重量 81.3公噸
引擎 派克斯曼（Paxman）瑞卡多12汽缸柴油引擎，600匹馬力
主要武裝 QF 17磅砲

「老頭幫」（The Old Gang, TOG）戰車的設計團隊就是1915年開發出世界第一輛戰車的那批人，因此這款車是為一次大戰形態的戰場而設計的。它很大、很重，很慢。第二次世界大戰的戰鬥經驗顯示，「老頭幫」已經不適合現代化戰爭了。

裝甲砲盾

吊耳

△ T14

年代 1943 **國家** 美國
重量 38.1公噸
引擎 福特GAZ V8汽油引擎，520匹馬力
主要武裝 75公釐口徑M3 L/40主砲

這款車預計做為英軍和美軍部隊的重型步兵戰車或突擊戰車，使用許多雪曼的零組件，共生產兩輛先導模型。不過測試結果顯示它們太重，無法投入戰場使用，且沒比雪曼和邱吉爾優越多少，因此不值得繼續投入。

備用履帶

拖曳用鋼纜

無砲塔的固定式砲盾

P I
PE3530

▷ 勇敢式

年代 1944 **國家** 英國
重量 27.4公噸
引擎 通用汽車6-71M柴油引擎，210匹馬力
主要武裝 QF 75公釐口徑主砲

勇敢式（Valiant）是為遠東地區作戰設計的步兵突擊戰車，但唯一一輛原型車測試時卻顯示速度太慢，且底盤過低，會損害懸吊系統。此外駕駛艙也過於狹小，提高駕駛被控制器傷害的風險，結果被認為是設計最差勁的戰車之一。

駕駛艙

輕裝甲以降低車重

驅動齒輪位於後方

獨立彈簧路輪懸吊

▽ 黑王子式

年代 1945 **國家** 英國
重量 50.8公噸
引擎 百福Type 120汽油引擎，350匹馬力
主要武裝 QF 17磅砲

黑王子式（Black Prince）是邱吉爾的放大加重版，可以配備17磅砲。它的裝甲厚度維持不變，引擎也相同，因此行駛時的最高時速降低了，但由於履帶較寬、懸吊系統是改良型，所以恢復了一些機動力。

▽ 龜式

年代 1945 **國家** 英國
重量 79.3公噸
引擎 勞斯萊斯流星式Mark 5汽油引擎，600匹馬力
主要武裝 QF 32磅砲

龜式（Tortoise）火力強大、裝甲厚重，足以和德軍最重型的戰車一決勝負。它原本要做為突擊砲使用，攻擊德軍要塞工事，因此犧牲機動力，最高速度只有每小時19.3公里，在大戰結束前只生產6輛。

砲口制退器

32磅主砲

小路輪

105公釐主砲

用來安裝車外機槍的環式機槍座

扭力桿懸吊

△ T28

年代 1945 **國家** 美國
重量 86.2公噸
引擎 福特GAF V8汽油引擎，500匹馬力
主要武裝 105公釐口徑T5E1 L/65主砲

T28是設計用來攻擊德軍齊格菲防線（Siegfried Line）的堅固防禦工事，是美國製造過最重型的戰車。這款車使用和後期雪曼戰車相同的水平渦形彈簧懸吊系統，且有獨特的雙履帶。這款戰車只生產兩輛，且直到戰爭結束時都沒有機會上場。

戰爭與和平時代的戰車

戰車跟所有的武器一樣,可以從各種不同的角度來觀察。在很多情況下,它被視為壓迫、入侵和威脅,不過對很多人來說,反過來看才是對的。如本圖所示,在1944年6月的D日登陸後不久,諾曼第地區夫雷爾滿目瘡痍的街道上,當地居民湧上街頭,揮舞旗幟歡迎盟軍。這個時候,戰車就是解放者。

　　一次大戰時,幾乎戰車一被發明出來,如此南轅北轍的觀點就已經涇渭分明。在英國的大後方,不論是玩具、茶壺、手提袋,各種紀念品紛紛推出,甚至有人跳舞表達敬意,就是要感謝戰車扭轉了對德戰局的走向。在最後時刻,英國總算是超越了第一個用飛機權轟炸倫敦、在戰場上動用

毒氣的國家。後來戰車為戰爭募款時非常成功,許多戰車被送往英國各地巡迴展出。另一方面,對德國人而言,到了1918年年底,戰車在戰場上出現,就是很乾脆地給了精疲力竭、士氣低落的德軍一個投降的藉口。正如同興登堡(Hindenburg)所說的:「它們竟然可以越過我們完好無損的壕溝和障礙物,這點無疑對我軍造成了顯著的影響。」

1944年,一輛由英軍操作的雪曼戰車駛過諾曼第地區夫雷爾滿目瘡痍的街頭,背景中可看到一輛推土機正在清除瓦礫。

裝甲車和
部隊運輸車

第二次世界大戰期間,各國廣泛運用裝甲車輛從事不同的任務。斥候車、輕型偵察車和裝甲車被用來執行偵察與步兵支援任務,有些配備輕武器,有些的武裝則跟當時的戰車不相上下。它們的主要工作是找出敵人位置,然後活著返回我方陣地回報,因此雙筒望遠鏡、無線電和良好的戰術就是它們的主要武器。

▷ Sd Kfz 231八輪重裝甲偵察車

年代 1936	國家 德國

重量 8.4公噸
引擎 布辛(Büssing -NAG)L8V汽油引擎,155匹馬力
主要武裝 兩公分口徑KwK 30 L/55主砲

戰前的6x4裝甲偵察車(Panzerspähwagen)越野能力不佳,因此被這款八輪裝甲車取代。它們的武裝和角色不變,也保留後方駕駛座。有些車型安裝大型的「床架」無線電天線,還有些升級成7.5公分KwK 37主砲。

外掛的正面裝甲

駕駛室

交錯配置
的路輪

◁ Sd Kfz 251/8中型裝甲救護車C型

年代 1939	國家 德國

重量 7.9公噸
引擎 麥巴赫HL42 TUKRM汽油引擎,100匹馬力
主要武裝 無

這款裝甲車設計成裝甲人員運輸車,供德軍的裝甲擲彈兵(Panzergrenadier)搭乘,跟戰車一起前進。它可搭載十名步兵,裝甲防護力好,半履帶的設計讓它有良好的越野機動力,但沒有車頂。這款車共生產超過1萬5000輛,包括戰後在捷克斯洛伐克生產的大約2500輛。

▷ 通用運輸車Mark II

年代 1939	國家 英國

重量 4公噸
引擎 福特側置汽門V8汽油引擎,85匹馬力
主要武裝 .30英吋口徑3口徑布倫(Bren)機槍

通用運輸車堪稱史上產量最多的裝甲車之一,衍生自卡登−洛伊德的設計(見第46-47頁),由幾種不同的運輸車發展並合併成為一種「通用」設計。它用途多多,可載運機槍、迫擊砲、步兵、補給物資、砲兵觀測裝備,還能扮演其他角色。這款車廣受步兵歡迎,需求量很高。

惰輪安裝在前方

車體只有側面有裝甲保護

◁ **M3A1**

年代 1940	**國家** 美國
重量 4.1公噸	
引擎 海克力士（Hercules）JXD汽油引擎，87匹馬力	
主要武裝 無	

M3是一款堅固耐用、性能可靠的無車頂四輪斥候車，車身有裝甲。它被美軍、英軍和俄軍大量用來運輸部隊並執行其他任務，像是救護、指揮和前進觀測等等。安裝在車頭的滾筒可以防止車輛陷入壕溝中。

▷ **戴姆勒Mark II**

年代 1940	**國家** 英國
重量 3公噸	
引擎 戴姆勒6HV汽油引擎，55匹馬力	
主要武裝 無	

這輛斥候車一般被稱為澳洲野犬式（Dingo），它的體積小，可乘坐兩人，且因為配備和戴姆勒裝甲車相同的變速系統，所以機動力相當好。早期的澳洲野犬可四輪轉向，配有滑動式的裝甲車頂，後來的車型取消了這兩個功能，但實心橡膠胎倒是保留了下來。這款車大約生產6600輛，且相當受歡迎。

裝甲觀測窗

燃料桶

F 329813

裝甲車身的防護力有限

駕駛用觀測窗

◁ **亨伯斥候車**

年代 1942	**國家** 英國
重量 3.5公噸	
引擎 亨伯五汽缸汽油引擎，87匹馬力	
主要武裝 .303英吋口徑布倫機槍	

雖然澳洲野犬式是英軍的標準斥候車，但由於戰時需求孔急，因此其他公司也奉命生產類似的車輛。這款裝甲車由亨伯（Humber）公司生產約4300輛，之後在戰爭期間，澳洲野犬主要由步兵單位使用，裝甲部隊則以亨伯為主。

充氣輪胎

砲塔裝有7.62公釐機槍

▷ **BA-64**

年代 1942	**國家** 蘇聯
重量 2.3公噸	
引擎 GAZ-MM四汽缸汽油引擎，50匹馬力	
主要武裝 7.62公釐口徑DT機槍	

BA-64是一款輕巧的兩人座4x4裝甲車，被俄軍部隊用來執行偵察、聯絡、通信和支援步兵等任務。不過跟大部分盟軍裝甲車不一樣的是，BA-64只有少數配備無線電。若光看厚度，你會低估了它裝甲的防護力，因為裝甲的角度和布局也大有學問。

裝甲車和
部隊運輸車（續）

同盟國和軸心國都使用裝甲半履帶車來載運步兵越野或穿越敵火。它們功能眾多，可承擔不同任務，包括當作反戰車砲或高射砲的載台、曳引火砲、運送傷患、維修車輛還有指揮車輛等。全履帶支援車輛較少見，但受歡迎的通用運輸車廣受使用。到了戰爭結束時，公羊袋鼠式（Ram Kangaroo）更是開啟了全履帶裝甲運兵車概念的先河。

機槍用三腳架掛在車身上

USA 604325·S

有角度的乘組員艙

△ 螳螂式

年代 1943	國家 英國
重量 5.3公噸	
引擎 福特側置汽門V8汽油引擎，85匹馬力	
主要武裝 兩挺.30英吋口徑3口徑布倫機槍	

螳螂式（Praying Mantis）原本是想要做出一款輪廓低的武器運輸車，但卻不幸失敗。兩位乘組員伏臥在車體內，然後透過液壓升起，就可從掩蔽物上方觀測並開火。雖然這個設計相當新穎，但難以操作，而且會讓乘組員想吐。

◁ M8灰狗式（Greyhound）

年代 1943	國家 美國
重量 7.4公噸	
引擎 海克力士JXD汽油引擎，110匹馬力	
主要武裝 37公釐口徑M6 L/56.6主砲	

M8原本是要設計成輪式驅逐戰車，但因為武裝較弱，沒有車頂且裝甲較薄，因此很快就變成偵察車。它有六輪驅動，可在道路上高速行駛，但懸吊系統的越野能力有限。

▽ M5半履帶車

年代 1943	國家 美國
重量 9.9公噸	
引擎 萬國收割機公司（IHC）RED-450-B汽油引擎，141匹馬力	
主要武裝 .50英吋口徑口徑白朗寧M2機槍	

盟軍把M2和M9當成火砲曳引車，M3和M5則是裝甲人員運輸車。在戰爭期間，這兩種裝甲車都廣泛用於其他工作，包括回收、指揮和救護等等。1945年後，以色列部隊還用了這些車輛數十年之久。

.50英吋口徑白朗寧機槍

DIXIE CLIPPER

LTH
WTH
HT
WGT

後方為履帶

後置引擎

兩磅主砲

FREE FRENCH

50312

◁ 馬蒙－赫林頓Mark IV
年代 1943 **國家** 南非
重量 6.7公噸
引擎 福特V8汽油引擎，95匹馬力
主要武裝 QF 兩磅砲

Mark IV和早期的馬蒙－赫林頓裝甲車之間沒有太多相似之處。它的發動機置於車尾，且沒有單獨的底盤，但武裝為兩磅砲，火力更強。北非戰役在1943年結束，因此Mark IV便轉戰義大利前線。它最後一次參與戰鬥是在1974年土耳其入侵賽普勒斯時。

充氣輪胎

帆布頂蓬

天線座

BARDIA

62400

353

△ 狐式裝甲車
年代 1943 **國家** 加拿大
重量 8.1公噸
引擎 通用汽車270汽油引擎，97匹馬力
主要武裝 .50英吋口徑口徑白朗寧M2機槍

狐式（Fox）是英國亨伯裝甲車的加拿大製造版本，是以標準的加拿大軍用卡車（Canadian Military Pattern truck）底盤為基礎，並以更容易取得的美製機槍為武裝。這款車大約生產1500輛，用於義大利和印度。

CZ 5668252

△ CT15TA裝甲卡車
年代 1943 **國家** 加拿大
重量 4.6公噸
引擎 通用汽車270汽油引擎，100匹馬力
主要武裝 無

CT15TA跟狐式裝甲車相同，也是用標準的加拿大軍用卡車底盤來開發的。它被拿來做為部隊運輸車、救護車和載重車使用，但不會在第一線使用。

◁ Sd Kfz 234/3 八輪重裝甲偵察車
年代 1944 **國家** 德國
重量 11.7公噸
引擎 塔特拉（Tatra）103油引擎，220匹馬力
主要武裝 75公釐口徑Kwk 51 L/24主砲

Sd Kfz 234在1944年取代Sd Kfz 231。它擁有更先進的懸吊和轉向系統，所以機動力更佳，此外還有馬力更強的引擎和更厚的裝甲。這款車共有四種型號，武裝不同。這款是用來對付防禦工事和區域性目標，以支援其他裝有專用反戰車砲的車輛。

75公釐主砲

車身可外掛其他裝備

USA-W4020386

前方為充氣式輪胎

△ 公羊袋鼠式
年代 1944 **國家** 加拿大
重量 24.9公噸
引擎 萊特－大陸R-975汽油引擎，400匹馬力
主要武裝 .30英吋口徑口徑白朗寧M1919機槍

袋鼠式是應加拿大部隊的要求而研發的。幾種以不同戰車改裝而成的運兵車都被稱為袋鼠式，其中最多的就是從公羊式改裝，主要用於義大利和西北歐戰場，每輛可搭載11名士兵。

第四章
冷戰：
1945-1991年

冷戰

第二次世界大戰結束後，戰車在戰場上顯然具有優勢地位，但也並非所向無敵。從價格便宜的輕便武器上發射的成形裝藥彈頭，即便對最重型的戰車來說都是個巨大的威脅，因此戰車製造商開始強調機動力甚於裝甲，認為那才是戰車真正的防護力。在冷戰期間，敵對陣營的戰車第一次交手是在韓戰中，但作戰的次數不多，裝甲車輛主要用於步兵支援。同樣地，美軍在越南和俄軍在阿富汗都布署了數量龐大的裝甲車輛，但都幾乎沒有遇過敵軍戰車。事實上，冷戰期間規模最大的戰車間戰鬥根本就和超級強權沒有關係。例如 1965 年的印巴戰爭，雙方都投入了數以百計的戰車。

以色列在 1967 年六日戰爭和 1973 年贖罪日戰爭的經驗刺激了戰車設計領域的重大發展。反戰車飛彈擊毀了大批以色列戰車，促使加快速度研究保護戰車不受成形裝藥彈頭破壞的新方法，包括蘇聯和以色列研發的爆炸反應裝甲（Explosive Reactive Armour），還有英國研發的查本裝甲（Chobham），都以多種不同材料層疊合而成。1980 年代，採用這種裝甲的新一代戰車以及電腦射控系統和夜間熱顯像系統紛紛上場。有許多這樣的戰車在 1991 年的第一次波灣戰爭中證明了自己的實力，清楚展現出它們相對於老式蘇聯戰車的優勢。

△ **越南的驕傲**
一張民族主義海報以戰車領導國家獲得解放的圖像，慶賀越南人民戰勝前殖民宗主。

「**勝利不再是一個事實。它只是一個字，用來形容誰還存活在廢墟裡。**」
美國總統林登・詹森（Lyndon B. Johnson）

◁ **一張蘇聯宣傳海報**，描繪史達林（左）屹立在一支由看似所向無敵的戰車領導的陸軍縱隊之上。

△ **M48巴頓戰車在越南**
越戰期間，南越遊騎兵部隊在美軍一輛M48巴頓（Patton）戰車的掩護下，在西貢的堤岸區一帶戰鬥。

共產陣營的戰車

第二次世界大戰結束後不久,蘇聯採用了T-54戰
車。蘇聯大量生產一系列戰車,並出口到《華沙公
約》組織國家和世界各地的共產陣營國家,這是當
中的第一款。根據蘇聯的軍事準則,戰車應在砲兵
和步兵的支援下突破敵軍防線,然後長驅直入,朝
敵軍後方陣地挺進。這種作戰概念影響了戰車的設
計,強調機動性和低矮的車體,因為這樣戰車較難
被擊中,但狹小的空間經常讓乘組員感到不適。

△ T-54

年代 1947	**國家** 蘇聯

重量 36公噸

引擎 V-54 V12柴油引擎,520匹馬力

主要武裝 100公釐口徑D-10T L/53.5旋膛砲

T-54堪稱史上產量最多的裝甲車輛之一。它不再
採用克利斯蒂懸吊,改採扭力桿系統,並配備在
SU-100上通過實戰考驗的100公釐主砲。T-54參
與過的戰鬥遍及非洲、中東、亞洲和歐洲。

▷ PT-76

年代 1951	**國家** 蘇聯

重量 14.6公噸

引擎 Model V-6柴油引擎,240匹馬力

主要武裝 76.2公釐口徑2A16 L/42旋膛砲

PT-76是一款輕型戰車,可以用兩具
水中噴射器在水上前進。基於這個
設計,它機動力強、功能廣泛,但
為了能夠浮在水上,它的車體很
大、裝甲很薄,因此幾乎連重機槍
攻擊都擋不住。

車長和裝填手坐在砲塔內

輕裝甲可提供浮力

排煙器可防止推進氣體進入戰車內部

100公釐口徑
L/53.5旋膛砲

拉長的車身

備用履帶

△ T-10M

年代 1952	**國家** 蘇聯

重量 52公噸

引擎 哈爾可夫Model V-2-IS柴油引擎,700匹馬力

主要武裝 122公釐口徑M-62-T2 L/46旋膛砲

T-10是KV和IS系列重型戰車的最後一款,服役生
涯較短,因為主力戰車(main battle tank)的發展
而被淘汰。蘇聯將重型戰車編組成獨立營級單
位,配屬在其他更大規模的單位下,以便在必要
時刻發揮額外戰鬥力。最後一批T-10戰車在1960
年代退出部隊,由T-64取代。

▷ T-55

年代 1958	**國家** 蘇聯

重量 36公噸

引擎 V-55 V12柴油引擎,580匹馬力

主要武裝 100公釐口徑D-10T2S L/53.5旋膛砲

跟T-54不同,T-55擁有完整的核生化(Nuclear, Biological,
Chemical, NBC)作戰防護系統,還有馬力更大的引擎。
這種戰車的生產作業持續到1981年,升級內容包括更現代
化的系統,像是雷射測距儀和新式瞄準鏡。許多國家都研
發專屬的升級套件,以便讓它可以在21世紀繼續服役。

▷ **59式戰車**

年代 1959 **國家** 中國

重量 36公噸

引擎 12150L V12柴油引擎，520匹馬力

主要武裝 105公釐口徑L7旋膛砲

59式雖然是以T-54為基礎，但發展路線卻大異其趣，融合中國和西方的系統。如圖，這輛59 -II式配備英國設計的主砲、核生化防護系統和主砲穩定系統。

滑膛砲

排氣管可放出煙幕

戰鬥艙位於車身前段

◁ **T-62**

年代 1962 **國家** 蘇聯

重量 38公噸

引擎 V-55-5 V12柴油引擎，580匹馬力

主要武裝 115公釐口徑2A20 L/49.5滑膛砲

T-62從T-55進化而來，擁有更大的車身和威力更強的115公釐主砲。這是第一種服役的滑膛砲，也是第一種可發射翼穩脫殼穿甲彈（Armour Piercing Fin Stabilized Discarding Sabot, APFSDS）的火砲。T-62原本只是填補空缺用的戰車，但卻成為蘇聯陸軍的骨幹，直到1970年代。

無線電天線

儲物箱

車身可承受戰術核武在300公尺遠的距離爆炸

△ **62式**

年代 1962 **國家** 中國

重量 21公噸

引擎 12150L-3 V12柴油引擎，430匹馬力

主要武裝 85公釐口徑Type 62-85TC旋膛砲

59式雖然功能強大，但對中國大陸的某些地區而言還是太大太重。62式基本上就是59式的縮小版，配發給駐防在這類地區的部隊，因此它的火力和防護力都較弱，但接地壓力和機動力都有改善。

砲塔低矮

驅動齒輪位於戰車後方

第一對和第二對路輪之間的空隙較大，成為特徵

共產陣營的戰車（續）

戰鬥紀錄暗示，在一對一的情況下，蘇聯戰車——尤其是由中東附庸國所使用的那些——表現遜於西方國家的戰車。然而事實是：那些國家極少根據它們當初設計時的使用準則來運用這些戰車。事實上，蘇聯戰車通常相當先進，特別是在冷戰後期，裝備了燃氣渦輪引擎、接觸（Kontakt）爆炸反應裝甲以及畫眉鳥主動防禦系統（Drozd Active Protection System）。

水密車身

△ 63式

年代 1963	**國家** 中國
重量 18.4公噸	
引擎 Model 12150-I柴油引擎，400匹馬力	
主要武裝 85公釐口徑Type 62-85TC旋膛砲	

雖然63式的概念類似於PT-76，但主要還是由中國自己設計的。這款車在水中以兩具水噴射推進器推進，速度可達6.5節（約12公里／小時）。63式可以在水上行駛很遠，因此可以越過寬闊的河流和稻田，也能在兩棲作戰中軋上一腳。

滑膛砲可發射導引飛彈

▷ T-64B

年代 1966	**國家** 蘇聯
重量 39公噸	
引擎 5DTF柴油引擎，700匹馬力	
主要武裝 125公釐口徑2A46M2 L/48滑膛砲	

T-64的設計更先進但也更複雜，融入了多項新功能，尤其是主砲安裝了一組自動裝彈機，也可以發射導引飛彈。它預計編組在獨立戰車營內，擔任蘇聯陸軍的矛頭，且從未外銷。蘇聯解體後，T-64的工廠位於烏克蘭境內，而烏克蘭又繼續發展這輛戰車。

砲塔內有自動裝彈機

125公釐滑膛砲

複合裝甲保護

V-46柴油引擎驅動12組路輪

△ T-72M1

年代 1973	**國家** 蘇聯
重量 41.5公噸	
引擎 V-46.6柴油引擎，780匹馬力	
主要武裝 125公釐口徑2A46 L/48滑膛砲	

T-72是T-64的低成本簡化替代車型，在漫長的服役生涯中經歷廣泛的改良，最新的型號裝有獨特的爆炸反應裝甲和熱顯像儀。這款戰車的外銷版通常配備較簡單的系統，裝甲也較薄。

煙霧彈發射器

斜堤板板上的爆炸反應裝甲

▷ T-80

年代 1976	**國家** 蘇聯
重量 46公噸	
引擎 GTD-1250燃氣渦輪引擎，1250匹馬力	
主要武裝 125公釐口徑2A46M1 L/48滑膛砲	

T-80由T-64發展而來，配備一具燃氣渦輪引擎。1991年蘇聯流產政變期間，它曾在莫斯科街頭現身，1995年時也曾參與過車臣（Chechnya）的戰鬥。圖中這輛升級型T-80U配備了馬力更強的燃氣渦輪引擎和新的砲塔，由爆炸反應裝甲保護。

▷ **88C戰車**

年代	1981	**國家**	中國

重量 41公噸

引擎 VR36 V12柴油引擎，790匹馬力

主要武裝 125公釐口徑滑膛砲

在冷戰期間，有兩代的中國戰車共用基本的T-54戰車設計，不過這個現象在1980年代末期改變。88C戰車是一系列原型車和出口型號中的最新車型，擁有重新安排的路輪和配備自動裝彈機的新砲塔。

12.7公釐防空機槍

125公釐滑膛砲

100公釐主砲砲口

紅外線探照燈

圓形的砲塔

◁ **69式**

年代	1983	**國家**	中國

重量 36.7公噸

引擎 12150L-7BW V12柴油引擎，580匹馬力

主要武裝 100公釐口徑滑膛砲

69式是59式的大幅升級版，由中國公司不靠蘇聯援助自行開發。本圖為後期版本69-II式，在砲管上方安裝了雷射測距儀，旁邊則有紅外線探照燈。中國並未大量採用這款戰車，但外銷成績卻十分亮眼。

路輪配置仿照蘇聯戰車的模式

100公釐旋膛砲

▷ **T-55AD**

年代	1989	**國家**	蘇聯

重量 36公噸

引擎 V-55 V12柴油引擎，580匹馬力

主要武裝 100公釐D-10T2S L/53.5口徑旋膛砲

這輛伊拉克的T-55一般通稱為「謎」（Enigma），在砲塔、車身側面和斜堤板板上加裝了額外裝甲，由鋼、橡膠和鋁等材質層疊製成，用來抵禦反戰車高爆彈（High Explosive Anti Tank, HEAT）。許多國家都採用這類升級辦法來讓較老舊的戰車可以繼續上戰場服役。不過這個辦法有個缺點，就是會增加額外重量，影響戰車的機動性。

T-72

T-72 是蘇聯戰車，設計目的在於一旦冷戰升級為公開衝突，便可派上用場。它從更貴、更複雜的 T-64 戰車（見第 132 頁）衍生而來，但構造簡單、容易生產，保養維護也很方便。T-72 在 1970 年代進入蘇聯紅軍服役，直到現在全球仍有超過 40 個國家使用。蘇聯境內製造供外銷用的 T-72 各版本防護力通常差了一些，波蘭和捷克也有生產 T-72。

T-72具備早期的蘇聯戰車設計特徵，包括車身低矮、砲塔呈平底鍋狀，還有可靠耐用的柴油引擎。它的重量只有41公噸多一點，和同時期西方國家戰車相比重量較輕。跟許多冷戰時期的蘇聯戰車一樣，一般認為它和西方戰車一對一單挑時效果較差。不過它卻十分符合它的設計目的：蘇聯軍方本就打算將它們集結成大隊發動攻擊，以車海戰術攻破西方國家的防線。

T-72的主砲搭配自動裝彈機，水平的圓形轉盤內裝有22發砲彈，車身裡還儲存17發，因此它的最高發射速度達到13秒內可發射最多三發。同時，這也代表這款車只需要三名人員（車長、砲手、駕駛），車內乘組員空間需求下降，因此可以採用更小、更輕的設計。由於效果顯著，蘇聯官方的教範甚至明文規定乘組員身高不可超過175公分，以確保他們可以適應T-72車內的狹窄空間。

車尾

規格說明	
名稱	T-72M1
年代	1973
國家	蘇聯
產量	超過2萬5000輛
引擎	V46.6 V-12柴油引擎，780匹馬力
重量	41.5公噸
主要武裝	125公釐口徑2A46M滑膛砲
次要武裝	12.7公釐口徑NSVT機槍
乘組員	3名
裝甲厚度	最厚處280公釐

駕駛

車長

砲手

堅固的滑膛砲管,可用
來撞破牆壁

涉水用呼吸管安裝在
砲塔後方

125公釐主砲,口徑比
同時期西方戰車大

車身正面的傾斜裝甲

寬大的金屬履帶

立體側視圖

「魚鰓」裝甲可保護戰車
不受中空裝藥彈頭攻擊

匿蹤與機動性

T-72戰車的正面透露出它的主要戰術優
勢就是低矮。它的高度只有2公尺,對敵
軍來說是難以瞄準的目標。有了自動裝彈
機以後,就再也不需要乘組員站在砲塔
裡,因此可降低車身高度。

外觀

戰車通常會進行改良和加裝新設備。這輛曾在波蘭部隊服役的T-72側面加裝了「魚鰓」裝甲，這些方形橡膠塊能夠前斜開，可以在敵人發射的中空裝藥彈頭命中戰車主要車身之前就先引爆或干擾。砲塔上的機槍架原本裝有一挺防空用12.7公釐NSVT機槍，砲塔內也裝有一挺7.62公釐PKT同軸機槍。

1. 波蘭國徽 2. 位置保持／車隊燈 3. 主砲瞄準鏡 4. 頭燈 5. 紅外線探照燈 6. 機槍架 7. 車長艙口（關閉） 8. 砲手艙口（關閉） 9. 涉水用呼吸管（收納狀態） 10. 機槍彈藥箱 11. 引擎排氣管 12. 外加的「魚鰓」裝甲 13. 燃料桶架 14. 車身上的備用履帶 15. 後反光板

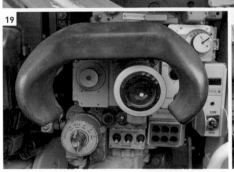

內裝

T-72的內部相當狹窄，只能容納三人，幾乎沒有考慮到乘組員的舒適性。它的乘組員艙具備核生化防護能力。砲手在白天可使用主砲瞄準鏡和雷射測距儀，在夜間則可使用紅外線瞄準鏡。

16. 由上往下看車長座位　17. 車長用瞄準鏡　18. 由上往下看砲手座位　19. 砲手用瞄準鏡　20. 車長座位靠背和手槍套　21. 主砲俯仰轉盤　22. 主砲後膛和自動裝彈機　23. 由上往下看駕駛座位　24. 駕駛用潛望鏡　25. 排檔桿　26. 駕駛用儀表板　27. 左轉向桿

YOU ARE LEAVING
THE AMERICAN SECTOR
ВЫ ВЫЕЗЖАЕТЕ ИЗ
АМЕРИКАНСКОГО СЕКТОРА
VOUS SORTEZ
DU SECTEUR AMERICAIN
SIE VERLASSEN DEN AMERIKANISCHEN SEKTOR

柏林，戰爭邊緣

在冷戰期間，柏林一直都是戰場。1961年10月，東柏林的邊境守衛攔下一位美國外交官，堅持檢查他的護照，結果西柏林的美國當局立即採取反制措施，派出搭載部隊的吉普車護送外交官前往東柏林。美國政府提高警覺，派遣盧修斯‧克萊將軍（Lucius D. Clay）前往柏林，以確保蘇聯不再違反二次大戰結束後簽訂的《四方協議》（Four Party Agreement）。克萊十分堅定，無論蘇聯擺出什麼姿態都不會退縮，因此他在10月27日派出M48戰車前往查理檢查哨（Checkpoint Charlie）──也就是東西柏林之間一座有部隊駐守的關卡。這些戰車停在離邊界75公尺的地方，引擎急速運轉且砲口對準前方。蘇聯不甘示弱，領導人尼基塔‧赫魯雪夫（Nikita Khrushchev）下令俄國的T-55戰車

也開上街頭，把砲口對準美軍。雙方面對面僵持長達16小時，同時美國總統甘迺迪則私下和克里姆林宮對話。之後，先有一輛T-55戰車開始撤退，接著輪到一輛M48。雙方持續撤退，直到恢復正常為止。

後來，俄國人遵守了《四方協議》關於在柏林市內自由往來的內容，但克萊將軍也被告知，這樣的邊緣策略過於危險，日後不宜使用。

1961年，俄軍和美軍戰車在分隔了東西柏林的查理檢查哨兩邊對峙著。

行駛中的槍騎兵步兵戰鬥車。

重點製造商
通用動力公司

通用動力（General Dynamics），可說是能夠靈活適應環境和局勢的新形態軍工企業集團之一。冷戰結束時，它前景黯淡，但因為集中全力研發裝甲車輛、軍艦和軍用資訊系統，因此得以東山再起。

1982年，一直在潛艦建造和軍用航空領域占有重要一席之地的通用動力公司，決定進入戰鬥車輛製造的領域。於是他們成立一個叫「陸地系統」（Land Systems）的新部門，以收購克萊斯勒公司的軍事工業部門。當中最有價值的就是M60巴頓（Patton）主力戰車，在1961年到1987年生產超過1萬5000輛。在大半個冷戰期，美國陸軍和美國海軍陸戰隊的裝甲師都裝備了這些戰車，1991年的波灣戰爭時也在美國海軍陸戰隊裡服役（到此時已經是它的第三代）。

美軍戰鬥車輛通常以歷史上的高階指揮官來命名，巴頓戰車的後繼者艾布蘭戰車自然也不例外。艾布蘭在經過漫長的設計階段後，於1980年開始服役，且很快就證明了它的優勢。後續的升級則讓它又服役了數十載。它原本的複合裝甲也逐漸改良，最明顯的地方就是在最容易受損的區域（見第238-39頁）加裝衰變鈾或「反應」（爆炸）裝甲板，此外原本的105公釐口徑M68A1旋膛砲也被認為已不適用於現代戰場，因此立即替換成德國設計的120公釐口徑M256A1滑膛砲。這款44倍徑的火砲可以發

快車式（Flyer）先進輕型打擊車（Advanced Light Strike Vehicle）專為特種部隊開發，能夠搭載九人以高達每小時160公里的速度行駛，可配備機槍、機砲或40公釐榴彈發射器。

射各種砲彈，包括M829翼穩脫殼穿甲彈「飛鏢」，它由衰變鈾製成，可以從2000公尺的距離擊穿570公釐厚的鋼製裝甲。此外還有高爆（成形裝藥）彈頭，以及內含超過1000顆直徑9.5公釐鎢鋼珠的人員殺傷彈藥。

到了20世紀末，通用動力已經賣光了它的軍用航空部門，但陸地系統隨即進一步擴張，在國內和歐洲不斷併購。首先是從西班牙政府手中買下聖塔芭芭拉系統（Santa Bárbara Sistemas），它不僅生產車輛，還有輕兵器、彈藥和飛彈等。之後在2003年，陸地系統買下了通用汽車的防衛部門，然後從一家奧地利投資公司手中買下史泰爾戴姆勒普赫特種車輛公司（Steyr Daimler Puch Spezialfahrzeug, SDPS），史泰爾戴姆勒普赫還帶來了瑞士的摩瓦格（MOWAG）公司，它自1950年起就開始生產軍用和民用特種車輛，且有一定的成績。這些新併購的歐洲公司隨即對母公司發展裝甲車輛的努力作出重要貢獻，聖塔芭芭拉和史泰爾通力合作，開發出「奧西合作研發」（Austrian-Spanish Co-operation Development, ASCOD）系列，製造出皮薩羅步兵戰鬥車（Pizarro Infantry Fighting Vehicle，在奧地利部隊中服役的則稱為槍騎兵式——Ulan），以及偵察專用車（Scout Specialist Vehicle, Scout SV）。皮薩羅／槍騎兵僅有西班牙和奧地利採用，不能算是非常

成功，但偵察專用車又是另外一個故事了。英國陸軍採用了偵察專用車，成為阿賈克斯（Ajax）車系，而不是採購英國航太系統（BAE Systems）的CV90，以取代老舊的履帶戰鬥偵察車系列的車輛。

史泰爾戴姆勒普赫特種車輛從另一間西班牙公司佩加索（Pegaso）的設計獨立研發出輪式的遊騎兵式（Pandur）裝甲戰鬥車，而摩瓦格則生產鷹式（Eagle）輕型戰術車、都洛（DURO）越野戰術卡車和最成功的食人魚式（Piranha）系列輪式多用途裝甲人員運輸車／步兵戰鬥車。食人魚在1972年服役，立即推出四種獨特構型，從四輪到十輪，當中有些車型還配備一對推進器和舵，因而具備有限的「平靜水面」兩棲能力。食人魚之後成為美軍和加拿大軍採用的八輪LAV-25和野牛式（Bison）的基礎，而加拿大的六輪通用裝甲車輛（Armoured Vehicle General Purpose, AVGP）版本根據車型的不同，還可分為美洲獅式（Cougar）、灰熊式（Grizzly）和哈士奇式（Husky），至於八輪的LAV III則稱為棕熊式（Kodiak）。後期的食人魚車型成為美國

艾布蘭戰車生產 艾布蘭主力戰車的生產是從底特律和俄亥俄州的利馬工廠開始。當底特律工廠在1996年關閉時，利馬工廠便接手後續整修的工作。利馬工廠以前曾經生產過雪曼戰車。

「…如果你想要吸引某個人的注意，把M1A1戰車開出來就對了。」

諾克斯堡（Fort Knox）裝甲兵中心（Armor Center）指揮官隆・馬加特將軍（Lon E. Maggart）

豹貓式 豹貓式跟其他以既有底盤為基礎的防雷車不同，擁有模組化的設計。它融合了V形車身、抗炸科技和可拆卸式人員防護艙。

陸軍史崔克（Stryker）裝甲戰鬥車家族的基礎，當生產工作在2014年結束時，幾乎有4500輛服役。所有這些車型都擁有眾多的衍生版本。舉例來說，棕熊式配備了一座砲塔，安裝一門25公釐口徑鏈砲，而瑞士版的食人魚可以安裝拖式（TOW）反戰車飛彈，史崔克的M1128機動火砲系統（Mobile Gun System）版本則可安裝105公釐口徑M68火砲。

通用動力在2011年併購了美國另一家特種車輛製造商──防護力公司（Force Protection Inc.），它最重要的產品就是美洲獅防雷反伏擊車（Mine-Resistant, Ambush Protected, MRAP），有4x4和6x6輪式構型可供選擇。它根據美國海軍陸戰隊發布的規格生產，原因是他們不滿意悍馬車（Humvee）在敵方領域內的表現過於脆弱，不過又被十幾個國家的武裝部隊採用，彼此之間的名稱和型式都有所不同。防護力公司之後生產了一款輕型的防雷車，稱為豹貓式（Ocelot），被英國陸軍採用後改稱為獵狐犬式（Foxhound），以取代表現不如人意且不受歡迎的荒原路華奪取型（Snatch Land Rover）車輛。

阿賈克斯裝甲戰鬥車 英國陸軍新採用的步兵戰鬥車系列是在奧地利和西班牙設計的。這個版本的砲塔在德國製造，但配備的40公釐主砲是在法國生產。

艾布蘭主力戰車 艾布蘭是世界最重的主力戰車，在1991年的波灣戰爭中首度投入戰鬥，表現十分傑出。它的產量超過1萬，主要分成三種車型，且即將推出第四種型號。

百夫長

百夫長式戰車是二次大戰後的一款經典戰車。它以重型巡航戰車的身分展開服役生涯，預計搭載在二次大戰期間證明性能卓越的 17 磅砲。1947 年，主砲製造商皇家兵工廠（Royal Ordnance Factory）設計出新的 20 磅砲，性能表現更加優異，因此由配備改良版勞斯萊斯流星引擎的新型百夫長 Mark 3 採用。

生產作業基1945年分別在里茲（Leeds）附近的皇家兵工廠以及位於英格蘭北部泰恩河畔紐卡索（Newcastle-upon-Tyne）的維克斯－阿姆斯壯工廠展開。到了1956年，Mark 3大約生產了2800輛。1959年，皇家兵工廠新研發的105公釐口徑L7戰車砲再度取代了20磅砲。這款新主砲可發射多種彈藥，包括脫殼穿甲彈（Armour Piercing Discarding Sabot, APDS）、翼穩脫殼穿甲彈以及高爆碎甲彈（High Explosive Squash Head, HESH）。

車尾

百夫長的戰鬥紀錄始於1950年的韓戰，有一個百夫長戰車團布署在當地，戰功卓著。它也曾在越南戰鬥，參與過1965年的印巴衝突，以及幾場中東地區衝突。

百夫長儘管有多種車型，但一些特色維持不變，像是焊接的船形車身、霍斯特曼懸吊系統和流星引擎。這具引擎被認為馬力不足，侷限了戰車的速度和靈活性，且行駛距離相當短。百夫長在英國軍隊一直服役到Mark 13型推出（如本圖所示）為止，但其他國家的軍隊仍持續改良它，直到2003年。

規格說明	
名稱	百夫長Mark 13 FV4017
年代	1945-62
國家	英國
產量	4423輛
引擎	勞斯萊斯流星Mark 4B汽油引擎，650匹馬力
重量	52.6公噸
主要武裝	105公釐口徑L7A2主砲
次要武裝	.30英吋口徑白朗寧M1919機槍、.50英吋口徑白朗寧M2機槍
乘組員	4名
裝甲厚度	最厚處152公釐

裝填手
車長
砲手
駕駛

105公釐L7主砲

天線座

紅外線頭燈

立體側視圖

金屬履帶，之後換成附有
橡膠塊的「安靜小狗」
（Hush Puppy）履帶

霍斯特曼懸吊
系統

09 BB 33

皇家戰車團徽章
在戰車的服役生涯裡，有可能會
在好幾個團級單位裡服役。皇家
戰車團是第一次世界大戰的戰車
兵團的後繼者。

夜間戰鬥
Mark 13可以從安裝在砲塔上的大型探照燈來
辨認。它能在夜間戰鬥中提供傳統的白色燈
光或紅外線光束。基於英軍在韓國、美軍和
澳大利亞軍隊在越南的戰鬥經驗，這樣的裝
備受到採用。此外，為了方便夜間駕駛，這
輛戰車也安裝了紅外線濾光燈，也就是本圖
中戰車車首兩側最外側的頭燈。

外觀

百夫長戰車被一位前乘組員形容成「有靈魂的戰車」：對許多裝甲兵而言，它是款令人懷念的戰車，且被認為是最後一款乘組員可以用標準工具自行修理的戰車。以色列陸軍對這款戰車評價很高，原因之一就是它不論是故障還是被打壞，都可以迅速回收並修好，迎接第二天的戰鬥。它的車長塔可以朝與砲塔相反的方向旋轉，因此車長可以在砲塔轉動的同時持續盯緊目標。

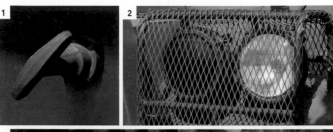

1. 滅火器開關 2. 頭燈組，外側是夜間駕駛用的紅外線頭燈 3. 前驅動齒輪 4. 駕駛用潛望鏡蓋 5. 砲手用觀測窗 6. 紅外線／白光探照燈 7. 裝填手用潛望鏡 8. 車長塔，艙口關閉 9. 煙霧彈發射器 10. 步兵電話盒 11. 魚尾形排氣管

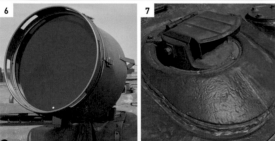

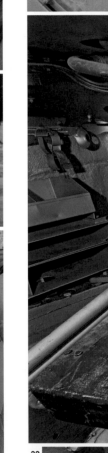

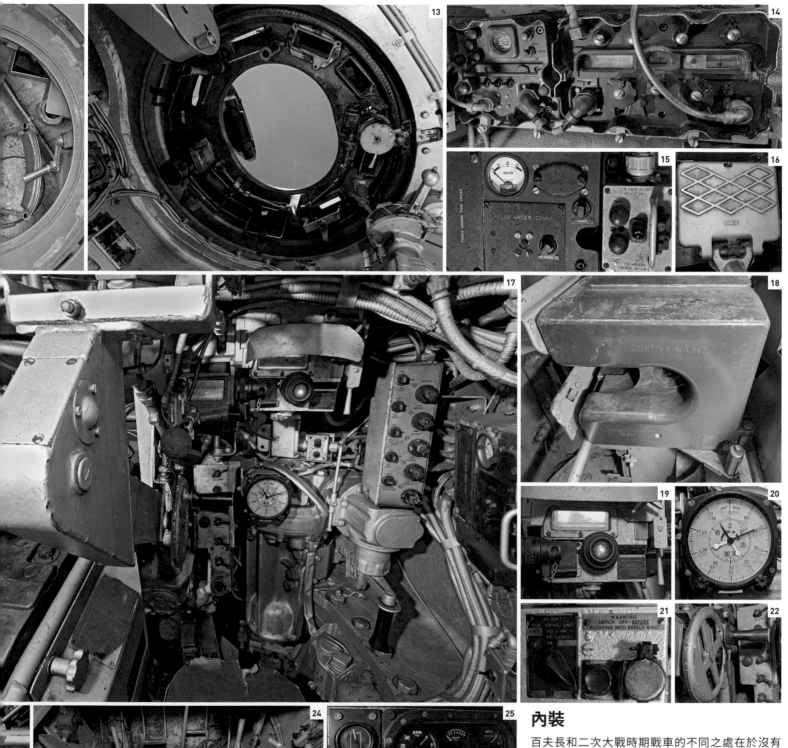

內裝

百夫長和二次大戰時期戰車的不同之處在於沒有副駕駛,因此彈藥就存放在駕駛座旁邊、從前的副駕駛所在的位置。砲手和車長的主砲瞄準鏡以機械連動。

12. 由上往下看車長的位置 13. 車長塔內部 14. 拉克斯普爾(Larkspur)無線電 15. 探照燈保險絲(左)和控制盒(右) 16. 車長用腳踏板 17. 砲手座位 18. 主砲後膛 19. 砲手瞄準鏡 20. 旋轉指示器 21. 緊急主砲射擊面板 22. 俯仰轉盤 23. .50英吋口徑同軸機槍 24. 駕駛艙 25. 駕駛用儀表板 26. 駕駛用開關面板

北約盟軍的戰車

由於沒有一個像蘇聯那樣獨大的國家，北約盟國得以自由生產各式各樣的戰車。所有這些戰車都要用來保衛西歐，對抗蘇聯的威脅，但由於各國的準則不同，因此也出現了各種不同的設計。舉例來說，德國的豹式（Leopard）強調高機動力和薄弱的裝甲，英國的酋長式（Chieftain）裝甲則十分厚重，但機動性不佳。這些戰車許多都出口到其他北約國家以及世界各地的西方陣營盟國。

20磅主砲

△ 百夫長Mark 3
年代 1948 **國家** 英國
重量 50.8公噸
引擎 勞斯萊斯流星Mark IVA汽油引擎，650匹馬力
主要武裝 20磅砲

百夫長Mark 3採用了威力強大的20磅砲和有效的穩定系統，使戰車可以在行進間射擊。它曾參與韓國、印度、巴基斯坦、越南等地的戰鬥。百夫長戰車相當成功，大約生產4423輛，其中大部分是Mark 3，之後又升級改裝。

車長塔　**砲盾**

頭燈

△ M41A1華克猛犬式（Walker Bulldog）
年代 1951 **國家** 美國
重量 23.2公噸
引擎 大陸AOS-895-3汽油引擎，500匹馬力
主要武裝 76公釐口徑M32 L/64主砲

M41是設計用來取代M24查飛，擁有強大許多的火力，但車重依然較輕，可用飛機空運，並廣泛出口到世界各國。美軍和南越軍都曾將它投入戰鬥，目前仍有一些國家使用。

驅動齒輪

▽ M47 巴頓
年代 1952 **國家** 美國
重量 43.6公噸
引擎 大陸AV1790-5A汽油引擎，810匹馬力
主要武裝 90公釐口徑M36 L/50旋膛砲

M47是一個過渡車種，使用M46的車體加上一座新砲塔而成。雖然美國在1950年代末用M48取而代之，但M47仍生產了超過9000輛。美國透過軍事援助計畫把這款車大量出售給盟國，許多國家一用就是幾十年，還有一些曾投入戰鬥。

路輪

▷ M48巴頓
年代 1952 **國家** 美國
重量 44.7公噸
引擎 大陸AV-1790-5B汽油引擎，810匹馬力
主要武裝 90公釐口徑M41 L/50旋膛砲

M48早在M47的生產作業開始前就已經設計，擁有改良的車體、砲塔和懸吊系統。這款戰車產量將近1萬2000輛，共計有26個國家使用，曾參與過幾場戰爭。之後的改良車型配備了AVDS-1790柴油引擎和105公釐M68主砲。

▽ AMX-13
年代 1953 **國家** 法國
重量 15公噸
引擎 軍備及引擎製造公司（Sofam）Model 8Gxb汽油引擎，250匹馬力
主要武裝 75公釐口徑SA 50旋膛砲

這款輕裝甲戰車採用了幾種創新設計來壓低車身重量。引擎位於車首，主砲配備自動裝彈機，砲塔採用搖擺式設計，整個砲塔上半部會隨著主砲俯仰擺動。這款車可說是十分成功，後來接受許多升級，包括90公釐和105公釐主砲。

.50英吋口徑白朗寧M2機槍

▷ M103A2
年代 1953 **國家** 美國
重量 58公噸
引擎 大陸AVDS-1790-2柴油引擎，750匹馬力
主要武裝 120公釐口徑M58 L/63.2旋膛砲

M103自1940年代末期開始研發，用來支援中型戰車對抗蘇聯的IS-3和T-10重型戰車。它的120公釐彈藥屬於分離裝填設計，因此需要兩名裝填手。美國海軍陸戰隊十分喜愛這款戰車，共有220輛從1959年服役到1972年。

排煙器

◁ M60A1 RISE
年代 1960 **國家** 美國
重量 52.6公噸
引擎 大陸AVDS-1790-2A柴油引擎，750匹馬力
主要武裝 105公釐口徑M68 L/52旋膛砲

為了節省研發的時間和成本，M60是以M48為基礎。它的105公釐主砲和射控系統提升了戰車火力，此外還配備柴油引擎和更厚的裝甲。改良型M60A1於1963年獲得採用。它在超過20個國家服役數十年，廣泛接受各種改裝。

▽ 酋長式Mark 11
年代 1966 **國家** 英國
重量 55公噸
引擎 禮蘭L60多元燃料引擎（multifuel），750匹馬力
主要武裝 120公釐口徑L11A5 L/55旋膛砲

酋長式擁有厚重的裝甲和強大的火力，機動力並非首要考量，預期的角色是要防禦蘇聯進攻。這款戰車在1966年同時取代征服者（Conqueror）和百夫長戰車。這是第一種駕駛員以半躺姿勢駕駛的戰車，降低了整體車身高度。

驅動齒輪

北約盟軍的戰車（續）

北約國家將軍事部門的許多領域統一成一套共通標準，以便進行高效率的聯合作戰，包括彈藥、油料和指揮程序等。雖然進行過許多失敗的跨國計畫，但盟國始終未曾合作生產出一款北約標準戰車。不過從1950年代末開始，各盟國開始廣泛（儘管不是獨家）採用英國設計的L7 105公釐戰車砲。

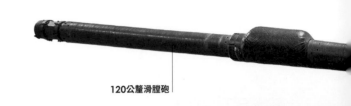

120公釐滑膛砲

105公釐主砲

路輪

▷ **AMX-30B2**

年代 1963 **國家** 法國

重量 37公噸

引擎 西斯帕諾－蘇伊查（Hispano-Suiza）HS110多元燃料引擎引擎，720匹馬力

主要武裝 105公釐口徑Modele F1 L/56旋膛砲

AMX-30重量輕，這是1950年代法國戰車設計哲學著重機動力和火力的結果。這款車的身身低矮，再加上時速可達64公里，因此可提供額外的保護。冷戰期間它在法國陸軍服役，之後改良型AMX-30B2參加了1991年的波灣戰爭。

排煙器

側裙蓋板

▷ **豹1**

年代 1965 **國家** 西德

重量 42.4公噸

引擎 MTU MB838多元燃料引擎，830匹馬力

主要武裝 105公釐口徑L7A3 L/52旋膛砲

跟二次大戰期間的德國戰車不同，豹式的速度快但裝甲薄弱。這款戰車產量大約5000輛，在十多個國家服役。在超過30年的服役生涯裡，它進行了多項升級，包括裝甲防護、觀測和射控系統。它有兩種砲塔，本圖中是鑄造的，另一種有稜角的則是焊接的。

儲物籃

偽裝網

△ **百夫長Mark 13**

年代 1966 **國家** 英國

重量 52.6公噸

引擎 勞斯萊斯流星Mark 4B汽油引擎，650匹馬力

主要武裝 105公釐口徑L7 L/52旋膛砲

英國在分析蘇聯的T-54戰車之後，發展了105公釐L7戰車砲，並於1959年安裝在百夫長戰車上。後來的百夫長加裝了測距用的機槍，以協助主砲瞄準，還有可在夜間戰鬥使用的紅外線探照燈，當然裝甲也更厚。以色列升級改裝的百夫長身經百戰，且戰功赫赫。

▽ **M60A2**

年代 1972 **國家** 美國

重量 52.6公噸

引擎 大陸AVOS-1790-2A柴油引擎，750匹馬力

主要武裝 152公釐口徑M162主砲／飛彈發射器

M60A2的砲塔徹底重新設計過，裝備一門152公釐主砲，也可以用來發射MGM-51橡木棍（Shillelagh）反戰車飛彈。不過它不太成功，因此在1980年退役，由之後研發出來的M60A3取而代之。M60A3保留了105公釐主砲，並加裝雷射測距儀、複雜的射控系統和熱顯像儀，這個熱顯像儀的評價通常比早期M1艾布蘭戰車上的好。

燃料儲放架

152公釐主砲砲口

△ 豹2A4
年代 1979 **國家** 西德
重量 55.2公噸
引擎 MTU MB 873 Ka-501柴油引擎，1500匹馬力
主要武裝 120公釐口徑萊茵金屬（Rheinmetall）120 L/44主砲

豹2戰車採用120公釐滑膛砲，之後立即成為西方國家標準。這款戰車生產了將近3000輛，其中以豹2A4數量最多。它的砲塔配有用不同材料製成的複合裝甲，因此不需要靠傾斜角度來提升防禦效果。

同軸機槍

砲塔上的儲物架

查本裝甲

橡膠履帶

◁ M1艾布蘭
年代 1980 **國家** 美國
重量 54.5公噸
引擎 德事隆（Textron）萊康明（Lycoming）AGT1500燃氣渦輪引擎，1500匹馬力
主要武裝 105公釐口徑M68 L/52旋膛砲

M1用來替換老舊的M60，配備了先進的查本裝甲、燃氣渦輪引擎和電腦化射控系統。燃氣渦輪引擎讓它具備無與倫比的速度，但代價就是油耗非常大。後期的車型改善了裝甲，M1A1更把主砲換成120公釐滑膛砲。

▽ 挑戰者1型
年代 1984 **國家** 英國
重量 62公噸
引擎 珀金斯（Perkins）CV12 V-12柴油引擎，1200匹馬力
主要武裝 120公釐口徑L11A5 L/55旋膛砲

挑戰者（Challenger）原本不是為英國陸軍設計的，它本來是為伊朗設計，但在1979年的伊朗革命之後取消。它的內部跟後期的酋長式非常類似，但擁有可靠得多的引擎和液壓氣動懸吊系統，此外還有被列為最高機密的先進查本複合裝甲。挑戰者1型在波灣戰爭首度參與戰鬥。

7.62公釐機槍

車身上的工具箱

複合裝甲

豹1式主力戰車

德國的豹式戰車，包括所有型號和衍生車型在內，無疑是二次大戰後最成功的戰車設計之一。當西德陸軍在 1955 年重建時，原本是配備美製戰車，但兩年後一個法德戰車研發計畫就展開了。只不過這個計畫在 1962 年告終，法國另闢蹊徑，打造出它的對手：AMX-30。

德國維持二戰期間的做法，就是向不同的公司（或以這款車為例，跟不同的公司集團）訂購原型車，然後從中選出最佳車型。1963年，慕尼黑的克勞斯－馬菲（Krauss-Maffei）贏得了新型標準戰車合約，這輛戰車之後便成為豹1式。和二次大戰末期的德國戰車設計相比，豹式強調機動力大於防護力，不過在火力方面，德國人選擇了當時可取得的最佳武器，也就是英國百夫長戰車配備的105公釐口徑L7戰車砲（見第144-47頁）。

車尾

　　雖然它展開服役生涯時只是一輛相當單純的戰車，但由於科技進步、裝甲防護力提升、各個國家都有不同需求，豹式戰車衍生出多種車型。這個版本的型號是「豹1A1A2」，擁有主砲穩定系統，砲塔上有外掛裝甲板，還有改良的主砲瞄準鏡和觀測設備。

規格說明	
名稱	豹1A1A2
年代	1965
國家	西德
產量	6486輛
引擎	MTU MB838 10汽缸多元燃料引擎，830匹馬力
重量	42.4公噸
主要武裝	105公釐口徑L7A3主砲
次要武裝	兩挺7.62公釐口徑MG3機槍
乘組員	4名
裝甲厚度	10-70公釐

裝填手

引擎

駕駛

車長　　砲手

105公釐口徑L7主砲

扭力桿懸吊系統

立體側視圖

履帶齒可安裝在履帶上，以
防在結冰環境打滑

雙插銷履帶

歷久不衰的吸引力
豹式戰車外銷成績十分可觀，共有15個國家操作多
種車型。當中有許多在退出現役後，經過整修改裝
再出售，包括工兵和回收車型。

外觀

由於豹1式強調重量輕和機動力，因此把裝甲防護降到最低。為了彌補這點，戰車車首的斜堤板以相對於垂直的60度角傾斜，有助讓敵軍砲彈彈開，或迫使砲彈從對角方向射入，有效提高車身厚度。

1. 德軍識別標誌　2. 頭燈　3. 防滑履帶齒　4. 駕駛用潛望鏡　5. 車長用TRP 2A全景觀測鏡　6. 車長塔（關閉）　7. 測距儀窗口　8. 煙霧彈發射器　9. 後儲物箱　10. 引擎蓋開啟工具架（工具遺失）　11. 主砲砲管清潔桿　12. 驅動齒輪　13. 備用履帶　14. 引導十字（Leitkreuz）燈火管制專用燈上方的主砲行軍鎖。

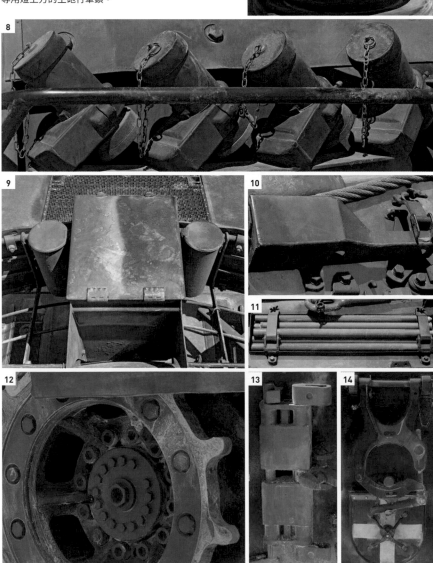

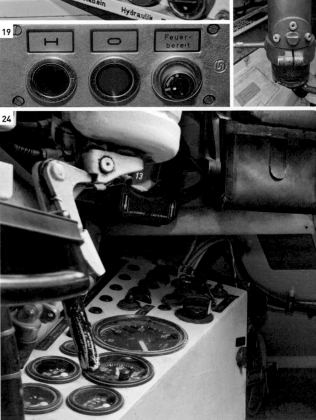

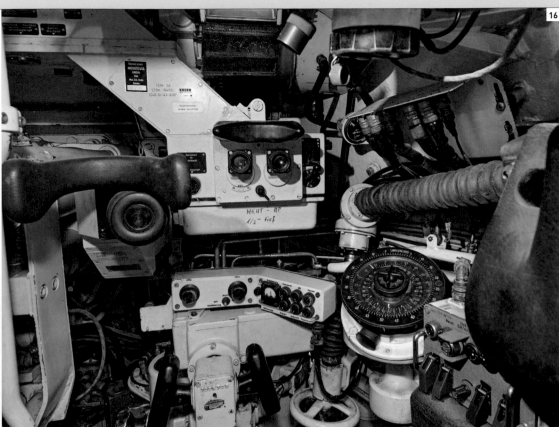

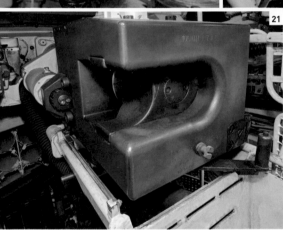

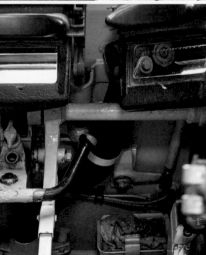

內裝

這款車內部分成兩個艙,中間設有防火牆。引擎位於後艙,乘組員坐在前艙。車長在砲塔內,砲手在車長前面,裝填手在車長左邊,駕駛則在前方右邊的位置。

15. 由上往下看車長塔 16. 砲手位置 17. 車長用TRP 2A全景觀測鏡的接目鏡 18. 主砲穩定系統的漂移補償控制盒 19. 裝填手用安全開關 20. 車長用液壓艙口控制器 21. 105公釐主砲後膛 22. 砲手用方位指示盤 23. 駕駛座 24. 駕駛控制裝置 25. 駕駛用儀表板 26. 排檔桿 27. 滅火系統 28. 對講機控制面板

不結盟國家的戰車

冷戰期間，許多國家試圖在兩個超級強權之間遊走。有些國家（例如1950年代的南斯拉夫）向雙方採購武器裝備，有些（例如瑞士）則繼續設計生產自己的武器。許多國家採購西方國家的戰車，一用就是幾十年，並以自力開發的系統加以升級。

由雪曼戰車改裝的車體

◁ 雪曼M-50

年代 1956	**國家** 以色列
重量 34公噸	
引擎 康明斯（Cummins）V8柴油引擎，460匹馬力	
主要武裝 75公釐口徑CN75-50旋膛砲	

M-50是以色列為了讓國內約300輛較老舊的M4雪曼戰車可以繼續使用而研發的。這款車配備馬力更強大的引擎、水平渦形彈簧懸吊系統和法國製的75公釐主砲，與安裝在AMX-13上的是同一款。它曾參加1697年的六日戰爭（Six Day War）。

△ 鞭子式（Sho't）

年代 1958	**國家** 以色列
重量 51.8公噸	
引擎 大陸AVDS-1790-2A柴油引擎，750匹馬力	
主要武裝 105公釐口徑L7 L/52旋膛砲	

▷ Strv 74

年代 1958	**國家** 瑞典
重量 22.5公噸	
引擎 兩具斯堪尼亞－瓦比世603/1柴油引擎，每具170匹馬力	
主要武裝 75公釐口徑Strv 74旋膛砲	

以色列軍方起初不喜歡百夫長戰車，因為它的可靠度低，不過之後進行包括柴油引擎在內的升級，並加強乘組員訓練，很快地改變了這種印象。它在1967和1973年的戰鬥紀錄可說是相當耀眼，在1973年保衛戈蘭高地的戰鬥中尤其功不可沒。

Strv 74從1940年代經典的m/42戰車升級而來，最明顯的不同在於威力更強大的新主砲安裝在一座體積較大但裝甲薄的砲塔裡。瑞典共改裝了225輛，以補充瑞典戰車單位中百夫長戰車之不足，直到1960年代末。

外掛機槍

砲塔裝甲較薄

105公釐旋膛砲

車長塔

砲口制退器

主砲行軍鎖

◁ 61式戰車

年代 1961	**國家** 日本
重量 35公噸	
引擎 三菱（Mitsubishi）12HM21WT柴油引擎，570匹馬力	
主要武裝 90公釐口徑L/52旋膛砲	

61式戰車是二次大戰之後日本開發的第一款戰車。日本經過評估之後，認為美製戰車對日本戰車兵來說太大、太重，且不適合日本的地理環境，因此沒有購買。這款戰車總計生產560輛，從未外銷他國，也未曾投入戰鬥。

拖車勾眼

儲物箱

天線座

M4A1雪曼車體

△ Pz61
年代 1961 **國家** 瑞士
重量 38.6公噸
引擎 MTU MB837 Ba-500柴油引擎，630匹
馬力
主要武裝 105公釐口徑L7 L/52旋膛砲

Pz61（Panzer 61）戰車是專門針對瑞士地形
研發的，可配合崎嶇的山地和狹窄的鐵路隧
道。它共生產150輛，取代了百夫長戰車，服
役到1990年代。它原本裝備20公釐同軸機
砲，但之後換成更常見的7.5公釐機槍。

△ 雪曼M-51
年代 1965 **國家** 以色列
重量 39公噸
引擎 康明斯V8柴油引擎，460匹馬力
主要武裝 105公釐口徑Modele F1 L/44旋膛砲

M-51是從裝備76公釐主砲的M4A1雪曼升級
而來。除了改裝法製主砲以外，傳動系統、
彈藥架和砲塔後方結構也一併替換。M-51參
與1967年的戰鬥，並在1973年的贖罪日戰爭
中再度服役。

▷ 勝利式
年代 1965 **國家** 印度
重量 39公噸
引擎 禮蘭L60柴油引擎，535匹馬力
主要武裝 105公釐口徑L7A2 L/52旋
膛砲

勝利式（Vijayanta）以英國私下發
展專供出口的維克斯Mark 1戰車為
基礎發展而來。它的零組件和印度
部隊已經在使用的百夫長通用，因
此訓練和保養維修工作簡化不少。
這款車大約生產2200輛。

儲物箱

▽ Strv 103（S戰車）
年代 1967 **國家** 瑞典
重量 39.6公噸
引擎 勞斯萊斯K60多元燃料引擎，240匹馬力／開拓
重工（Caterpillar）553燃氣渦輪引擎，490匹馬力
主要武裝 105公釐波佛斯L/62旋膛砲

Strv 103計畫用於防禦作戰，在伏擊敵人
之後立即逃跑。它的車身十分低矮，而且
有第二個面朝後方的駕駛，因此扮演這個
角色相當有效。可自動裝填的主砲需要借
助液壓氣動懸吊系統的轉向和高度調整來
瞄準。

觀測窗

適合冬季環境的寬履帶

不結盟國家的戰車（續）

有些國家同時使用自製戰車和升級的外國戰車。南韓和以色列隨著經濟
發展，都從升級外國戰車改為自製戰車。這種方式不僅可以作為工業和
軍事力量的象徵，完全自行設計的戰車也可配合國家預期要面對的戰場
來進行最佳化。以色列梅卡瓦（Merkava）和瑞典Strv 103戰車就相當
清楚地顯示了這一點。

幾何圖案迷彩

105公釐主砲

加寬的履帶

潛望鏡

路輪

◁ Pz 68

年代 1971 **國家** 瑞士

重量 40.8公噸

引擎 MTU V8柴油引擎，660匹馬力

主要武裝 105公釐口徑L7 L/52旋膛砲

Pz 68（Panzer 68）以Pz61為基礎衍生而
來，擁有加寬的履帶，履帶上附有橡膠
墊，可改善機動力，尤其是在雪地。此
外，主砲穩定系統也可讓戰車在行進間開
火時準確。這款車最後的型號為Panzer
68/88，服役到2000年代初期。

懸吊可擡高或降低車身

△ 74式戰車

年代 1975 **國家** 日本

重量 38公噸

引擎 三菱10ZF柴油引擎，720匹馬力

主要武裝 105公釐口徑L7 L/52旋膛砲

74式戰車是為了因應蘇聯的T-62戰車而研發
的。它的開發時程非常久，很晚才服役，共
生產893輛，最後一輛到1989年才出廠。它
的液壓氣動懸吊系統可以擡高、降低或傾斜
車身來適應地形。它的升級包括雷射測距儀
和改良的夜視系統。

主砲瞄準鏡窗口

7.62公釐機槍

105公釐主砲

▷ 梅卡瓦一型

年代 1979 **國家** 以色列

重量 59.9公噸

引擎 大陸AVDS-1790-6A柴油引擎，900匹馬力

主要武裝 105公釐口徑M68 L/52旋膛砲

梅卡瓦戰車結合了以色列從歷次戰爭中學到的教訓，
因此極度重視乘組員的安全。這款車的引擎安裝在車
頭，身身後方有一扇門，可以在敵火下掩護彈藥補充
和傷患後送的工作。1982年，梅卡瓦Mark 1首度在
黎巴嫩投入戰鬥。Mark 2和3經過大幅度重新設計。
後來這三款戰車都接受進一步升級。

複合裝甲上的防滑塗層

側裙裝甲

砲口蓋

◁ **哈立德**

年代 1981 **國家** 英國

重量 58公噸

引擎 珀金斯CV12 V-12柴油引擎，1200匹馬力

主要武裝 120公釐口徑L11A5 L/55旋膛砲

哈立德（Khalid）是酋長式的進化版，原本要發展成伊朗的獅式（Shir）一型戰車。由於它的引擎較大，因此需要獨特的傾斜造型後車身。這款車也採用了改良型射控系統，懸吊更好，油箱容量也更大。由於伊朗爆發革命，因此訂單在1979年取消，但約旦接手，訂購了274輛。

◁ **Strv 104**

年代 1985 **國家** 瑞典

重量 54公噸

引擎 大陸AVDS-1790-2DC柴油引擎，750匹馬力

主要武裝 105公釐口徑L7 L/52旋膛砲

瑞典陸軍在1950年代購買了大約600輛百夫長戰車，並在接下來的30年裡不斷升級改良，其中那80輛Strv 104是最先進的。這款戰車擁有馬力更強的引擎、爆炸反應裝甲、現代化懸吊系統、改善的視野和夜視能力等。由於冷戰結束，國際情勢緩和，它在2003年退役。

同軸機槍

三挺外掛機槍

天線

△ **K1**

年代 1987 **國家** 南韓

重量 51.1公噸

引擎 MTU MB 871 Ka-501柴油引擎，1200匹馬力

主要武裝 105公釐口徑M68 L/52旋膛砲

K1戰車的設計源自於艾布蘭的原型車XM1，依照南韓的規格需求修改，當中包括液壓氣動懸吊系統。K1生產了超過1000輛，接下來又生產了將近500輛K1A1，有若干改良，包括換成120公釐滑膛砲。

△ **馬加其7C**

年代 1985 **國家** 以色列

重量 49.9公噸

引擎 大陸AVDS-1790-5A柴油引擎，908匹馬力

主要武裝 105公釐口徑M68 L/52旋膛砲

1960年代，第一批馬加其（Magach）戰車從M48改裝而來，而之後的型號，例如本圖中這輛，則是由M60改裝而來。加裝的裝甲可以防止戰車被砲彈擊穿，不像早期的爆炸反應裝甲僅能防止戰車被飛彈擊毀。這款戰車的射控系統和履帶也有改良。

驅逐戰車

在冷戰期間，二次大戰中各國使用的履帶式驅逐戰車變得愈來愈不常見。到了1970年代，各國研發輕量的反戰車飛彈，因此要摧毀戰車便不再需要裝備火砲的重型車輛了。許多國家因此把他們手上的標準裝備甲人員運輸車（Armoured Personnel Carrier, APC）拿來改裝，負責執行這類任務。有些國家還是保留了裝備火砲的車輛，用來應付特定情況，例如給予步兵或空降部隊近接支援。在這些狀況下，能夠發射高爆彈的能力依然相當重要。

路輪上有橡膠輪胎

△ **M56蠍式**

年代 1953	**國家** 美國

重量 7.2公噸

引擎 大陸AOI-402-5汽油引擎，200匹馬力

主要武裝 90公釐口徑M54 L/53旋膛砲

蠍式（Scorpion）很輕，除了砲盾以外沒有裝甲，這是為了方便空投的設計，至於路輪上有橡膠輪胎則是較罕見的。它總共生產了325輛，曾短暫參與在越南的戰鬥。由於這款車重量輕，主砲發射時的後座力強到可以讓它的前輪暫時離地。

煙霧彈發射器

△ **御夫座式**

年代 1954	**國家** 英國

重量 31.5公噸

引擎 勞斯萊斯流星Mark IB汽油引擎，600匹馬力

主要武裝 QF 20磅砲

御夫座式（Charioteer）是以二次大戰期間的克倫威爾戰車為基礎研發，目的是要迅速投入更多裝備高性能20磅砲的車輛。由於更大的砲需要更大的砲塔，因此若要降低車重，裝甲就不能太厚。御夫座式共生產442輛，有將近一半出口到國外。

▷ **M50盎圖斯式**

年代 1955	**國家** 美國

重量 8.6公噸

引擎 通用汽車Model 302汽油引擎，145匹馬力

主要武裝 六門106公釐口徑M40A1無後座力砲

盎圖斯式（Ontos）原本要給美軍空降部隊使用，但最後卻被海軍陸戰隊採用，在越南用來支援步兵。雖然它攜帶的彈藥數量有限，且乘組員需要下車才能填裝彈藥，但因為機動性強，因此受到歡迎，且它的重火力在1968年順化的巷戰中證明相當有價值。

裝備六門無後座力砲

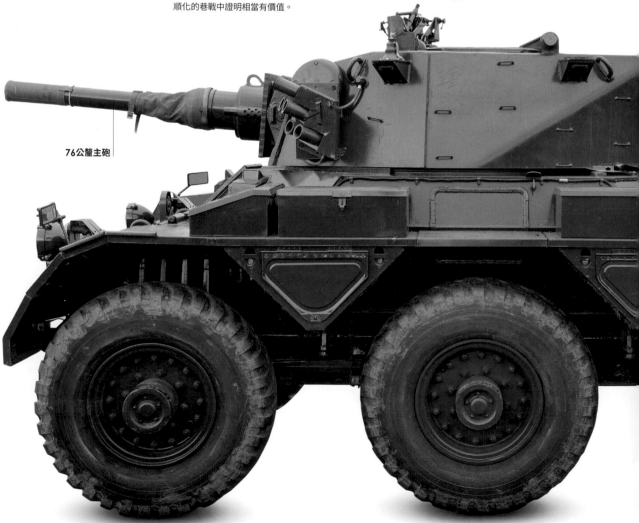

76公釐主砲

▷ **薩拉丁式**

年代 1958	**國家** 英國

重量 11.3公噸

引擎 勞斯萊斯B80 Mark 6A汽油引擎，160匹馬力

主要武裝 76公釐口徑L5A1旋膛砲

薩拉丁式（Saladin）是要用來取代二次大戰期間的戴姆勒和AEC裝甲車。它擁有更強的火力和六輪驅動，因此越野能力相當好。它和薩拉森式（Saracen）一起研發，兩者共用許多零組件。薩拉丁式相當成功，生產了將近1200輛，外銷超過20國，並曾參與過一些戰鬥，包括在阿曼和科威特。

▷ ASU-85

年代 1960	**國家** 蘇聯

重量 15.5公噸

引擎 Model V-6柴油引擎,240匹馬力

主要武裝 85公釐口徑2A15旋膛砲

ASU-85取代了開頂式的ASU-57,是完全封閉式的突擊砲,由蘇聯空降軍(VDV)使用。它的裝甲較薄,可以用蘇聯的重型直升機載運,或是用降落傘空投。這款戰車的主要任務是為傘兵提供火力支援,而不是攻擊敵方戰車。

頭燈

儲物箱

▷ 大黃蜂

年代 1962	**國家** 英國

重量 5.8公噸

引擎 勞斯萊斯B60 Mark 5A汽油引擎,120匹馬力

主要武裝 馬卡拉反戰車飛彈

大黃蜂以亨伯一噸裝甲人員運輸車為基礎,是英國第一款裝備飛彈的驅逐戰車,可用飛機空投部署。它配備兩枚馬卡拉(Malkara)反戰車飛彈,採用線控導引方式,由射手用搖桿手動控制。

◁ 潘哈德AML

年代 1961	**國家** 法國

重量 5.6公噸

引擎 潘哈德4 HD汽油引擎,90匹馬力

主要武裝 60公釐口徑布蘭特(Brandt)LR迫擊砲

法國在殖民地衝突中的經驗顯示他們需要一款重量輕的裝甲車,但必須配備重火力。AML配備了60公釐迫擊砲或90公釐主砲,滿足了此一需求。這款裝甲車生產了超過4800輛,銷往大約50個國家,十分成功。

擋風玻璃裝甲板

後燈

充氣輪胎

傾斜的車身裝甲

扭力桿懸吊

△ 火砲驅逐戰車(Kanonenjagdpanzer)

年代 1966	**國家** 西德

重量 27.5公噸

引擎 梅賽德斯賓士(Mercedes Benz)MB837柴油引擎,500匹馬力

主要武裝 90公釐口徑萊茵金屬BK90 L/40旋膛砲

驅動齒輪位於車尾

這款車配有從老舊的M47上拆下的主砲,用來支援步兵部隊抵禦戰車攻擊。它的車身低,速度快,適合執行這類單位運用的機動防禦戰術。隨著主砲日益老舊,它們當中有幾輛被改裝成配備拖式(TOW)飛彈。

驅逐戰車（續）

輪式車輛繼續廣泛採用大口徑主砲。和履帶車輛相比，這類裝甲車輛速度較快、重量較輕，因此在長距離移動時和基礎交通建設比較不完善的地方具有較優越的機動力。面對最新式的主力戰車，它們的主砲已經愈來愈不是對手，但這樣的火力還是足以擊毀較老舊的車輛或防禦工事。這類車輛有許多被用來執行偵察任務，或是在非洲派上用場，因為它們會在非洲遇到的狀況差不多就是這樣。

▷ EE-9響尾蛇式

年代 1974 **國家** 巴西

重量 13.2公噸

引擎 梅賽德斯賓士OM 352柴油引擎，190匹馬力

主要武裝 90公釐口徑EC-90旋膛砲

EE-9響尾蛇式（Cascavel）和EE-11烏魯圖式（Urutu）裝甲人員運輸車是一起開發的，兩者都在後輪使用獨一無二的迴旋鏢（Boomerang）懸吊系統，可確保兩組車輪在大幅度晃動時仍貼緊地面。利比亞、伊拉克和辛巴威部隊的響尾蛇式曾參與戰鬥。

90公釐主砲

▷ Ikv-91

年代 1975 **國家** 瑞典

重量 16.3公噸

引擎 富豪－朋達（Volvo-Penta）TD 120A柴油引擎，330匹馬力

主要武裝 90公釐口徑KV90S73 L/54旋膛砲

瑞典步兵單位使用Ikv-91來執行火力支援任務與反戰車作戰。它的裝甲薄、車體重量輕，因此機動力強，具備兩棲能力，可以越過崎嶇地形，巧妙贏過敵軍戰車。瑞典軍方擁有212輛Ikv-91，它們服役到2002年。

扭力桿懸吊

▷ AMX-10RC

年代 1981 **國家** 法國

重量 15.9公噸

引擎 雷諾HS 115柴油引擎，260匹馬力

主要武裝 105公釐口徑F2 L/48旋膛砲

AMX-10RC主要用於偵察和火力支援任務，曾在查德和阿富汗參與戰鬥。它在服役期間接受各種升級改裝，特別是觀測裝置和射控系統。這款車使用側滑轉向系統而不是傳統的機械結構，以輪式裝甲車輛而言相當罕見。

砲管套筒

後視鏡

△ 美洲獅式

年代 1979 **國家** 加拿大

重量 10.7公噸

引擎 底特律柴油機公司（Detroit Diesel）6V53T柴油引擎，275匹馬力

主要武裝 76公釐口徑L23A1旋膛砲

美洲獅式是加拿大通用裝甲車輛家族中的火力支援版，另外還包括稱為灰熊的裝甲人員運輸車，還有稱為哈士奇的裝甲回收車。它們的設計是以摩瓦格的食人魚一型為基礎，曾參與在巴爾幹半島和索馬利亞的維和任務。

焊接的車身裝甲

▷ 鼬鼠式

年代 1989 **國家** 西德

重量 2.6公噸

引擎 奧迪（Audi）五汽缸渦輪柴油引擎，87匹馬力

主要武裝 20公釐口徑萊茵金屬Rh 202 DM6機砲

鼬鼠式（Wiesel）專為西德空降部隊開發，以提供輕裝支援火力，共採購343輛，其中133輛配備20公釐機砲，另外210輛配備拖式反戰車飛彈。這款車可用直升機空運，也可用降落傘空投。德軍後來採購更大、更重的鼬鼠二型，負責防空、救護和指揮任務。

觀測窗

▷ B1半人馬式

年代 1991 **國家** 義大利

重量 25公噸

引擎 威凱（Iveco）VTCA V-6柴油引擎，520匹馬力

主要武裝 105公釐口徑奧托－梅萊拉（OTO-Melara）L/52旋膛砲

◁ 大山貓式

年代 1990 **國家** 南非

重量 28公噸

引擎 V10柴油引擎，563匹馬力

主要武裝 76公釐口徑GT4 L/62旋膛砲

大山貓式（Rooikat）吸取了南非邊境戰爭（South African Border War）的教訓，強調地雷防護和高速的重要性，因此採用輪式車輛設計。大山貓式擁有充足的火力，可擊毀建築物和較老舊的裝甲車輛，它的裝甲則以可抵擋非常普遍的23公釐高射砲。

B1半人馬式（Centauro）是一款機動性強的驅逐戰車，結合了裝甲、火力和輪式車輛的高機動力，主要用於維和任務。它曾在巴爾幹半島和索馬利亞派上用場，並在伊拉克戰鬥過，還外銷到西班牙、約旦和阿曼。

傾斜的車身裝甲

煙霧彈發射器

引擎通風口

美洲獅式裝甲車

加拿大製造的美洲獅式火力支援車是一種輕型輪式車輛,血統可以追溯到 1970 年代瑞士生產的摩瓦格食人魚裝甲車——這個多用途的車輛家族擁有 4x4、6x6、8x8 和 10x10 這幾種車輪配置。相較於履帶車輛,輪式車輛的生產成本較低,運送也較方便,再加上美洲獅式外觀不是那麼有攻擊性,因此是維持和平(peace-keeping)和強制和平(peace-enforcement)的理想角色。

加拿大武裝部隊在1977年訂購了一批稱為通用裝甲車輛的戰鬥車輛,共有三種,美洲獅式是其中一款,另外兩種是灰熊式裝甲人員運輸車和哈士奇式維修和回收車。它們不是從零研發出來,而是從摩瓦格的食人魚一型這種已經驗證的設計衍生而來,摩瓦格的食人魚一型在1974年首度投入服役。美洲獅式是要給沒有豹式戰車(見第150-53頁)的裝甲單位使用的,它在加拿大先後以偵察和火力支援的角色進行訓練。這款車擁有基本的6x6車體,駕駛位於車首,就坐在底特律柴油

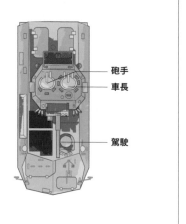

車尾

引擎的旁邊,車長和砲手則坐在砲塔裡。它擁有英製蠍式(Scorpion)輕型戰車的砲塔(見第192-95頁),配備一門76公釐主砲,一挺同軸機槍和八組煙霧彈發射器。主砲砲彈有十發放置在砲塔裡,另外還有30發存放在車身中。後方艙間可以容納另外兩名士兵。

1995年,《戴頓和平協議》(Dayton Peace Accords)簽署後,執行部隊(Implementation Force,IFOR)被派往波士尼亞,以確保區域和平穩定,美洲獅式也曾在當地參與維和任務。現在它和另外兩款通用裝甲車輛都已經退役。

規格說明

名稱	美洲獅式通用裝甲車
年代	1976
國家	加拿大
產量	496輛
引擎	底特律柴油機公司6V53T二衝程渦輪增壓引擎,275匹馬力
重量	10.7公噸
主要武裝	76公釐口徑L2A1主砲
次要武裝	7.62公釐口徑C6機槍
乘組員	3名
裝甲厚度	10公釐

砲手

車長

駕駛

76公釐主砲

喇叭

無線電天線

立體側視圖

引擎艙蓋

充氣輪胎

加拿大國旗
楓葉長久以來都是加拿大的
象徵,並於1965年被放上
了加拿大國旗的中央位置。
加拿大製的美洲獅式側面也
有加拿大國旗圖案。

多功能裝甲車
在20世紀後期,許多6x6
或8x8底盤的輪式裝甲車進
入部隊服役,美洲獅式就是
其中之一。由於它們更快、
更輕、更便宜,因此承擔了
一些以前由戰車負責的工
作。

外觀

美洲獅式的船形車身有助將爆炸的衝擊從車身下方引開——這是防地雷的重要設計，因為平底的車輛很容易被地雷炸翻。它的多輪驅動設計也是另一層防護，即使少了一個車輪也可以繼續行駛——若沒有這個設計，一顆地雷就可以讓車子完全失能。

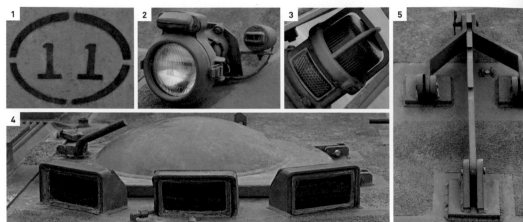

1. 戰術編號　2. 頭燈　3. 側燈和指示燈　4. 駕駛用潛望鏡和艙口　5. 收納的纜線切割器和防滑處理表面　6. 煙霧彈發射器　7. 排氣管　8. 砲手用潛望鏡和雨刷　9. 懸吊支架　10. 車身觀測窗　11. 後燈組

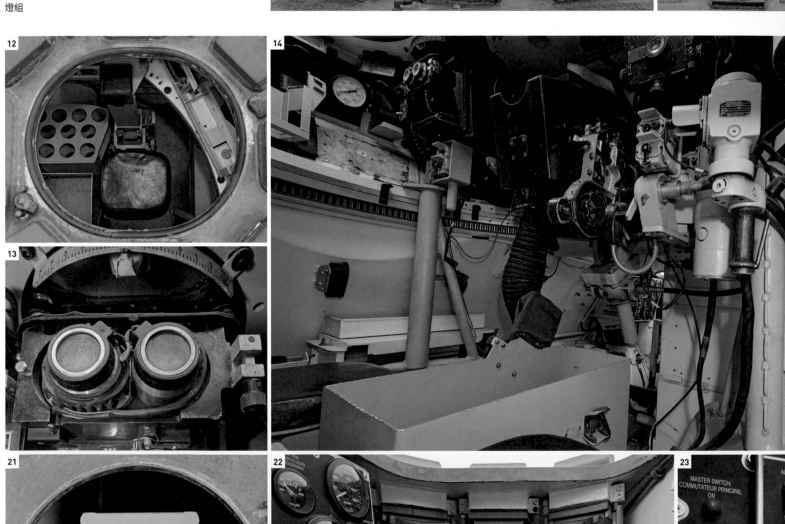

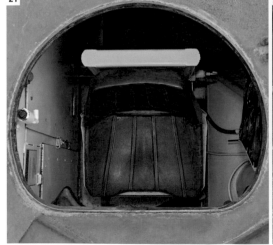

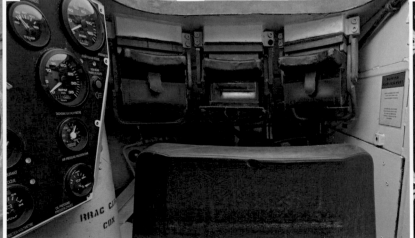

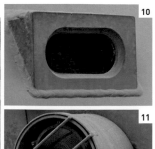

內裝

這款車內部分成兩部分。駕駛坐在前艙，車長和砲手則在他上方的砲塔內。後艙在朝後的地方有兩扇垂直的車門，艙內有一張長凳，可容納幾個士兵，而76公釐主砲的砲彈也是存放在這裡。

12. 由上往下看砲手座位　13. 車長的觀測窗　14. 砲塔內的主砲位置　15. 主砲閉鎖環　16. 砲手用單眼瞄準鏡　17. 砲塔輔助控制箱　18. 旋轉把手　19. 主砲或同軸機槍選擇器　20. 射控象限儀　21. 駕駛座　22. 駕駛的位置，包含儀表板和潛望鏡　23. 駕駛控制開關24. 方向盤　25. 排檔桿　26. 手剎車　27. 後艙，包含乘員座椅和彈藥架

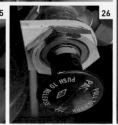

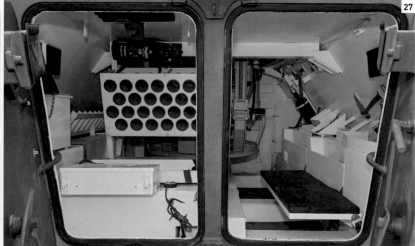

火焰噴射戰車

人類自古以來就會把火焰當成武器，第一次世界大戰時，它更是成為可由人員攜帶的有效武器。這類武器通常能帶來巨大的心理衝擊，有時甚至只要一出馬，敵人就會投降。不過它們也一些限制，例如攻擊距離短，能夠攜帶的燃料量有限，而且非常容易被破壞。但這些問題有一部分是可以克服的，那就是把火焰噴射器安裝到車輛上。

改裝車輛

義大利陸軍在1935年製造出一款火焰發射小戰車L3 Lf，在二次大戰爆發前和二次大戰初期廣泛使用，而俄國人也把火焰發射器安裝在T-26戰車上。德國陸軍把火焰發射器安裝在半履帶車和三號戰車上，主要是考慮到巷戰，可以用它們來肅清碉堡和房舍。在英國，安裝火焰發射器的通用運輸車稱為胡蜂式（Wasp），有安裝的邱吉爾戰車則稱為鱷魚式，它們都拖曳一輛載有燃料的裝甲拖車，最多可進行80次火焰噴射，每次一秒鐘。火焰噴射戰車一直到21世紀都還有人使用。

1969年，一輛美國海軍陸戰隊M67「打火機」（Zippo）戰車在越南廣義省平山附近的一座村落噴射火焰。共有109輛M48巴頓戰車被改裝成M67。

裝甲偵察車

偵察車的目的不在於作戰，而是找出敵軍部隊的位置並回報。這樣的角色影響了它們的設計，強調機動力勝於防護力，所以它們當中有很多車體重量輕到可以浮游渡河。它們的武裝只有機槍或輕型火砲，僅限於自衛使用，無線電才是它們的主要武器。輪式車輛機動力高，速度快且更安靜，但因為越野能力有限，有些國家還是會使用履帶車。

.30白朗寧機槍

聯合國車輛塗裝

備胎

▷ FV701(E)雪貂式Mark 2/5

年代 1952　**國家** 英國

重量 4.4公噸

引擎 勞斯萊斯B60 Mark 6A汽油引擎，129匹馬力

主要武裝 .30英吋口徑白朗寧M1919機槍

雪貂式（Ferret）於1947年開始研發，目的是要取代成功的澳洲野犬式。Mark I車型擁有和澳洲野犬式類似的開頂式設計，但大部分都擁有配備機槍的砲塔，如本圖所示。它的主要任務是偵察和聯絡，但有些版本也配備了反戰車飛彈。雪貂式共生產了4409輛，在超過30國家服役。

防水車身

△ BRDM 1

年代 1957　**國家** 蘇聯

重量 5.6公噸

引擎 GAZ-40P汽油引擎，90匹馬力

主要武裝 7.62公釐口徑SGMB機槍

BRDM 1具有完全的兩棲能力，浮游時由一具水噴射器驅動，並有四輪傳動功能，此外車底還有四個額外的輔助車輪，能在遇到崎嶇地形時放下，幫助車輛行駛。這款車的其他車型還包括核生化偵測車和指揮車，以及安裝各種反戰車飛彈發射器的版本。BRDM 1外銷到大約50個國家。

20公釐機砲

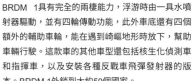

傾斜的車身裝甲

△ 防護裝甲車（Schützenpanzer, SPz）11.2

年代 1958　**國家** 法國、西德

重量 8.2公噸

引擎 霍奇吉斯六汽缸汽油引擎，164匹馬力

主要武裝 20公釐口徑西斯帕諾－蘇伊查HS.820機砲

SPz 11.2這款裝甲車由法國設計，但只有西德採用，主要用於偵察任務，其他衍生車型包括追擊砲載具、砲兵前進觀測車、指揮車和救護車等。它生產了超過2300輛，服役到1982年。

▽ BRDM2

年代 1962　**國家** 蘇聯

重量 7公噸

引擎 GAZ-41 V8汽油引擎，140匹馬力

主要武裝 14.5公釐口徑KPVT機槍

BRDM 2是BRDM 1的後繼車種，改善著許多缺陷。這款裝甲車具備核生化防護系統與更好的視野，還加裝一組配備機槍的裝甲砲塔，但保留了車底輔助輪和兩棲能力。

駕駛艙蓋

收起的輔助車輪

▷ **山貓式指揮偵察車**

年代 1968 **國家** 美國

重量 8.7公噸

引擎 底特律柴油機6V-53柴油引擎，215匹馬力

主要武裝 25公釐口徑奧立崗（Oerlikon）KBA機砲

山貓式（Lynx）有許多零組件和M113裝甲人員運輸車通用，加拿大和荷蘭有下單採購，但兩國對這款戰車的配置不盡相同。兩者的乘組員均為三名，裝備.50白朗寧M2機槍，但不久荷蘭把機槍換成了25公釐機砲。

引擎通風口

儲物箱

20公釐MK 20 Rh202機砲

△ **偵察裝甲車（Spähpanzer）二型「山貓」**

年代 1975 **國家** 西德

重量 19.8公噸

引擎 戴姆勒賓士type OM 403VA多元燃料引擎，390匹馬力

主要武裝 20公釐口徑萊茵金屬MK 20 Rh202機砲

研發山貓式（Luchs）是為了要取代Spz 11.2，但兩者差異非常大。這款車捨棄履帶，改用車輪，具有兩棲能力，且車身大了許多。它的四根輪軸都可轉向，兩端都有駕駛，可以輕鬆逃離危險狀況。它也非常安靜——這在偵察車上是個很大的優勢。

煙霧彈發射器

▽ **FV721狐式戰鬥偵察車（輪式）**

年代 1973 **國家** 英國

重量 6.1公噸

引擎 捷豹（Jaguar）XK汽油引擎，195匹馬力

主要武裝 30公釐口徑L21A1銳爾登（Rarden）機砲

狐式（Fox）從雪貂式發展而來，是和履帶戰鬥偵察車家族搭配的輪式車輛，主要由步兵單位使用。不過和雪貂式與履帶戰鬥偵察車相比，狐式沒那麼成功，在某些條件下，它被認為較不穩定，因此在1994年退役。它的砲塔和退役的蠍式車身搭配，成為軍刀式（Sabre）。

▽ **潘哈德輕型裝甲車**

年代 1990 **國家** 法國

重量 3.6公噸

引擎 寶獅XD 3T柴油引擎，105匹馬力

主要武裝 視狀況而定

潘哈德輕型裝甲車（Véhicule Blindé Léger, VBL）是一款輕裝甲車輛，可用來執行偵察任務和反戰車作戰。它大量外銷，尤其是賣到非洲和亞洲，目前法軍也使用一款車身拉長的版本，作為指揮車使用。這款車征戰世界各地，在巴爾幹半島、索馬利亞、黎巴嫩、阿富汗、象牙海岸、奈及利亞和馬利等地都有它的蹤影。

履帶式裝甲人員運輸車

自從戰車問世以來，人就想要有一種全履帶式、完全被裝甲包覆的車輛，可以滿載步兵跟著戰車一起進入戰場，而拔得頭籌的就是Mark IX（見第32頁）。它在1918下半年就已經準備好了，但一直要到1950年代，這種車輛才開始被廣泛使用。許多早期的設計就像是鐵盒子加了一對履帶，裝甲和火力都非常薄弱，絕大部分都只配備一挺機槍而已，且只有少數能在崎嶇地形上跟上戰車的速度。

△ M75

年代 1952 **國家** 美國

重量 18.8公噸

引擎 大陸AO-895-4汽油引擎，295匹馬力

主要武裝 .50英吋口徑白朗寧M2機槍

M75可搭載一個美軍標準步兵班共11人，他們可以從位於車尾的兩扇門進入車內。它的行駛裝置是以M41輕型戰車為基礎，但整體重量太重且價格昂貴，因此在生產1729輛之後便不再生產。之後美國贈送600輛給比利時，它們在比利時部隊服役到1980年代。

備用油箱

人員艙可容納20名士兵

涉水用的大型平衡板

橡膠路輪有助提升浮力

車內空間可容納11名士兵和2名乘組員

△ BTR-50P

年代 1954 **國家** 蘇聯

重量 14.2公噸

引擎 Model V-6柴油引擎，240匹馬力

主要武裝 7.62公釐口徑SGMB機槍

BTR-50P以PT-76輕型戰車為基礎，因此具備它的兩棲能力。它原本是開頂式設計，可搭載20名步兵，他們必須從車輛側面爬進或爬出。早期的車型附有斜板，因此可以把一門拖曳式火砲拖到引擎蓋上運送。這款車有多種型號，在數十個國家服役。

車內空間可容納十名士兵和三名乘組員

△ M59

年代 1954 **國家** 美國

重量 19.3公噸

引擎 兩具通用汽車Model 302汽油引擎，每具127匹馬力

主要武裝 .50英吋口徑白朗寧M2機槍

M59更輕、更低矮、更便宜，且有兩棲能力。它取代了M75，但裝甲防護就沒那麼好。步兵可以從一塊跳板登上這款車，加上車內座椅為折疊式，因此它也可以用來運送物資，用途更加廣泛。它雖然有兩具引擎，但卻不可靠，因此到了1960年代中期就退役了。

△ AMX VCI

年代 1957 **國家** 法國

重量 15公噸

引擎 底特律柴油機6V-53T柴油引擎，280匹馬力

主要武裝 .50英吋口徑白朗寧M2機槍

VCI的底盤是以AMX-13輕型戰車為基礎，步兵可從兩扇後門進入車內。這款車的後門和車身都有射擊口，部分車型的機槍則替換成20公釐機砲。它的衍生車型包括雷達車、工兵車、迫擊砲車和救護車等等。

◁ 60式裝甲運兵車

年代 1960 **國家** 日本

重量 13.2公噸

引擎 三菱8HA21 WT柴油引擎，220匹馬力

主要武裝 .50英吋口徑白朗寧M2機槍

日本的經濟到了1950年代已經恢復，足以再度生產自用的軍事裝備，60式裝甲運兵車就是最早的之一。它有四名乘組員，人員艙還可搭載六名步兵。不過這款車在車頭還安裝了一挺7.62公釐機槍，跟其他的戰後設計車輛大不相同。

▽ M113A1

年代 1960 **國家** 美國

重量 11公噸

引擎 底特律柴油機6V-53柴油引擎，212匹馬力

主要武裝 .50英吋口徑白朗寧M2機槍

M113系列生產超過8萬輛，型號超過40種，至少在44個國家服役，非常成功。這款裝甲車早期配備汽油引擎，但馬上換成同等級的柴油引擎。許多用戶都開發自己的升級套件，以便讓這款車可以在21世紀繼續服役，還為它取了各種綽號，例如「浴缸」和「大象鞋」。

煙霧彈發射器

可保護履帶的側裙

裝甲包含凱夫勒（kevlar）材質抗彈板，可防止急造爆裂物破壞。

▷ FV432鬥牛犬式

年代 1963 **國家** 英國

重量 15.2公噸

引擎 勞斯萊斯K60 No4 Mk 4F多元燃料引擎，240匹馬力

主要武裝 7.62公釐口徑L7機槍

有將近30年的時間，FV432鬥牛犬式（Bulldog）都是英軍標準的裝甲人員運輸車，直到21世紀仍在使用。最新型的鬥牛犬式是為了在伊拉克作戰而研發的，配備新的引擎和傳動系統、額外的裝甲以及改良的系統。它是FV430車系的一種，其他車型包括迫擊砲車、救護車、指揮車、通訊車和回收車等。

履帶式裝甲人員
運輸車（續）

步兵通常把裝甲人員運輸車當成交通工具，一旦遭遇敵軍部隊，他們就會下車徒步作戰。不過在一些特殊狀況下，他們不會下車，而是直接在車上戰鬥。尤其在越戰時，美軍和南越軍特別喜愛M113的機動力，它們還加裝額外的機槍和裝甲，以配合這樣的需求。在越南和阿富汗，由於有地雷的威脅，許多步兵寧願坐在車頂上行動。

▷ **Bv202**

年代 1964 **國家** 瑞典

重量 3.2公噸

引擎 富豪B20B汽油引擎，97匹馬力

主要武裝 無

Bv202是專為瑞典北方的雪地和沼澤地設計的，具備高機動力。它的接地壓力極輕，轉向則由前後車之間的液壓頂桿來控制。後車可載運八名步兵。這款車曾出售給英國和鄰國挪威，挪威打算把它們布署到北極地區。

— 前車可容納兩名乘組員

▽ **YW701A**

年代 1964 **國家** 中國

重量 12.8公噸

引擎 BF8L 413F柴油引擎，320匹馬力

主要武裝 12.7公釐口徑Type 54機槍

YW701A指揮車是63式或YW531裝甲人員運輸車加高車頂的型號。這是第一款中國自行設計、沒有依賴蘇聯技術輸入的裝甲車輛，包括兩名乘組員在內最多可搭載13人。63式以及其他衍生車型曾廣泛出口，並參與過越南和伊拉克的戰鬥。

— 可360度旋轉的機槍座

— 鋼製車身可抵擋輕兵器火力

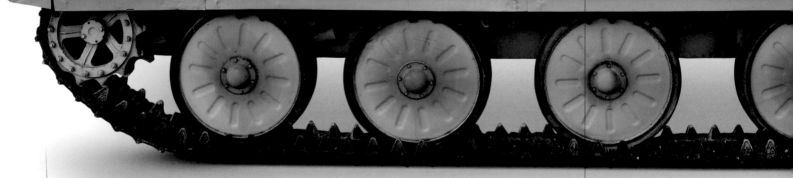

— 渡河用的大型平衡板

◁ **Pbv 302**

年代 1966 **國家** 瑞典

重量 13.5公噸

引擎 富豪－朋達Model THD 100B柴油引擎，280匹馬力

主要武裝 20公釐口徑西斯帕諾－蘇伊查HS.404機砲

Pbv 302擁有三名乘組員，可搭載八名步兵，他們可從車尾的兩扇門進入車內。這款裝甲車只有瑞典部隊使用，衍生出的車型包括指揮車、觀測車、無線電中繼車等。負責執行聯合國任務的則會加掛裝甲，並升級成更好的駕駛系統。

▷ AAV7A1

年代 1971 **國家** 美國

重量 25.3公噸

引擎 康明思VT400柴油引擎，400匹馬力

主要武裝 .50英吋口徑白朗寧M2機槍，MK 19 40公釐口徑自動榴彈發射器

這款車原本稱為LVTP-7，為美國海軍陸戰隊設計生產，以作為他們最新款的兩棲曳引車（amphibious tractor, amtrac）。這款車大約生產1500輛，銷往世界各國，也經歷過多次改裝，最新型的還結合M2布萊德雷（Bradley）的駕駛系統零組件。它最多可搭載25名陸戰隊員。

輕裝甲有助於提升浮力

紅外線駕駛燈

◁ 73式裝甲運兵車

年代 1973 **國家** 日本

重量 13.3公噸

引擎 三菱4ZF柴油引擎，300匹馬力

主要武裝 .50英吋口徑白朗寧M2機槍

73式是60式的後繼車種，也有配備車首機槍。它可搭載九名步兵，其中一位通常要兼任機槍手，另外還有三名乘組員。這款車和其他日本設計的軍備差不多，從未出口，也沒有參與過任何戰鬥。

前車可容納6名人員

後車可容納11名人員

▷ Bv206

年代 1980 **國家** 瑞典

重量 6.6公噸

引擎 福特V6汽油引擎，136匹馬力

主要武裝 無

Bv206比Bv202大，性能也更好，銷售給超過20個國家和許多民間組織，當中包括許多搜尋救難單位。此外也有一個配備裝甲的版本，稱為Bv206S，廣泛銷售。這兩款都具備高機動力，且重量輕，可用大型直升機吊掛空運。

四條履帶都可驅動

12.7公釐Type 54機槍

在水中時用履帶推進

儲物箱

▷ YW 534

年代 1990 **國家** 中國

重量 14.5公噸

引擎 道依茨（Deutz）BF8L413F柴油引擎，320匹馬力

主要武裝 12.7公釐口徑Type 54機槍

這款裝甲人員運輸車又稱為89式，是從非常近似的YW 531H或85式研發而來，也可搭載13名步兵。除了標準的衍生車型（救護車、指揮車和工兵車）以外，YW 534的底盤還被當成火箭發射器、反戰車飛彈和自走砲的載臺。

蘇聯的末路

冷戰期間，有數以千計的戰車在歐洲集結。和蘇聯集團數量龐大但內部結構較簡單的戰車相比，北大西洋公約組織（NATO）成員國製造的戰車通常具備技術優勢。俄製戰車在中東和其他地區衝突中的表現，令西方國家和北約組織感到安心，覺得自己具有裝備上的優勢：以個別戰車而言，西方戰車在技術規格上常能擊敗東方集團的戰車。但蘇聯軍方高層的作戰計畫卻是以紅軍和衛星國家數以千計的戰車（例如匈牙利的T-72戰車）為基礎，在空中武力和步兵的支援下，以巨大的數量優勢向西挺進。

面對這樣的威脅，西方國家努力尋找實例，看有誰曾經

以數量較少但訓練精良、具備技術優勢的部隊擋住數量龐大但較不先進的部隊。因此，北約部隊指揮官造訪二次大戰法國諾曼第的戰場進行「參謀旅行」，想知道數量較少的德軍裝甲部隊如何抵擋盟軍的裝甲部隊。所幸冷戰從未「轉熱」，他們在諾曼第學到的課題從未受到測試。

1990年，操作蘇聯製T-72戰車的匈牙利戰車兵在匈牙利西北邊的塔塔（Tata）參與演習。

履帶式步兵戰鬥車

裝甲人員運輸車可以讓步兵跟著戰車作戰,但它們的裝甲與火力都不足,機動性也有限,因此容易受到攻擊。為了改善這個狀況,設計師開始研發一種車輛,不僅可以跟著戰車作戰,還可以讓步兵在車上與敵人交戰。這些新式的步兵戰鬥車大大加快了作戰速度,也能為乘組員提供更強的保護,以面對傳統威脅與核戰的大氣汙染物。

△ 加長型防護裝甲車HS.30

年代 1958	**國家** 西德

重量 14.6公噸
引擎 勞斯萊斯B81 Mark 80F汽油引擎,220匹馬力
主要武裝 20公釐口徑西斯帕諾─蘇伊查HS.820機砲

根據西德的軍事教範,戰車、步兵和步兵載具應該並肩作戰,因此相較於當時的裝甲人員運輸車,加長型防護裝甲車的裝甲更厚重、火力也更強、車身更加低矮。它可搭載五名步兵,他們可從車頂艙蓋進入或離開車輛。它剛推出時性能並不可靠,但在投入大量資金修正後有所改善。

典型的的低矮輪廓

▽ BMP-1

年代 1966	**國家** 蘇聯

重量 13.5公噸
引擎 UTD 20柴油引擎,300匹馬力
主要武裝 73公釐口徑2A28滑膛砲

BMP-1可說是第一款真正的步兵戰鬥車,它的出現引起西方國家密切注意,不論是火力、防護力和可搭載八名步兵的空間都堪稱史無前例。但它也有一些缺陷:空間狹小、容易被地雷破壞、油箱位於步兵的座位之間。

73公釐2A28滑膛砲

第一個和第六個路輪有獨立懸吊

適合空投的輕裝甲

▷ BMD-1

年代 1969	**國家** 蘇聯

重量 7.5公噸
引擎 5D-20柴油引擎,240匹馬力
主要武裝 73公釐口徑2A28滑膛砲

BMD-1是為蘇聯空降部隊開發的輕裝甲步兵戰鬥車,可用降落傘空投。它配備和BMP-1相同的砲塔,搭配沒有砲塔、可搭載十名步兵的BTR-D裝甲人員運輸車。BMD-1可搭載四名步兵,另有乘組員四名,包括車頭機槍手。

煙霧彈發射器

裝甲側裙

20公釐奈克斯特M693機砲

車尾的步兵艙門

◁ 貂鼠一型

年代 1971 **國家** 西德

重量 35公噸

引擎 MTU MB 833 Ea-500柴油引擎，600匹馬力

主要武裝 20公釐口徑萊茵金屬Rh202機砲

貂鼠是西方國家的第一款步兵戰鬥車，可搭載六名步兵。早期的型號有射擊口，尾門上方也安裝可遙控的機槍。後期的型號裝甲加厚，還增加米蘭（MILAN）反戰車飛彈。貂鼠服役到冷戰結束，但直到1999年才在科索沃首次投入實戰行動。

△ AMX 10P

年代 1973 **國家** 法國

重量 14.5公噸

引擎 西斯帕諾－蘇伊查HS 115柴油引擎，260匹馬力

主要武裝 20公釐口徑奈克斯特（Nexter）M693機砲

AMX 10P是法國第一款步兵戰鬥車，可搭載八名步兵和三名乘組員，都從設於車尾的艙門上下車。這款車曾銷售給許多國家，包括沙烏地阿拉伯、新加坡和印尼，其中印尼採購的車型配備一門專為印尼海軍陸戰隊設計的90公釐主砲。

焊接軋鋼裝甲

車底離地37公分

▷ 裝甲步兵戰鬥車

年代 1977 **國家** 美國

重量 13.7公噸

引擎 底特律柴油機6V-53T柴油引擎，267匹馬力

主要武裝 25公釐口徑奧立崗KBA-B02機砲

裝甲步兵戰鬥車（Armoured Infantry Fighting Vehicle，AIFV）以M113裝甲人員運輸車為基礎，但擁有射擊口、砲塔、更厚的裝甲，可搭載七名步兵。最大的用戶是荷蘭軍方，操作的各種車型共計超過2000輛（荷蘭軍方型號為YPR-765），其中有部分參與在阿富汗的行動。

儲物箱

部分車型配備.50白朗寧M2機槍

砲塔可容納車長和砲手

車身上的射擊口

引擎室位於車頭右側

▷ BMP-2

年代 1980 **國家** 蘇聯

重量 14.3公噸

引擎 UTD 20/3柴油引擎，300匹馬力

主要武裝 30公釐口徑2A42機砲

為了改善BMP-1，蘇聯開發了BMP-2。它的主砲射速快了不少，俯仰角度也更大，雙人砲塔讓車長能有更好的視野。它可搭載七名步兵，並曾投入車臣和阿富汗的戰事。它和BMP-1相同，也大量外銷。

駕駛座位於車頭左側

履帶式
步兵戰鬥車（續）

蘇聯的BMP-1可說是為步兵戰鬥車設定了樣版。它搭載的步兵可從車內用自己的武器向外射擊，同時它本身也配備威力強大的主砲和反戰車飛彈發射器，裝甲也比裝甲人員運輸車厚。西方國家的設計依循蘇聯的範例，但射擊口較不常見，因為他們認為從車內射擊不切實際，許多用戶因此改成額外的裝甲。

30公釐2A42機砲

五個射擊口之一

△ M2布萊德雷
年代 1983 **國家** 美國
重量 32.1公噸
引擎 康明斯VTA-903T柴油引擎，600匹馬力
主要武裝 25公釐口徑M242機砲

M2布萊德雷的開發過程一波三折，但在戰鬥中卻證明了自己的實力。它可搭載三名乘組員和六名步兵，配備的拖式反戰車飛彈發射器格外受歡迎。這款車的升級包括裝甲、視野和電子系統的改良，並增加車內空間，可容納第七名步兵。

涉水用大型平衡板

△ BMD-2
年代 1985 **國家** 蘇聯
重量 8.2公噸
引擎 5D-20柴油引擎，240匹馬力
主要武裝 30公釐口徑2A42機砲

BMD-2是蘇聯空降部隊的步兵戰鬥車，是BMD-1的改良版本。這款戰鬥車擁有經過些微修改的車身和新砲塔，主砲仰角高，但裝甲依然薄弱，只能抵擋機槍射擊和砲彈破片。

無線電天線

30公釐L21A1銳爾登機砲

急造爆裂物保護裝置

▷ 戰士式
年代 1986 **國家** 英國
重量 28公噸
引擎 珀金斯CV-8 TCA柴油引擎，550匹馬力
主要武裝 30公釐口徑L21A1銳爾登機砲

FV510戰士式（Warrior）步兵戰鬥車原本可載運七名步兵。本圖中的升級版本僅能搭載六名，但它的座椅可針對地雷爆炸提供更有效的保護，懸吊和乘組員視野也有改善。為了投入波斯灣、巴爾幹地區和阿富汗的作戰行動，這款車還加裝額外裝甲與電子反制系統，此外還布署了其他車型，像是指揮車、維修車和回收車等。

▷ **89式**

年代 1989 **國家** 日本

重量 27公噸

引擎 三菱6SY31 WA柴油引擎，600匹馬力

主要武裝 35公釐口徑奧立崗KDE機砲

89式在1980年代開發，只有日本使用。這款車可搭載七名步兵，配備79式反戰車飛彈與機砲。步兵可由車尾的兩扇門進入，這點和蘇聯的同類車輛類似，但和許多西方國家的設計不同，他們通常採用單片門或跳板式設計。

七個射擊口之一

100公釐2A70滑膛砲

◁ **BMP-3**

年代 1990 **國家** 蘇聯

重量 18.7公噸

引擎 UTD 29M柴油引擎，500匹馬力

主要武裝 一門100公釐口徑2A70滑膛砲、一門30公釐口徑2A72機砲

蘇聯的BMP-3是BMP-2的升級版本，它車體更大，因此車內空間也更大，以步兵戰鬥車的標準來說火力非常強大，但較不尋常的地方是引擎位於車尾，因此人員上下車必須爬上爬下。BMP-3曾在車臣和葉門作戰，新的型號配備了爆炸反應裝甲和主動防禦系統。

鋁合金與鋼製裝甲

沒有射擊口，因此可加裝額外裝甲

電子反制系統協助封鎖敵軍傳送給急造爆裂物的信號

▽ **BMD-3**

年代 1990 **國家** 蘇聯

重量 13.2公噸

引擎 2V-06-02柴油引擎，450匹馬力

主要武裝 30公釐口徑2A42機砲

格柵裝甲可防範火箭推進榴彈攻擊

鋼製砲塔可容納車長和砲手

BMD-3以更大的新型車體為基礎，可配備不同的武器來支援空降部隊作戰，包括「競賽」（Konkurs）反戰車飛彈。這款車可在搭載三名乘組員和四名步兵的狀態下直接空投，其中兩名步兵可操作安裝在車頭的30公釐榴彈發射器和5.45公釐機槍。它有一個型號稱為2S25，配備125公釐反戰車砲。

輪式人員運輸車

冷戰期間,各國依然廣泛使用輪式人員運輸車。相較於火力更強大的同類車輛,它們經常共用行駛機構的零組件,因此成本低廉,易於生產。但它們當中有少部分也配備裝甲或武器,以便在前線操作。基於這個理由,一些國家(例如蘇聯、西德和英國等)將部隊的車隊加以區分,第一線部隊配備履帶式步兵戰鬥車,輪式車輛僅限擔任支援部隊或執行防衛作戰的單位使用。

蘇聯軍徽

UEZ 0256

駕駛室的裝甲車門

▽ BTR-152

年代 1950	**國家** 蘇聯
重量 10.1公噸	
引擎 ZIS-123汽油引擎,110匹馬力	
主要武裝 7.62公釐口徑SGMB機槍	

BTR-152車體比BTR-40更大,機動力也更強,可搭載15名步兵。這款車的後期型號擁有裝甲車頂,以及全蘇聯第一套中央胎壓調整系統。BTR-152包括各種車型在內共生產超過1萬2500輛,在世界各地服役數十年之久。

傾斜的正面裝甲

141

△ BTR-40

年代 1950	**國家** 蘇聯
重量 5.3公噸	
引擎 GAZ-40汽油引擎,80匹馬力	
主要武裝 7.62公釐口徑SGMB機槍	

BTR-40是蘇聯第一款裝甲人員運輸車,以輕型卡車為基礎發展而來,沒有車頂,配備四輪傳動系統。它可搭載八名步兵,後期的BTR-40B只能搭載六名,但有裝甲車頂。這款車外銷到世界各地,曾參與韓國、匈牙利、越南和中東等地的戰鬥。

▽ FV603薩拉森式

年代 1952	**國家** 英國
重量 10.2公噸	
引擎 勞斯萊斯B80 Mk 6A汽油引擎,160匹馬力	
主要武裝 .30英吋口徑白朗寧M1919機槍	

薩拉森是1950年代英國陸軍的標準裝甲人員運輸車,配備性能優良的傳動系統,因此它擁有優異的機動力。這款車可搭載十名步兵,衍生車型包括指揮車、救護車,還有在北愛爾蘭使用的國內治安用版本。

駕駛窗口

△ BTR-60PA

年代 1963 **國家** 蘇聯

重量 10公噸

引擎 兩具GAZ-49B汽油引擎，每具90匹馬力

主要武裝 7.62公釐口徑SGMB機槍

BTR-60PA具備兩棲能力，可由八個車輪和水噴射機驅動，用途比先前的車型還廣泛。它的第一個型號沒有車頂，之後的型號配備裝甲車頂和核生化系統，但可搭載人數就減少了。

△ OT-64 SKOT

年代 1964 **國家** 捷克斯洛伐克／波蘭

重量 14.5公噸

引擎 塔特拉928-18柴油引擎，180匹馬力

主要武裝 14.5公釐口徑KPVT機槍

雖然華沙公約組織成員國被蘇聯牢牢控制，但他們還是有機會設計自己的武器裝備，像是波蘭和捷克斯洛伐克就合作研製OT-64，而沒有採用BTR-60。它的主要優勢在於裝甲防護較好，且車門位於車尾。

全焊接鋼板車身

車身上的工具

△ YP-408

年代 1964 **國家** 荷蘭

重量 12公噸

引擎 DAF DS 575汽油引擎，165匹馬力

主要武裝 .50英吋口徑白朗寧M2機槍

YP-408擁有六輪驅動功能，第二個輪軸無動力。基本的裝甲人員運輸車版本可搭載十名步兵，另外也衍生出迫擊砲車、指揮車、救護車和反戰車用等車型。1979-85年間，荷蘭派出這款裝甲車參與聯合國部隊在黎巴嫩的行動。

▽ 潘哈德M3

年代 1971 **國家** 法國

重量 6.1公噸

引擎 潘哈德防衛Model 4HD汽油引擎，90匹馬力

主要武裝 7.62公釐口徑機槍

潘哈德M3是私人企業的產品，以成功的AML裝甲車為基礎開發，生產週期達15年，大約生產了1500輛，銷售給將近30個國家，以非洲為主。它的裝甲人員運輸車版本可搭載十名步兵，衍生版本包括防空、維修、指揮、工兵和救護車等車型。

探照燈

側門位於中間兩個車輪之間

△ BTR 70

年代 1972 **國家** 蘇聯

重量 11.7公噸

引擎 兩具GAZ-40P汽油引擎，每具180匹馬力

主要武裝 14.5公釐口徑KPVT機槍

相較於BTR-60，BTR-70速度更快，機動力和防護也更強，且因為車門位於第二和第三個車輪中間，人員也更容易上下車。但比起BTR-60四處征戰，BTR-70只參加過冷戰期間阿富汗的戰事。

輪式人員
運輸車（續）

有些國家評估認為，輪式車輛比履帶車輛更符合他們的
需求。這當中有許多是非洲國家，他們的車輛是在相對
平坦的大範圍土地上活動。輪式車輛一般來說重量較
輕，接地壓力小，常常可以通過較重的履帶車無法通過
的地方，且橡膠輪胎比起金屬履帶也較不會傷害當地路
面。同時，輪式車輛的速度較快、可靠度較高，針對地
雷的防護力也更好。

▷ 前線裝甲車

年代 1976 **國家** 法國
重量 13公噸
引擎 雷諾MIDS 06-20-45柴油引擎，220匹馬力
主要武裝 .50英吋口徑白朗寧M2機槍

前線裝甲車（Véhicule de l'Avant Blindé, VAB）
的目的是要和履帶式的AMX-10P搭配。它具備
兩棲和核生化防護能力，可搭載十名步
兵。VAB接受過數百項升級，至今依然在法國
部隊服役。這款裝甲車有眾多衍生車型，包括
防空飛彈發射車、雷達車和指揮車。

擋風玻璃可用遮板蓋住

充氣輪胎

全焊接鋼製裝甲車身

△ 運輸裝甲車一型狐式

年代 1979 **國家** 西德
重量 19公噸
引擎 梅賽德斯賓士OM 402A柴油引擎，320匹馬力
主要武裝 7.62公釐口徑MG3機槍

基本款狐式（Fuchs）裝甲人員運輸車可搭
載十名步兵，衍生車型包括雷達車、補給車
和電子作戰車等。核生化偵測車是最成功的
出口車型，英美兩國是主要客戶。

鋁質車身可抵擋輕兵器射擊

步槍射擊口

△ 中型裝甲車（Blindado Medio de
Ruedas, BMR）600

年代 1979 **國家** 西班牙
重量 14公噸
引擎 佩加索9157/8柴油引擎，310匹馬力
主要武裝 .50英吋口徑白朗寧M2機槍

BMR-600和眾多衍生車種曾在巴爾幹地區、
黎巴嫩、伊拉克和阿富汗參與行動。這款車和
VEC M1裝甲車零件可共用，且他們都接受升
級到M1標準，包括新的引擎和額外的裝甲。

25公釐機砲

△ 拉特爾20

年代 1979 **國家** 南非
重量 19公噸
引擎 布辛D 3256 BXTF柴油引擎，282匹馬力
主要武裝 20公釐口徑M693機砲

1970-80年代，南非武裝部隊面臨獨特的狀
況，再加上武器禁運，因此他們不得不設計
自己的戰鬥車輛，採用輪式車輛設計以獲取
機動力和續航力。火力較強的拉特爾
（Ratel）裝備90公釐主砲，為裝備20公釐
機砲的車輛提供火力支援。

◁ LAV-25

年代 1983 **國家** 美國
重量 12.9公噸
引擎 底特律柴油機6V53T柴油引擎，每具275匹
馬力
主要武裝 25公釐口徑M242機砲

LAV-25是摩瓦格食人魚一型的美國海軍陸戰隊
版，主要用於偵察任務，它的衍生車型包括反
戰車、指揮、回收車等車種。隨著時間過去，
再加上波斯灣和阿富汗獲得的經驗，這款車接
受了各種升級，包括裝甲、懸吊和視野等。

聯合國標誌

車長塔　　觀測窗

◁ AT 105薩克森式

年代	1983	**國家**	英國

重量 11.7公噸

引擎 百福500柴油引擎，164匹馬力

主要武裝 7.62公釐口徑L7機槍

薩克森式（Saxon）配發給一旦戰爭爆發就會從英國啟程前往西德增援的英軍步兵單位。這款車以百福TM卡車的底盤為基礎開發，可壓低成本，雖然裝甲較薄，但有針對地雷的完善防護，曾在巴爾幹地區、伊拉克和阿富汗等地服役。

單引擎位於車身後段

衍生型裝備120公釐秋牡丹（NONA）迫擊砲

▷ BTR-80

年代 1984 **國家** 蘇聯

重量 13.6公噸

引擎 卡瑪斯（Kamaz）7403柴油引擎，260匹馬力

主要武裝 14.5公釐口徑KPVT機槍

BTR-80的發展基礎是前一代的BTR-70。它那具柴油單引擎是個重大的進步，且加大的兩片式車門可以讓七名步兵安全下車，即使車輛正在移動也一樣。

車內空間可容納十人

◁ BOV

年代 1987 **國家** 南斯拉夫

重量 9.4公噸

引擎 道依茨F6L 413 F柴油引擎，154匹馬力

主要武裝 視狀況而定

BOV（塞爾維亞文，意指「戰鬥裝甲車」）於1980年代初期開發，由南斯拉夫陸軍和警察單位使用，其中警用車型經過改裝，以符合國內治安和鎮暴任務。南斯拉夫瓦解時，BOV在內戰中廣受使用，接著也在後來的新國家中服役，直到2010年代。

反戰車作戰

德國陸軍在1916年9月首度遭受戰車攻擊，之後不久他們就發展出反戰車戰術。砲兵部隊推進到更接近前線的地方，把火砲藏起來，等敵人進攻時，再用人力推到發射位置。77公釐野戰砲被改裝成反戰車武器，它們換上比較小的輪子，好讓它們更容易隱藏。而布署在壕溝中的迫擊砲——例如7.58公分的「地雷發射器」（Minenwerfer）——也換上新的砲座，更容易瞄準戰車開火。此外，新型的13公釐反戰車步槍也投入生產。工兵挖掘隱藏的坑洞作為戰車陷阱，壕溝也加寬了——他們認為2.5公尺就足以發揮效果。另一種簡單的戰術是把砲彈埋在敵軍的可能行進路線上，再加上壓力引信。然後上面還會加一塊板子，以增加受壓的面積：據信12-25公斤的炸藥就足以炸毀一輛戰車。

地雷教範

第二次世界大戰期間，各國動用了數以萬計的反戰車地雷。地雷不需要炸毀整輛戰車，只要炸斷或破壞履帶即可——這樣戰車兵就得放棄戰車或想辦法修復。如此一來，他們就會暴露在雷區的機槍或其他武器的火力攻擊中。由於有壕溝、陷阱和地雷的威脅，各國也發展出各式各樣的工兵車輛——例如圖中這些戰鬥工兵曳引車（Combat Engineer Tractor），以克服障礙、讓裝甲部隊繼續進攻。

1991年1月7日，英軍第七裝甲旅的戰鬥工兵曳引車正在掃雷。一個多星期後，他們就展開了科威特的解放行動。

工程車輛和特種車輛

第二次世界大戰期間,霍巴特馬戲團(見第116-17
頁)的各種車輛已經證明了自己的價值,而到了戰
後,以戰車底盤為基礎生產各式特種車輛的想法也
變得普遍。裝甲人員運輸車也常被拿來改裝,發展
出各種不同的車輛。這些車輛用途廣泛,例如作為
迫擊砲車、反戰車飛彈發射車、信號車、砲兵觀測
車、指揮車、防空飛彈發射車,也扮演其他許多不
同角色。

▷ **百夫長海灘裝甲回收車**
年代 1960 **國家** 英國
重量 40.6公噸
引擎 勞斯萊斯流星Mark IVB汽油引擎,
650匹馬力
主要武裝 無

海灘裝甲回收車(Beach Armoured Re-
covery Vehicles, BARV)用來把車輛從
海裡拉到海灘上,或是把登陸艇推回海
裡。百夫長海灘裝甲回收車的涉水深度
達2.9公尺,但在這種深度,駕駛需要
車長協助引導。此外,四名乘組員當中
必須有一名是受過訓練的潛水員。

▽ **百夫長皇家工兵裝甲車**
年代 1963 **國家** 英國
重量 50.8公噸
引擎 勞斯萊斯流星Mark IVB汽油引擎,650匹馬力
主要武裝 165公釐口徑L9爆破砲

皇家工兵裝甲車攜帶各種裝備,可以讓工兵順利執行任務,
裝甲防護力與機動力都和一般戰車差不多。它裝有一組推土
鏟或除雷犁,此外還會攜帶柴捆或鋪路捲。皇家工兵裝甲車
曾在1972年的北愛爾蘭和1991年的波灣戰爭中派上用場。

用來摧毀障礙的165公釐主砲

帆布車棚

△ **M548**
年代 1965 **國家** 美國
重量 13.4公噸
引擎 通用汽車Model 6V-53柴油引擎,
215匹馬力
主要武裝 .50英吋口徑白朗寧M2機槍

M548使用M113裝甲人員運輸車的運行機構,是
一款沒有裝甲的物資運輸車,原本用來運送火砲
彈藥和砲手。它的機動力強,載重量5.4公噸,
因此被拿來扮演各種角色,包括欖樹(Cha-
parral)和短劍(Rapier)防空飛彈的發射車。
它曾參與過越戰、贖罪日戰爭和波灣戰爭。

△ **MT-LB**
年代 1970 **國家** 蘇聯
重量 13.3公噸
引擎 YaMZ 238 V柴油引擎,240匹馬力
主要武裝 7.62公釐口徑PKT機槍

具備兩棲能力的MT-LB是一款全裝甲、全地形的砲
兵曳引車。它用途廣泛,可當作指揮車、化學戰劑
偵測車、電子作戰車、飛彈發射車等等。此它也曾
被當作裝甲人員運輸車,尤其是在北極地區,因為
它的接地壓力低,機動力比其他車輛強。

▷ **酋長式裝甲架橋車**

年代 1974	**國家** 英國	
重量 53.3公噸		
引擎 禮蘭L60多元燃料引擎，750匹馬力		
主要武裝 無		

酋長式裝甲架橋車（Armoured Vehicle Launched Bridge, AVLB）可讓裝甲部隊渡河或越過障礙（本圖車輛未攜帶便橋）。在液壓系統幫助下，這款車可在三分鐘之內架起或收起橋梁。酋長式裝甲架橋車能夠架設的最大橋梁是八號，可跨過23公尺寬的缺口。

橋梁摺疊裝置

酋長式戰車的底盤

頭燈

推土鏟

◁ **酋長式裝甲回收與維修車**

年代 1974	**國家** 英國	
重量 53.3公噸		
引擎 禮蘭L60多元燃料引擎，750匹馬力		
主要武裝 無		

酋長式裝甲回收與維修車（Armoured Recovery and Repair Vehicle, ARRV）以酋長式Mark 5的車身和懸吊系統為基礎研發，並加裝一組阿特拉斯（Atlas）吊車，可吊起受損車輛，另外還有兩組絞盤。它曾在1991年的波灣戰爭中服役。

雷達盤

43A

拖曳纜線

驅動齒輪

△ **FV432辛白林迫擊砲定位雷達**

年代 1975	**國家** 英國	
重量 15.2公噸		
引擎 勞斯萊斯K60 No4 Mk 4F多元燃料引擎，240匹馬力		
主要武裝 無		

辛白林（Cymbeline）雷達用來追蹤迫擊砲砲彈的彈道，找出它們的發射位置，以便迅速反擊。Mark 2版本的辛白林雷達是安裝在FV432裝甲人員運輸車上。這款車內部空間寬敞，因此用途廣泛，且機動力強、有裝甲防護，可比輪式卡車跑到更接近前線的地方。

▷ **挑戰者式裝甲維修與回收車**

年代 1991	**國家** 英國	
重量 61.2公噸		
引擎 珀金斯CV12 V-12柴油引擎，1200匹馬力		
主要武裝 無		

挑戰者式裝甲維修與回收車（Challenger Armoured Repair and Recovery Vehicle, CRARRV）以挑戰者一型戰車為基礎研發，但已經升級到挑戰者二型的水準。這款車擁有一組50公噸級的絞盤、一具6.5公噸級的吊車，乘組員三名，此外車內空間還可容納被救援的戰車乘組員。這個型號配備了反應裝甲和電子反制系統，車體下方也有防護。

反應裝甲

履帶戰鬥
偵察車家族

履帶戰鬥偵察車（Combat Vehicle Reconnaissance (Tracked), CVR(T)）是一個輕型車輛家族，在1960年代為英國陸軍研發，以通用零組件製造，以簡化生產工作。它們以鋁打造，附輕裝甲，隨時可以空運。在世界各地的武裝部隊服役了幾十年後，它們也接受各種升級：原本的汽油引擎換成馬力更大的柴油引擎，而暴徒式（Stormer）也以加長的底盤開發出來。

路輪

▷ FV101蠍式

年代 1972	**國家** 英國

重量 8.1公噸

引擎 捷豹J60 No1 Mk100B汽油引擎，190匹馬力

主要武裝 76公釐口徑L23A1旋膛砲

蠍式是世界上速度最快的戰車，時速可達82.2公里。這款戰車屬於輕型偵察車，有三名乘組員。目前為止，它是所有履帶戰鬥偵察車中外銷量最大的一款，出售給大約20個國家，之後還發展出配備90公釐主砲的升級版。

儲物箱

◁ FV107彎刀式

年代 1974	**國家** 英國

重量 7.8公噸

引擎 捷豹J60 No1 Mk100B汽油引擎，190匹馬力

主要武裝 30公釐口徑L21A1銳爾登機砲

彎刀式（Scimitar）是蠍式的一個變化版，換了更輕、射速更快的機砲，用於近距離偵察任務。由於接地壓力輕，彎刀式和蠍式是1982年唯二可以在福克蘭群島上通過柔軟泥濘地形的裝甲車輛。

旋火飛彈發射器

車長塔

▷ FV102打擊者式

年代 1976	**國家** 英國

重量 8.3公噸

引擎 捷豹J60 No1 Mk100B汽油引擎，190匹馬力

主要武裝 旋火式反戰車飛彈發射器

打擊者式（Striker）是在裝甲人員運輸車的車身上搭載五聯裝旋火式（Swingfire）反戰車飛彈的發射箱。旋火式是一款線導飛彈，可在飛行途中轉彎，以隱藏發射器的位置。它曾在1991年和2003年的波灣戰爭中派上用場。

◁ FV103斯巴達式

年代 1977	**國家** 英國

重量 8.1公噸

引擎 捷豹J60 No1 Mk100B汽油引擎，190匹馬力

主要武裝 7.62公釐口徑L7機槍

斯巴達式（Spartan）是一款裝甲人員運輸車，可搭載五名步兵和兩名乘組員。以一個英軍標準步兵班的規模來說，它的容量太小，因此通常用來載運負責特定任務的官兵，像是反戰車飛彈發射小組或迫擊砲班砲手等等。

煙霧彈發射器

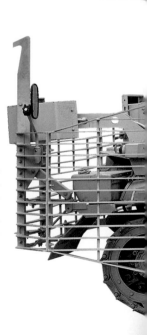

◁ FV105蘇丹式

年代 1977	**國家** 英國

重量 8.6公噸

引擎 捷豹J60 No1 Mk100B汽油引擎，190匹馬力

主要武裝 7.62公釐口徑L7機槍

蘇丹式（Sultan）主要提供給各層級的指揮官使用，包括未配其他型號履帶戰鬥偵察車的單位。它的車內空間大，放得下地圖板和書桌，還可以容納好幾台無線電機，也能在車輛後方搭設帳棚，提供更多空間給指揮官。

76公釐主砲

▷ FV106參孫式

年代 1978 **國家** 英國
重量 8.7公噸
引擎 捷豹J60 No1 Mk100B汽油引擎，190匹馬力
主要武裝 無

參孫式（Samson）設計用來維修或回收其他履帶戰鬥偵察車。透過不同的配置方式，它的絞盤可用來拖曳，也可搭配A形架作為吊車使用，此外還有可穩定車身的地錨，以及供維修人員使用的小工具和裝備。

軍醫標誌

星紋地對空飛彈

駕駛艙口

▷ FV4333暴徒式

年代 1991 **國家** 英國
重量 13.5公噸
引擎 康明斯6BTAAT250A柴油引擎，250匹馬力
主要武裝 星紋地對空飛彈發射器

暴徒式是履帶戰鬥偵察車家族衍生出來的放大版。它的衍生車型——裝甲人員運輸車、救護車和架橋車等——賣到了印尼。英國陸軍採用這款車作為星紋式（Starstreak）地對空飛彈的載具，也使用平板車款，在上面加裝載運護盾式（Shielder）反戰車地雷鋪設系統。

△ FV104撒瑪利亞式

年代 1978 **國家** 英國
重量 8.6公噸
引擎 捷豹J60 No1 Mk100B汽油引擎，190匹馬力
主要武裝 無

撒瑪利亞式（Samaritan）是一款裝甲救護車，車頂挑高，可讓車內人員有充足的工作空間，此外尾門也較大，方便進出。撒瑪利亞式可載運醫護人員以及三個擔架，傷患坐著也行。

▽ FV107彎刀式Mark 2

年代 2011 **國家** 英國
重量 12.2公噸
引擎 康明斯BTA柴油引擎，235匹馬力
主要武裝 30公釐口徑L21A1銳爾登機砲

在阿富汗，由於有地雷和急造爆裂物（improvised explosive device, IED）的威脅，彎刀式進行全面升級。Mark 2採用改製的斯巴達式車體、馬力更強的引擎、升級的懸吊系統、外掛的抗地雷防護層，以及針對火箭推進榴彈彈頭的格柵裝甲。

車長用潛望鏡

格柵裝甲

惰輪

輪式戰車與履帶戰車

1981年，AMX 10 RC裝甲車（見第160頁）首度配發給法國陸軍。RC是法文「roues-canon」的縮寫，也就是「輪式火砲」。它的鋁製砲塔配備了一門法國陸軍工業集團（GIAT）研製的105公釐主砲，也就是把一款適合戰車尺寸的主砲安裝在一輛不是戰車的輪式車輛上。

車輪和履帶之爭

輪式車輛和履帶車輛在性能上的差異可能會隨著時間過去而慢慢模糊，但至少在目前，車輛一定要有履帶才會被視為戰車。一般而言，履帶的接地壓力較小，可以在輪式車輛無法通過的地形上行駛，不過它們通常更吵，耗損速度也更快。

因此，履帶車通常比較昂貴。輪式車輛的速度通常比履帶車快，且評估認為看上去比較沒有威脅性，因此在和平執行任務上，它們常常比履帶車早一步上場。由於偵察車能率先發現地雷，而輪式車輛被地雷炸到依然能夠行駛，因此適合這樣的角色。擁有多個車輪的輪式車輛即使失去一或兩個輪子也還可以移動。反之，履帶車輛的履帶若是損壞斷裂，就會被歸類為「機動力殺傷」（mobility kill），因為履帶車輛需要兩條履帶才能移動。

1991年波灣戰爭結束時，法軍官兵在他們的AMX 10 RC裝甲車前方接受檢閱。

蠍式履帶戰鬥偵察車

蠍式的設計可以回溯到 1960 年代，當時的英國陸軍同時提出履帶和輪式偵察車輛的需求。為了配合履帶戰鬥偵察車的規格要求，重量輕但火力強的蠍式因此誕生。

蠍式屬於一個引擎和傳動系統共通的車系，由英國製造商艾爾維斯（Alvis）生產。這款戰車的設計要求有一項是要能空運，因此裝甲用鋁打造，可減輕重量，一架C130海克力士運輸機能載運兩輛蠍式。由於重量輕，它履帶的接地壓力很小──甚至比人類踩在地面上的壓力還小。這麼輕盈表示蠍式可以輕鬆行駛在其他許多軍用車輛無法通過的柔軟地面上，而事實證明，這個特點在1982年英軍於福克蘭的戰役中用處極大。

車尾

蠍式最初配備捷豹的J60 4.2公升汽油引擎，跟同廠馳名的E型跑車類似。不過跟許多英國陸軍車輛一樣，這些引擎後來也換成柴油版本，因為一般認為柴油引擎更安全。蠍式裝備一門76公釐低初速主砲，可發射多種砲彈，包括煙霧彈、高爆彈、碎甲彈和霰彈等。理論上，碎甲彈讓蠍式具備擊殺戰車的能力，但鋁製裝甲也代表它只能抵擋輕兵器的火力，因此只能依賴速度和機動力來和較重的戰車周旋並存活下來。

規格說明	
名稱	FV101蠍式
年代	1973
國家	英國
產量	超過3000輛
引擎	康明斯BTA 5.9升柴油引擎，190匹馬力
重量	8.1公噸
主要武裝	76公釐口徑L23A1主砲
次要武裝	7.62公釐口徑L34A1機槍
乘組員	3名
裝甲厚度	12.7公釐

車長
砲手
駕駛
引擎

76公釐L23A1
低初速砲

驅動齒輪位於車頭

立體側視圖

可加裝浮幛
的車身托架

RETALIATOR

車名
蠍式之所以取這個名字，是因為砲塔位於車身後段，就像蠍子尾巴上的毒針一樣。同樣地，每一輛蠍式也都有耐人尋味的名字，例如「報復者」（Retaliator）就暗示它可以迅速反擊。

Action Man的座車
蠍式履帶戰鬥偵察車大獲成功，因此成為熱門兒童玩具「Action Man」可動大兵人偶的座車，永垂不朽。

外觀

蠍式預計用來執行偵察及掩護主力部隊的任務，而它的外觀特徵就已經透露出其中玄機。例如，砲塔側面附有纜索捲筒，讓觀測員可以把通訊話筒帶到遠離車輛的指揮所內使用。它的鋁質裝甲厚12.7公釐，只能抵擋輕兵器射擊和砲彈破片。

1. 標誌　2. 演習燈　3. 駕駛用潛望鏡　4. 引擎室　5. 煙霧彈發射器　6. 紅外線探照燈罩　7. 同軸機槍　8. 車長用潛望鏡和雨刷　9. 車身上的工具組　10. 滅火器　11. 偽裝網籃　12. 纜索捲筒　13. 履帶與惰輪　14. 排氣管

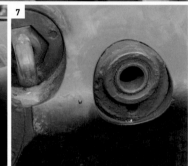

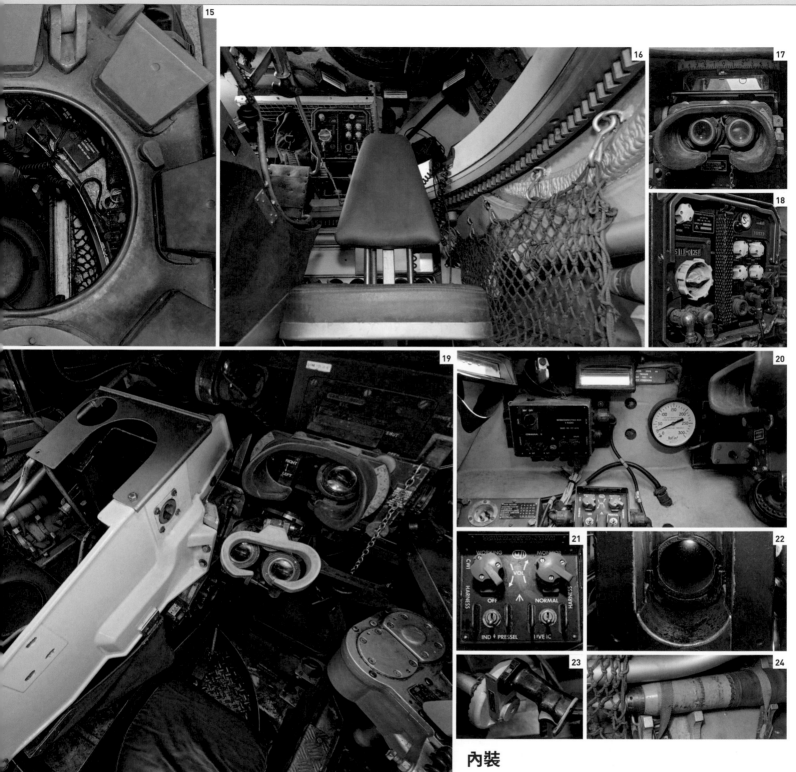

內裝

蠍式可攜帶40發主砲用砲彈和3000發同軸機槍子彈,但它在戰場上的最佳防禦手段是速度和機動力。服役中的車輛都具備核生化防護能力,砲手和車長配有附圖像增強器的夜視鏡,此外車內還有小水箱和加熱器可供煮食。

15. 由上往下看車長位置 16. 由前往後看砲手位置 17. 車長用雙筒瞄準鏡 18. 無線電 19. 從車長位置看砲塔內部 20. 砲手的座位上的設備和潛望鏡 21. 通訊系統控制面板 22. 主砲後膛 23. 可電動控制的砲塔迴旋轉盤 24. 砲手位置旁的彈藥架 25. 由上往下看駕駛位置 26. 駕駛用儀表板 27. 方向控制桿

第五章
後冷戰時期：
1991年以後

後冷戰時期

1989 年 11 月，柏林圍牆倒下。到了 1991 年，蘇聯已經瓦解，冷戰宣告結束。這個國際局勢緊張的年代終結後，各國大幅度裁撤武裝部隊，數以千計的戰車和裝甲車不是被變賣，就是當成廢鐵處理。許多國家讓大批過時的戰車退役（當中有些甚至可追溯到 1950 年代），然後再以折扣價採購現代化的二手戰車。東歐的前共產主義國家也開始依照西方標準重新組建部隊，許多還加入北約組織。

裝甲車輛在前南斯拉夫的衝突中扮演新角色，聯合國和北約維和部隊運用它們的存在來威嚇並隔離交戰派系，同時保護平民。

在歐洲以外仍有安全威脅的地方，戰車繼續發展，以色列、南韓、日本、中國、土耳其、印度和巴基斯坦等國都在研發新式戰車。比較舊的戰車也在世界各地的衝突中持續證明自身的用處，尤其在對付非正規武力時。

裝甲車輛應用愈來愈多的先進科技。攝影機、熱顯像儀和網路通訊方面的發展提高了乘組員的環境警覺，不論是針對車輛周圍還是整個戰場皆然。反戰車武器愈來愈強大，尤其是在車臣和敘利亞等住民地環境，刺激了防護措施的進步，包括主動防禦系統。有些系統可以自動反擊來襲的砲彈，有些則可以干擾導引系統或「隱藏」戰車。這意味著儘管戰車在戰場上的地位再次受到威脅，但它還是會撐下去。

△ **第二次波灣戰爭期間的雜誌封面** 入侵伊拉克期間，戰車戰鬥的特點通常是美軍操作M1艾布蘭戰車，擊敗操作較老舊俄製裝甲車輛的伊拉克部隊。

「戰車前進布署暗示會有攻勢行動；戰車縱深布署則暗示會有防禦行動。」

前美國陸軍將領諾曼・史瓦茲柯夫（Norman Schwarzkopf）

◁ **以色列國防軍**的一輛梅卡瓦IV戰車正在參加演習，它的車頭前方加裝了掃雷裝置。

● **關鍵事件**

▷ **1992年7月17日：**《歐洲傳統武力條約》（CFE Treaty）限制北約組織和華約組織所能擁有的軍事裝備數量（此時華約已解散）。

▷ **1994年4月29日：**丹麥部隊在波士尼亞發動伯勒班克作戰（Operation Bøllebank），豹一式戰車首度投入戰鬥。

▷ **1994年12月31日：**俄羅斯試圖以裝甲部隊奪取車臣的格洛茲尼（Grozny），但傷亡慘重。

▷ **2003年3月：**美國及英國裝甲部隊入侵伊拉克。

△ **2004年的伊拉克夜間戰鬥**
在伊拉克的沙馬拉（Samarra），一輛布萊德雷M2A2步兵戰鬥車正在開火射擊。

▷ **2006年7月：**以黎衝突中，真主黨複雜的戰術和裝備暴露出以色列在裝甲戰事上的弱點。

▷ **2006年9月：**北約組織首度布署戰車到阿富汗，是加拿大的豹式C2。丹麥的豹二A5和美國海軍陸戰隊的M1A1艾布蘭戰車也在當地戰鬥。

▷ **2011年至今：**在敘利亞內戰中，敘利亞裝甲部隊和叛軍爆發猛烈巷戰。

▷ **2014年8月：**在烏克蘭東部，有人發現俄羅斯現代化戰車參與了政府軍和俄國支持的分離主義分子之間的戰鬥。

▷ **2015年3月：**在沙烏地阿拉伯帶領的干預葉門行動中，胡塞（Houthi）叛軍使用先進的反戰車飛彈擊毀沙烏地阿拉伯的戰車。

▷ **2015年：**有人在葉門看見使用中的二次大戰時期戰車T-34/85和SU-100。

反叛亂車輛

傳統車輛通常底盤較低，下方裝甲薄弱，因此容易受到地雷破壞。1970年代，叛亂分子和恐怖組織愈來愈愛使用這種武器，因此裝甲車輛的設計開始朝著防地雷的方向發展。羅德西亞（Rhodesia，今日辛巴威）是最早遭遇這個問題的國家，他們的解決之道就是把乘組員艙架高，並把車底設計成有角度的形狀，以削減爆炸的衝擊。這樣車子可能會失去一個輪子，但乘員可以活命。

△ 亨伯「豬」

年代 1958	**國家** 英國
重量 5.8公噸	
引擎 勞斯萊斯B60 Mk 5A汽油引擎，120匹馬力	
主要武裝 無	

豬式（Pig）是一款八人座的裝甲人員運輸車。隨著北愛爾蘭的衝突日益激烈，它被倉促加上額外的裝甲，回到第一線服役。有些豬式裝甲車被改裝成特殊用途的車輛，這款車一直用到1990年代。

▷ 蕭蘭德Mark 1

年代 1965	**國家** 英國
重量 3.1公噸	
引擎 路華（Rover）四汽缸汽油引擎，67匹馬力	
主要武裝 7.62公釐口徑機槍	

蕭蘭德（Shorland）Mark 1以荒原路華IIA系列底盤為基礎研發而成，由皇家阿爾斯特警察（Royal Ulster Constabulary）和阿爾斯特防衛團（Ulster Defence Regiment）使用。它的裝甲車身上方裝有一組機槍槍塔。這款車陸續接受多項改裝，以改善裝甲和引擎馬力，最後一款則是使用更先進的荒原路華防衛者（Defender）車型的底盤。

擋風玻璃裝甲

水箱 · 水砲 · 頭燈

△ 薩拉森特種噴水車

年代 1972	**國家** 英國
重量 13.7公噸	
引擎 勞斯萊斯B80 Mk 6A汽油引擎，160匹馬力	
主要武裝 水砲	

這款車安裝了一組水砲，原本是要當作鎮暴車輛使用，但測試發現水砲的威力大到足以讓被擊中的人受重傷，因此改由爆裂物處置單位使用，因為水砲的威力能讓炸彈損壞，但又不會引爆它。

▷ 卡斯皮式

年代 1979	**國家** 南非
重量 10.9公噸	
引擎 梅賽德斯－賓士OM352A柴油引擎，166匹馬力	
主要武裝 無	

卡斯皮式（Casspir）擁有全封閉式裝甲車身和車窗，可搭載12人，是為南非警方設計的，因為他們需要負責鎮暴工作，也曾參與邊境戰爭（Border War）。這款裝甲車用途廣泛，包括除雷、回收、迫擊砲載具和油罐車等等。

儲物箱 · 駕駛室 · 穩定架 · 引擎排氣管

登車踏梯 · 充水輪胎

◁ 水牛式

年代 1978	**國家** 南非
重量 6.1公噸	
引擎 梅賽德斯－賓士OM-352柴油引擎，125匹馬力	
主要武裝 無	

水牛式（Buffel）的底盤和引擎源自烏尼莫克（Unimog）卡車，它的抗地雷乘員艙為開頂式設計，因此十名乘員都有良好的視野。V形車底可以緩和爆炸衝擊，而充水輪胎有助進一步分散力道。南非陸軍使用水牛式到1990年代。

△ 荒原路華奪取型

年代 1992 **國家** 英國

重量 4.1公噸

引擎 荒原路華300Tdi柴油引擎，111匹馬力

主要武裝 無

北愛爾蘭的英國陸軍使用多款有裝甲的荒原路華車輛。安裝了車輛保護套件（Vehicle Protection Kit）的III系列「小豬」（Piglet）先是被格洛佛－韋伯（Glover-Webb）裝甲巡邏車取代，接著又換成荒原路華奪取型。這款車曾布署在伊拉克和阿富汗，但因為乘組員傷亡率高，所以後來被替換。

車上可容納一名駕駛、一名指揮官和九名士兵

△ 曼巴式

年代 1995 **國家** 南非

重量 6.8公噸

引擎 戴姆勒－賓士OM352A柴油引擎，123匹馬力

主要武裝 無

曼巴式（Mamba）是南非陸軍用來取代水牛式的車種，增加了車頂和防彈車窗。Mark I車型為兩輪傳動，可載運五名士兵，但之後的車型為四輪傳動，可載運九名士兵。Mark II和它的RG-31變化版因為防護力強且外觀較無威脅性，因此受到歡迎。這款裝甲車在進入21世紀後仍持續發展。

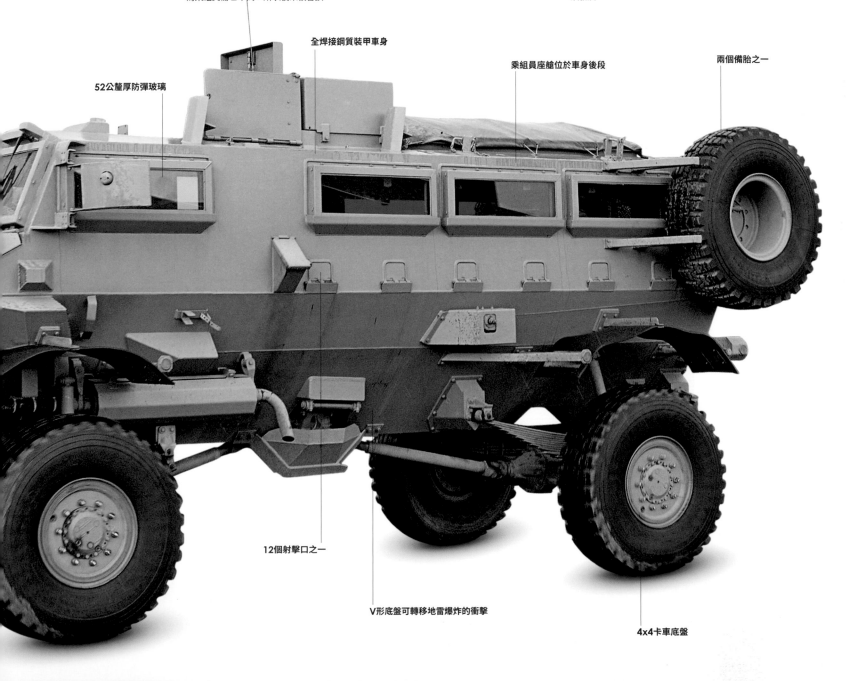

52公釐厚防彈玻璃

全焊接鋼質裝甲車身

乘組員座艙位於車身後段

兩個備胎之一

12個射擊口之一

V形底盤可轉移地雷爆炸的衝擊

4x4卡車底盤

反叛亂車輛（續）

基於政治考量，能用來進行反叛亂作戰的車輛類型通常被限制在輕型輪式車輛，這些車輛常會裝上額外的裝甲。1980年代的南非邊境戰爭帶動了可同時防地雷和防直接射擊的車輛的發展。到了21世紀，急造爆裂物在伊拉克和阿富汗帶來的威脅日益嚴重，這些設計便成了美國防雷反伏擊（Mine-Resistant Ambush Protected）車輛計畫的基礎。

△ 水牛式

年代 2002	國家 美國

重量 34.5公噸

引擎 開拓重工C13柴油引擎，440匹馬力

主要武裝 無

為了載運爆裂物處理小組的人員，水牛式（Buffalo）明顯比其他防雷反伏擊車輛更長、更高。這款車安裝一組10公尺長的鉸接機械臂，可用來移除急造爆裂物的偽裝並協助處理。英軍、加拿大軍、法軍、義軍和巴基斯坦部隊也有使用水牛式。

攝影機可提升環境警覺

裝甲可保護射手

6x6底盤

△ 獒犬式

年代 2002	國家 英國

重量 23.6公噸

引擎 開拓重工C7柴油引擎，330匹馬力

主要武裝 .50英吋口徑白朗寧M2機槍

在英國陸軍服役的防護力公司美洲獅式防雷反伏擊車，稱為獒犬式（Mastiff），它在伊拉克和阿富汗拯救了數以千計的性命。不過跟美洲獅式不同的是，獒犬式用裝甲板取代原本在側面的裝甲車窗，此外還加裝格柵裝甲。

▷ 巨蝮蛇式

年代 2003	國家 澳洲

重量 15.4公噸

引擎 開拓重工3126E柴油引擎，300匹馬力

主要武裝 視狀況而定

巨蝮蛇式（Bushmaster）可搭載九名士兵，主要用於長距離運輸任務，可在過程中提供防護，且維持一定的機動力。由於具備裝甲和地雷防護能力，因此在伊拉克和阿富汗廣受歡迎。澳洲訂購了總計超過1000輛的各式車型，包括指揮車、迫擊砲車、救護車、防空車輛和路線清理車。

遙控武器站

装甲車門

格柵裝甲

△ 哈士奇式
年代 2009 **國家** 英國
重量 6.9公噸
引擎 邁斯福D6.0L柴油引擎，340匹馬力
主要武裝 7.62公釐口徑L7機槍

英國採用萬國牌的MXT卡車，作為哈士奇式（Husky）戰術支援車（中型）。有了戰術支援車輛計畫，載貨車輛就能具備和戰鬥車輛同等級的防護，讓兩者可以並肩作戰。

△ 麥克斯普式
年代 2007 **國家** 美國
重量 13.4公噸
引擎 邁斯福（MaxxForce）D9.316柴油引擎，330匹馬力
主要武裝 視狀況而定

航星國際（Navistar International）生產一系列的麥克斯普式（MaxxPro）防雷反伏擊車輛，給派駐在伊拉克和阿富汗的美軍部隊使用。它們是最廣泛使用的防雷反伏擊車輛，至今已生產超過7000輛。雖然麥克斯普式提供給乘組員七項優異的防護措施，但它卻有越野性能不佳且容易翻車等問題。

加裝目標射手保護套件（Objective Gunner Protection Kit）的有人砲塔

△ M-ATV
年代 2009 **國家** 美國
重量 14.6公噸
引擎 開拓重工C7柴油引擎，370匹馬力
主要武裝 視狀況而定

由於防雷反伏擊車的越野機動性差，引發關切，尤其是在阿富汗，因此帶動了M-ATV的發展。這款車擁有較大型防雷反伏擊車的爆炸及裝甲防護，但機動性高很多，使用的是美國海軍陸戰隊標準卡車的底盤。

電子地雷偵測裝置

每個車輪都可獨立運作

▷ 獵狐犬式
年代 2012 **國家** 英國
重量 7.5公噸
引擎 史泰爾戴姆勒普赫M160036-A柴油引擎，214匹馬力
主要武裝 視狀況而定

獵狐犬式（Foxhound）用來取代荒原路華奪取型，在許多地方使用先進的複合材料而不是金屬零件，可以減輕重量，所以具備無與倫比的機動力和抗炸防護力。這款車可搭載六人。

水牛式

水牛式（Buffel）以南非荷蘭語的「水牛」來命名，是第一款專門針對地雷防護目的而設計的裝甲人員運輸車。1966 到 1990 年間，西南非洲（South West Africa，今納米比亞）、安哥拉和尚比亞一帶爆發南非邊境戰爭，這款裝甲車就是當時在南非生產的。

許多車輛都曾用V形或船形車身來分散地雷爆炸對車身下方的衝擊，例如薩拉森式裝甲人員運輸車（見第180頁），但水牛式是第一款在設計時就以駕駛和車上步兵的生存為首要考量的車輛。它的設計造就了2000年代防雷反伏擊車的概念，而今有成千上萬輛這類車輛在伊拉克和阿富汗服役。

水牛式從較早的柏斯瓦克（Bosvark）車輛發展而來。柏斯瓦克就是在梅賽德斯－賓士的烏尼莫克卡車上加裝基本的地雷防護。水牛式採用更進一步的設計，使用烏尼莫克U416-162底盤，但駕駛的位置位於前軸後方且離地更高，前方和側面都有防彈車窗。沒有車頂的後段乘員艙可搭載十名步兵，每位都配有四點式座椅安全帶，採背對背方式乘坐。人員越過乘員艙兩側的裝甲板上下車，有絞鍊可讓裝甲板放下，敞開側面。

車尾

規格說明	
名稱	水牛式裝甲人員運輸車
年代	1978
國家	南非
產量	約2400輛
引擎	梅賽德斯－賓士OM-352柴油引擎，125匹馬力
重量	6.1公噸
主要武裝	無
次要武裝	無
乘組員	1+10名
裝甲厚度	車身：未知　擋風玻璃：40公釐裝甲玻璃

步兵座椅

駕駛

引擎

裝甲擋風玻璃

備胎

梅賽德斯六汽缸
水冷式柴油引擎

車身離地較高

立體側視圖

根據環境最佳化

水牛式是為了在非洲南部的嚴酷氣候條件下執行
長距離巡邏任務而設計的，它擁有一個100公升
的飲用水水箱，可從後段車身下方的一個水龍頭
取水。步兵在水牛式後方的乘員艙內擁有良好的
視野，針對地雷的安全防護等級也很高。

下車布署

這張海報描繪步兵從水牛式下車的景象，也畫出
車身側面裝甲板放下的狀態。徽章屬於南非國防
軍（South African Defence Force）幾個使用
水牛式的單位。

外觀

水牛式是一款結構相對簡單的車輛，以非常成功的烏尼莫克卡車的運行機構為基礎，南非國防軍採購了1萬2000輛，從事多種任務。它的車身除了可抗地雷爆炸之外，也能抵擋輕武器射擊，保護乘組員。這款車也有附窗戶的封閉式步兵艙的版本。

1. 頭燈保護網　2. 前拖車孔　3. 打開的駕駛室前擋板　4. 防彈擋風玻璃　5. 可吊起物品的絞盤，包括輪胎　6. 主引擎　7. 主引擎細部特寫　8. 主底盤骨架　9. 登車梯　10. 懸吊臂　11. 垂直彈簧懸吊　12. 12.50 x 20輪胎，經常填充水以吸收爆炸衝擊　13. 飲用水的水龍頭　14. 後燈　15. 後拖車鉤

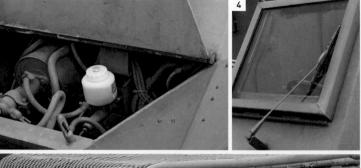

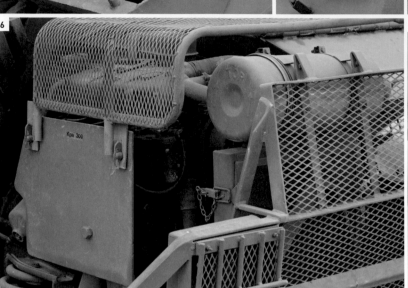

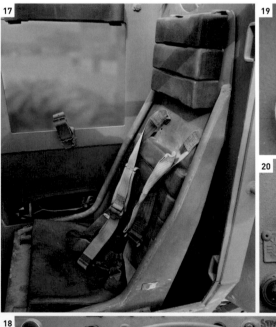

內裝

南非具有豐富的反叛亂作戰經驗,因此有幾個國家研究他們的戰術和裝備。水牛式曾賣給斯里蘭卡,但更重要的是,後來的防雷反伏擊車也是參考它新穎的設計特徵。

16. 由上往下看駕駛室 17. 駕駛座 18. 儀表板 19. 警告指示燈 20. 駕駛儀表板開關 21. 排檔和方向控制桿 22. 阻流桿 23. 把手和關上側面裝甲板的插銷 24. 安全帶 25. 步兵座椅

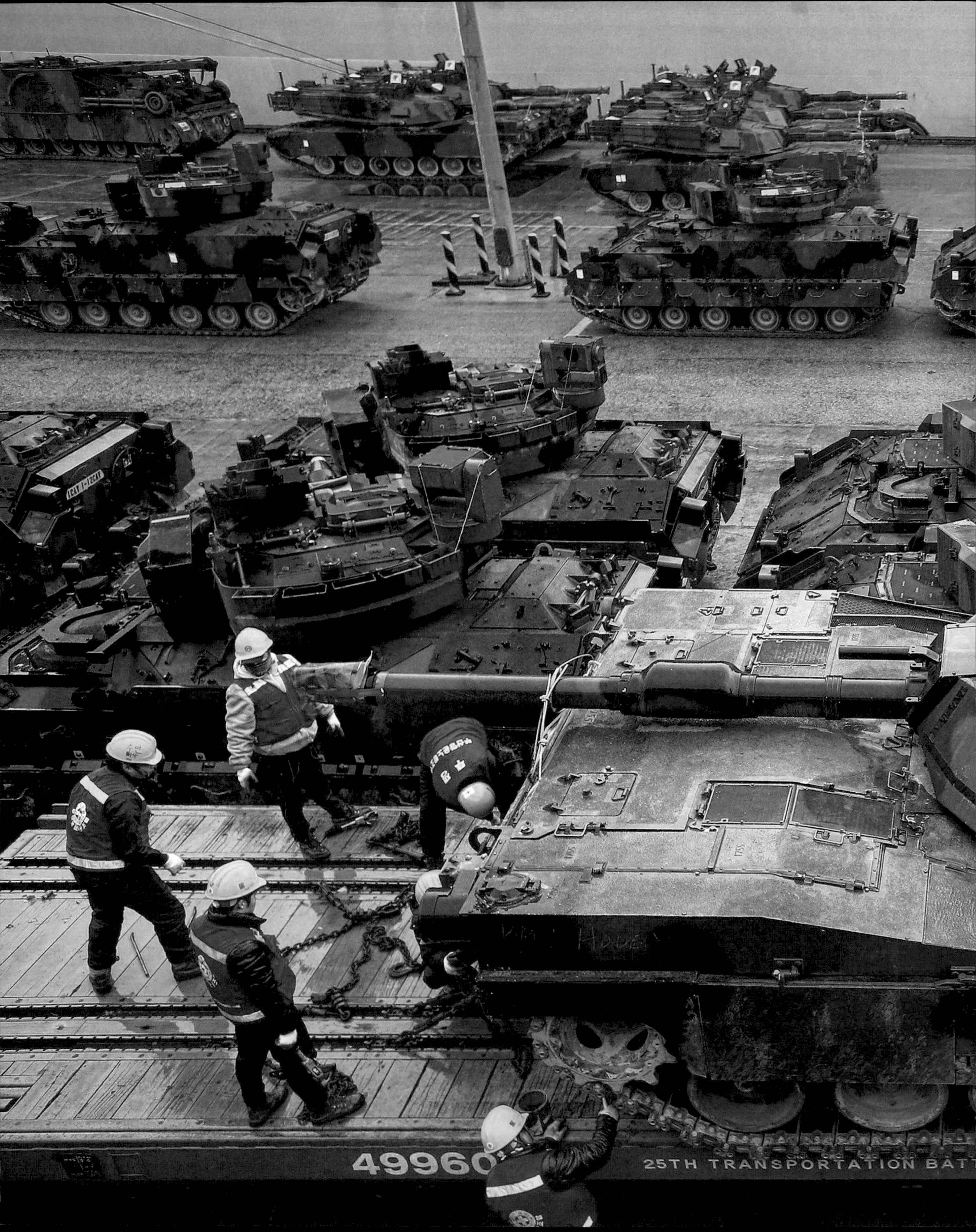
49960
25TH TRANSPORTATION BATT

戰車布署的後勤支援

戰車的運動可以分成三大類：戰略性、作戰性與戰術性，以及戰場運動。在戰略層級，代表戰車從兵營或儲放地往作戰地區運動，有時候可以從一個洲運送到另一個洲。舉例來說，兩輛艾布蘭戰車可以用一架C5銀河式（Galaxy）運輸機載運，但通常是由運輸車或鐵路運送到港口，再送到滾裝船上。確實，用鐵路來運送戰車對戰車的設計造成了可觀的影響。在歐洲，伯恩國際載重表（Berne International Load Gauge）認定，貨物若要在絕大部分歐洲的鐵路上安全地運送，最大寬度可以達到3.5公尺，但在英國，鐵路載重表較窄，只有2.67公尺。

在作戰層級，也就是戰鬥可能爆發的地區，面臨的問題可能會包括道路和橋梁的限制，破壞住民地的風險，還有戰車可能需要行駛的距離──距離愈遠，燃料的需求量和故障的可能性就愈高。在戰場上，戰車所在位置的地表狀態會影響戰車的機動性，也可能會限制操作的方式。戰車跑得快就比較不容易被敵軍打中──或者裝甲較厚也能讓它較不容易被破壞，這樣它就可以勇猛地選擇穿越戰場的路線。

2014年2月，M1A2艾布蘭戰車和M2A3布萊德雷步兵戰鬥車從德州運抵釜山，以強化南韓的防衛力量。

履帶式部隊載具

冷戰結束後，步兵戰鬥車的發展速度跟著放慢，而在21世紀的前十年裡，許多國家都把重點轉移到反叛亂作戰上。這代表冷戰時期的車輛必須服役比預計更長的時間。不過自2010年起，有幾種替代的設計已經開始生產。步兵戰鬥車的發展在其他國家倒是持續進行，特別是在那些目前仍面臨傳統威脅的地方，例如以色列和南韓。

40公釐波佛斯機砲

▽ CV90

年代 1993 **國家** 瑞典
重量 22.8公噸
引擎 斯堪尼亞（Scania）DI 14柴油引擎，550匹馬力
主要武裝 40公釐口徑波佛斯L/70機砲

CV90（或稱Stridsfordon 90）在1980年代後期研發，可搭載6到8名步兵。它的其他車型包括指揮車、防空車、前進觀測車和回收車等。配備30或35公釐機砲的版本已經外銷，以北歐國家為主。瑞典、挪威和丹麥軍方擁有的這款步兵戰鬥車已經在阿富汗參加過戰鬥。

30公釐機砲

◁ ASCOD步兵戰鬥車

年代 1996 **國家** 奧地利／西班牙
重量 30公噸
引擎 MTU 8V-199-TE20柴油引擎，720匹馬力
主要武裝 30公釐口徑MK30-2機砲

ASCOD指的是奧西合作研發，西班牙的版本稱為皮薩羅，奧地利的版本則稱為槍騎兵（如本圖所示）。兩者的武裝、懸吊系統和乘員搭載人數都相同，都是八名步兵，引擎、射控系統和裝甲配置不一樣。這款車包括不同車型在內共生產將近400輛。

掛在車身上的履帶齒

25公釐機砲

▷ 標槍式

年代 2002 **國家** 義大利
重量 23公噸
引擎 威凱8260柴油引擎，520匹馬力
主要武裝 25公釐口徑奧立崗KBA機砲

義大利陸軍訂購200輛標槍式（Dardo）來取代衍生自M113的VCC-1裝甲人員運輸車。標槍式可以配備拖式或長釘式（Spike）反戰車飛彈。這款車可搭載6名步兵，車身側面和尾門都有射擊口，曾跟著義大利部隊駐防在伊拉克、阿富汗與黎巴嫩等地。

煙霧彈發射器

▽ 雌虎式

年代 2008 **國家** 以色列

重量 62公噸

引擎 大陸AVDS-1790柴油引擎，1200匹馬力

主要武裝 .50英吋口徑白朗寧M2機槍

以色列部隊在巷戰中的經驗顯示，M113裝甲人員運輸車非常容易被破壞，因此以現有底盤為基礎研發出幾款替代車輛。雌虎式（Namer）使用機動力強大的梅卡瓦四型戰車底盤，並安裝更厚重的裝甲，且為了強化對反戰車飛彈的防護，現在甚至還裝上了戰利品式（Trophy）主動防禦系統（見第221頁）。

遙控機槍

△ BvS 10維京式

年代 2004 **國家** 瑞典

重量 11.3公噸

引擎 康明斯ISBe250 30柴油引擎，275匹馬力

主要武裝 7.62公釐口徑L7機槍

維京式（Viking）是一款為英國皇家海軍陸戰隊研發的輕型裝甲車輛，由較小的無武裝Bv206衍生而來。它的履帶是橡膠材質，轉向由兩個車身間的液壓頂桿控制，因此有絕佳的機動力，即使在沙地和雪地也一樣。這款車在阿富汗參與作戰行動時會加掛額外的裝甲。

梅卡瓦四型的底盤

配備30公釐機砲的無人砲塔

◁ 美洲獅式

年代 2010 **國家** 德國

重量 43公噸

引擎 MTU MT 892 Ka-501柴油引擎，1090匹馬力

主要武裝 30公釐口徑MK30-2/ABM機砲

美洲獅式（Puma）用來取代較脆弱的貂鼠式，配備無人砲塔，三名乘組員和六名步兵的位子都在車身內。這款車採用模組化裝甲，可以視威脅等級加裝或卸下，也可配合空運拆下，讓車重降低到31公噸。

▽ 阿賈克斯式

年代 2016 **國家** 英國

重量 38公噸

引擎 MTU 199柴油引擎，800匹馬力

主要武裝 40公釐口徑CTAI CT40機砲

阿賈克斯式（Ajax）的原始設計來自於ASCOD，是為英國陸軍生產的一款情報、監視、目標獲取和偵察（Intelligence, Surveillance, Target Acquisition, and Reconnaissance, ISTAR）車輛。這款裝甲車具備數位化電子架構，可以和友軍部隊分享資訊。其他車型的研發計畫還包括特種人員載具、工兵偵察車、維修車、回收車與指揮車等。

煙霧彈發射器

△ BMD-4M空降突擊車

年代 2014 **國家** 俄羅斯

重量 14公噸

引擎 UTD-29多元燃料引擎，500匹馬力

主要武裝 100公釐口徑2A70滑膛砲、30公釐口徑2A72機砲

原本的BMD-4以BMD-3的車體為基礎，在2004年進入俄羅斯空降部隊服役，不過只交付了60輛。改良型的BMD-4M使用BMP-3的引擎和其他傳動部分零組件，以降低成本、後勤和維護保養費用。此外它還衍生出一個裝甲人員運輸車版本，叫BMD-MDM。

偽裝罩

輪式部隊載具

自冷戰結束後，輪式人員運輸車就愈來愈受歡迎，特別是8x8的車輛。基於汽車技術的發展，它們的越野性能已經和履帶車差不多，且車輪又比履帶更可靠耐用。輪式車輛不需要借助其他運輸工具就能自己進行長距離的布署，這點已於2013年在馬利獲得證實。另一方面，輪式車輛也較能抵抗地雷和急造爆裂物，因為絕大部分8x8輪式車輛即使失去一個以上的輪子，也還是可以繼續行駛。

△ ASLAV
年代 1992 **國家** 澳洲		
重量 13.4公噸		
引擎 底特律柴油機公司6V53T柴油引擎，275匹馬力		
主要武裝 25公釐口徑M242機砲		

ASLAV是以美國海軍陸戰隊的LAV-25和加拿大的野牛式為基礎，澳洲共採購257輛，分為兩種構型。沒有砲塔的人員運輸車車體透過可拆卸式套件，可改裝成指揮、監視或救護車。ASLAV曾在伊拉克和阿富汗服役。

▽ XA-185
年代 1994 **國家** 芬蘭		
重量 13.5公噸		
引擎 維美德（Valmet）612 DWI柴油引擎，246匹馬力		
主要武裝 12.7公釐口徑NSV機槍		

XA-180是XA系列的第一款裝甲車，於1984年導入，而XA-185擁有馬力更強的引擎，之後更進一步升級，衍生出XA-186、XA-188和體積較大的XA-203，且不再具備兩棲能力。XA系列車輛曾銷往芬蘭、挪威、瑞典、愛沙尼亞與荷蘭。除了維和任務外，XA-185也曾在阿富汗服役。

防彈擋風玻璃

△ 96式
年代 1995 **國家** 日本		
重量 14.5公噸		
引擎 小松柴油引擎，360匹馬力		
主要武裝 .50英吋口徑白朗寧M2機槍		

96式擁有兩名乘組員，車內空間可搭載八名步兵，他們可從尾門或五個車頂艙蓋上下車，另外左右兩側各有兩個射擊口。儘管96式從未外銷，但日本自衛隊伊拉克復興支援群（Japanese Iraq Reconstruction and Support Group）在2004到2006年間曾使用它。

在水上使用的推進器

△ 遊騎兵式一型
年代 1995 **國家** 奧地利		
重量 13.5公噸		
引擎 史泰爾WD 612.95柴油引擎，260匹馬力		
主要武裝 .50英吋口徑白朗寧M2機槍		

六輪驅動的遊騎兵式一型有奧地利、斯洛維尼亞、科威特和比利時使用，還有一些供應給美軍特種作戰司令部（Special Operations Command）使用。這款車在比利時部隊裡從事偵察任務，而在科威特有些則配備90公釐主砲。升級的遊騎兵二型為8x8配置，2005年開發完成。

六輪驅動能力

▷ 食人魚三型
年代 1998 **國家** 瑞士		
重量 22公噸		
引擎 開拓重工C9柴油引擎，400匹馬力		
主要武裝 視狀況而定		

食人魚三型銷售給超過12個國家，車型多樣，從標準的裝甲人員運輸車到電子作戰車與突擊砲車都有。加拿大版的食人魚三型稱為LAV-III，有加拿大和紐西蘭採用，且是美國陸軍史崔克車系的組成基礎。

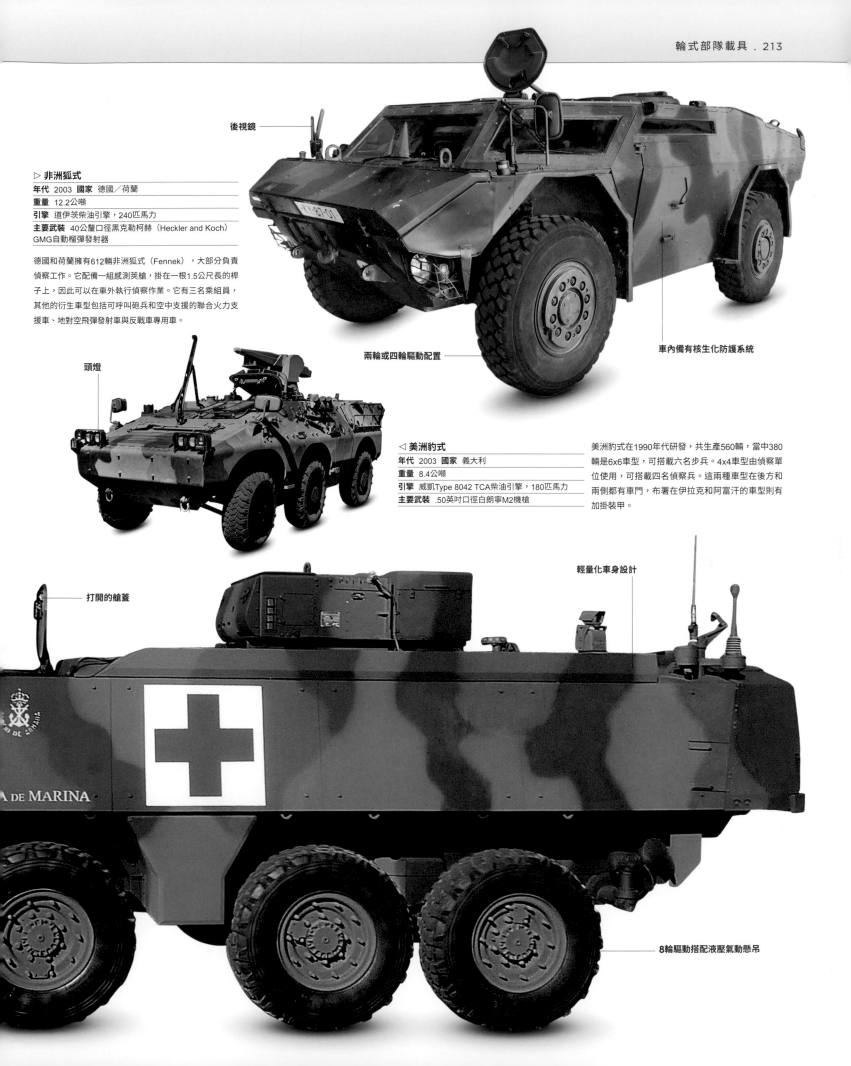

後視鏡

▷ 非洲狐式

年代 2003 **國家** 德國／荷蘭

重量 12.2公噸

引擎 道伊茨柴油引擎，240匹馬力

主要武裝 40公釐口徑黑克勒柯赫（Heckler and Koch）
GMG自動榴彈發射器

德國和荷蘭擁有612輛非洲狐式（Fennek），大部分負責
偵察工作。它配備一組感測莢艙，掛在一根1.5公尺長的桿
子上，因此可以在車外執行偵察作業。它有三名乘組員，
其他的衍生車型包括可呼叫砲兵和空中支援的聯合火力支
援車、地對空飛彈發射車與反戰車專用車。

兩輪或四輪驅動配置

車內備有核生化防護系統

頭燈

◁ 美洲豹式

年代 2003 **國家** 義大利

重量 8.4公噸

引擎 威凱Type 8042 TCA柴油引擎，180匹馬力

主要武裝 .50英吋口徑白朗寧M2機槍

美洲豹式在1990年代研發，共生產560輛，當中380
輛是6x6車型，可搭載六名步兵。4x4車型由偵察單
位使用，可搭載四名偵察兵。這兩種車型在後方和
兩側都有車門，布署在伊拉克和阿富汗的車型則有
加掛裝甲。

輕量化車身設計

打開的艙蓋

8輪驅動搭配液壓氣動懸吊

輪式部隊載具（續）

許多21世紀設計的車輛都可安裝各式各樣的武器，從搭配遙控武器站的機槍到步兵戰鬥車使用的機砲砲塔都有。如此靈活彈性的選擇讓這些輪式裝甲人員運輸車更加受歡迎。不過，火力和防護力方面的改良卻讓這類車輛的高度和重量都顯著提升，有些甚至接近30公噸重。它們因此成為更顯眼的目標，也更難以飛機運送。

模組化設計，可安裝不同的砲塔

每個車輪都有液壓懸吊

△ 派崔亞AMV裝甲車

年代 2004	**國家** 芬蘭

重量 22公噸

引擎 斯堪尼亞DC13柴油引擎，483匹馬力

主要武裝 .50英吋口徑白朗寧M2機槍

派崔亞（Patria）AMV裝甲車可使用多種款式的引擎、傳動系統、武器站和對應特定任務的裝備。它最多可搭載十名步兵，視安裝什麼砲塔而定。這款車已有1500輛被銷往七個國家，波蘭是最大用戶，稱為狼獾式（Rosomak），且已經布署到阿富汗服役。

△ 鷹式四型

年代 2003	**國家** 瑞士

重量 7公噸

引擎 康明斯ISB 6.7 E3柴油引擎，245匹馬力

主要武裝 視狀況而定

鷹式（Eagle）一、二和三型都以悍馬車的底盤為基礎，但鷹式四型和五型是使用杜羅（DURO）三型卡車底盤為基礎，因此有較大的酬載量。這款車可用來執行偵察、巡邏、指揮及救護等任務。丹麥、德國和瑞士等國共採購超過750輛鷹式四型和五型。

遙控武器站

煙霧彈發射器

△ ATF澳洲野犬2型

年代 2005	**國家** 德國

重量 12.5公噸

引擎 梅賽德斯－賓士OM 924 LA柴油引擎，222匹馬力

主要武裝 視狀況而定

澳洲野犬式以烏尼莫克卡車的底盤為基礎，加裝裝甲車身和車底地雷防護，乘組員八名。共有六個國家操作澳洲野犬2型，主要執行核生化偵察、醫療疏散、巡邏與戰場監視等任務。它曾布署到巴爾幹地區、黎巴嫩和阿富汗等地。

25公釐法國陸軍工業集團 M811機砲

乘組員座艙

▷ VBCI裝甲車

年代 2008	**國家** 法國

重量 29公噸

引擎 富豪柴油引擎，550匹馬力

主要武裝 25公釐口徑法國陸軍工業集團M811機砲

以輪式車輛而言，VBCI裝甲車獨特的地方在於它是設計成步兵戰鬥車而不是裝甲人員運輸車。它有三位乘組員，最多可搭載九名步兵。法軍擁有630輛，當中110作為指揮車使用。VBCI裝甲車曾布署到黎巴嫩、阿富汗與馬利，在這些地方，它穩定的機砲證實非常有效。

◁ **拳師式**

年代 2009 **國家** 德國／荷蘭

重量 35.6公噸

引擎 MTU 8V 199 TE20柴油引擎，721匹馬力

主要武裝 視狀況而定

拳師式（Boxer）在德國、荷蘭和立陶宛軍隊服役。這款車由標準底盤和可拆卸的任務模組組成，包括救護、指揮、工兵和運輸等。它的乘組員座位經過特殊設計，可降低地雷爆炸帶來的衝擊力道。

AMAP複合裝甲

25公釐奧立崗KBA機砲

煙霧彈發射器

焊接鋼質及陶瓷裝甲

車內空間可容納九名戰鬥人員

△ **箭式**

年代 2009 **國家** 義大利

重量 30公噸

引擎 威凱8262柴油引擎，550匹馬力

主要武裝 25公釐口徑奧立崗KBA機砲

箭式（Freccia）從半人馬式驅逐戰車發展而來，可搭載八名乘組員，目前服役的車型包括迫擊砲車、指揮車、回收車和救護車，以及安裝長釘式反戰車飛彈發射器的步兵戰鬥車版本。箭式曾在2010年布署到阿富汗。

40公釐自動榴彈發射器

7.62公釐機槍

分級的裝甲板

△ **泰萊斯ICV裝甲車**

年代 2009 **國家** 新加坡

重量 26公噸

引擎 開拓重工C-9柴油引擎，450匹馬力

主要武裝 40公釐口徑自動榴彈發射器、7.62公釐口徑機槍

泰萊斯（Terrex）具備完全的兩棲能力，可搭載11名步兵，除了主要武裝以外，車尾也裝有兩挺機槍，此外還配備攝影機，乘組員因此擁有車身周圍360度的視野。這款裝甲車已完全整合進新加坡的戰場管理和指揮管制系統中。

八輪驅動

戰車政治學

像美國陸軍M1A2艾布蘭這樣的戰車被派往南韓這樣的盟國，代表一個國家公然展現對另一個國家的軍事和政治支持。

實力展示

戰車明顯擁有可觀的戰術能力——例如本圖所示發射威力強大的120公釐口徑砲彈，但這樣的戰車被派到其他地方，在國際政治中是一種典型的權力投射象徵，對盟國或友善國家而言也是安全感的來源。儘管其他許多威力更強大、更先進、價格更昂貴的軍事裝備也會參加這樣的聯合演習，但會

被記者拍下、登上媒體版面的，往往是戰車的照片。戰車是如此獨特、龐大、有力的武器——或者說，社會大眾如此看待戰車——因此它也是最常被拿來代表一個國家軍事霸權或地緣政治力量的象徵性武器裝備。

2011年南韓和美國陸軍進行聯合演習期間，一輛M1A2艾布蘭戰車在南韓抱川的靶場開火射擊。

後冷戰時代的戰車

冷戰結束使戰車的發展速度慢了下來,但絕不是停止。原本的對手削減了部隊的規模,許多車輛不是報廢就是出售,因為他們已經不需要這麼大的軍隊。許多1980年代末研發的車輛以緩慢的速度開始服役,且數量都不多。另一方面,有些既有的戰車仍持續接受升級改裝,例如德國的豹二A6就改採了55倍徑的120公釐口徑主砲。

△ M1A2艾布蘭

年代 1992 **國家** 美國

重量 63公噸

引擎 德事隆康明AGT1500燃氣渦輪引擎,1500匹馬力

主要武裝 120公釐口徑M256 L/44滑膛砲

M1A1於1985年獲得採用,配備比M1更有效的120公釐主砲,還有改良的懸吊與傳動系統,而M1A2更加裝了車長用獨立熱顯像儀(Commander's Independent Thermal Viewer, CITV),讓車長可以觀看和砲手視野不同的方向。之後波灣戰爭的經驗也帶來其他方面的強化,特別是電子和電腦系統。

120公釐L/52滑膛砲

▽ 90式

年代 1991 **國家** 日本

重量 50公噸

引擎 三菱10ZG柴油引擎,1500匹馬力

主要武裝 120公釐口徑L/44滑膛砲

除了主砲以外,90式戰車所有的零組件都在日本設計生產。這款車配備自動裝彈機,因此乘組員減少到三名。由於日本地形複雜,多山地與住民地,因此341輛90式戰車絕大部分都布署在北海道,它們的尺寸和重量在當地較不會受限。

△ 勒克萊爾

年代 1992 **國家** 法國

重量 56.5公噸

引擎 瓦錫蘭(Wartsila)V8X T9柴油引擎,1500匹馬力

主要武裝 120公釐口徑CN120-26 L/52滑膛砲

勒克萊爾(Leclerc)取代重量輕很多的AMX-30,法國共採購406輛,阿拉伯聯合大公國則採購388輛。這款戰車配備自動裝彈機,因此乘組員減少到三名。在這款車的每一個生產批次中,電子設備和裝甲都穩定改善。法軍的勒克萊爾戰車曾參與科索沃和黎巴嫩的維和行動,阿拉伯聯合大公國的則曾派往葉門服勤。

裝甲側裙

熱顯像儀鏡頭和主砲瞄準鏡觀測口

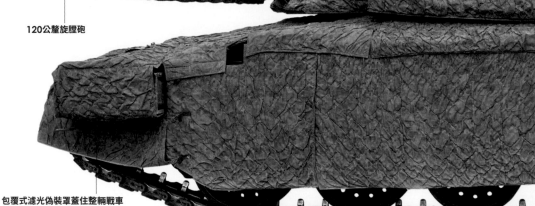

120公釐旋膛砲

▷ 挑戰者二型

年代 1994 **國家** 英國

重量 74.9公噸

引擎 珀金斯CV12 V12柴油引擎,1200匹馬力

主要武裝 120公釐口徑L30A1 L/55旋膛砲

雖然名稱相同,但挑戰者二型只有5%的零件和挑戰者一型通用。英國訂購了386輛,阿曼採購38輛。這款戰車擁有外掛裝甲,曾參與2003年入侵伊拉克的行動。它的特色是車身和砲塔側面的2I 級多徹斯特(Dorchester)裝甲模組、電子反制設備,還有可吸收熱能和雷達波的包覆式濾光偽裝罩。

包覆式濾光偽裝罩蓋住整輛戰車

125公釐主砲

天線座

▷ T-90S

年代 1994	**國家** 俄羅斯

重量 48.6公噸

引擎 ChTZ V92S2 V12柴油引擎，1000匹馬力

主要武裝 125公釐口徑2A46M5 L/48滑膛砲

T-90原本叫T-72BU，預計取代較早期的蘇聯戰車。這款車配備的所有系統都經過升級，結合了T-80的各項特點，也整合了窗簾（Shtora）主動防禦系統。這款戰車有七個國家使用，數量最多的是印度，擁有1250輛，接著是俄羅斯，擁有大約550輛。T-90曾參與烏克蘭和敘利亞的戰鬥。

惰輪

7.62公釐機槍

主砲排煙器

▷ 公羊式

年代 1995	**國家** 義大利

重量 54公噸

引擎 威凱MTCA V12柴油引擎，1275匹馬力

主要武裝 120公釐口徑奧托－梅萊拉L/44滑膛砲

公羊式（Ariete）是在冷戰期間設計的，預計取代義大利的M60和豹一式戰車，在1995到2002年間交付給義大利部隊200輛。這款車配備一組雷射警告接收器，可增強對反戰車飛彈的防護。公羊式曾於2004年在伊拉克執行任務，當時它在砲塔和車身側面都有加掛額外的裝甲。

獨立懸吊系統

爆炸反應裝甲

煙霧彈發射器

125公釐滑膛砲

◁ PT 91堅韌式

年代 1995	**國家** 波蘭

重量 45.9公噸

引擎 PZL沃拉廠（PZL-Wola）Type S12U多元燃料引擎，850匹馬力

主要武裝 125公釐口徑D81TM滑膛砲

堅韌式（Twardy）是T-72M的升級版，擁有外掛的爆炸反應裝甲、更有效的主砲穩定系統和性能更強的引擎和傳動系統。波蘭採購了233輛，還買了裝甲回收車和工兵車等車型。馬來西亞訂購48輛，印度則採購超過550輛回收車。

儲物籃

偽裝罩遮蓋的排氣管

▽ 96式

年代 1996	**國家** 中國

重量 42.8公噸

引擎 中國北方工業有限公司（Norinco）柴油引擎，780匹馬力

主要武裝 125公釐口徑L/48滑膛砲

1991年波灣戰爭期間，M1A1艾布蘭和挑戰者式戰車表現優異。中國十分震驚，因此著手升級手上的戰車以便與之抗衡。經過一連串的發展，最後決定採用96式戰車。這是第一款使用模組化裝甲的中國製戰車，可以迅速更換受損部分，主砲也配備自動裝彈機。更先進的96B於2016年首度亮相。

驅動齒輪

後冷戰時代的戰車（續）

1989年之後的衝突顯示，戰車在戰場上依然有一席之地。戰車雖然笨重，難以布署，不過一旦有必要，它就能提供無與倫比的防護力、全天候的長距離監視能力，還有精準的火力。戰車在巴爾幹地區和黎巴嫩的維和行動中派上用場，也參與了伊拉克和阿富汗的反叛亂作戰，還投入敘利亞、葉門和烏克蘭的正規作戰。在21世紀，一些新的戰車開始服役，有些還是出自在戰車設計領域還屬新手的國家。

△ 99式

年代 2001	**國家** 中國

重量 50公噸

引擎 WD396 V8柴油引擎，1200匹馬力

主要武裝 125公釐口徑ZPT-98滑膛砲

99式和96式一起組成中國陸軍戰車部隊的骨幹。它配備先進的爆炸反應裝甲和雷射警告系統，還有更先進的熱顯像儀與主砲穩定瞄準系統，具備反戰車獵殺能力。99A和99A2都已接受進一步升級。

煙霧彈發射器

砲塔前方配備間隙裝甲

△ 豹二A6

年代 2001	**國家** 德國

重量 62.4公噸

引擎 MTU MB 873 Ka-501柴油引擎，1500匹馬力

主要武裝 120公釐口徑萊茵金屬120 L/55滑膛砲

豹二A6從冷戰時期的A4型大幅升級而來，砲塔上採用了獨特的楔形間隙裝甲，以及威力更強的L/55戰砲。砲手的瞄準鏡移到了砲塔頂上，且採用電動驅動而非液壓驅動方式。

▷ 哈利德

年代 2001	**國家** 巴基斯坦／中國

重量 48公噸

引擎 KMDB 6TD-2多元燃料引擎，1200匹馬力

主要武裝 125公釐口徑滑膛砲

哈利德（Al-Khalid）又稱為MBT-2000，由巴基斯坦和中國合作研發，是巴國的戰車部隊升級計畫中最先進的車種。這款車有三名乘組員、爆炸反應裝甲和雷射警告系統。2016年時，這輛戰車的升級內容已經在發展階段。

12.7公釐防空機槍

複合裝甲

兩挺機槍之一

▷ 梅卡瓦Mark 4

年代 2004　**國家** 以色列

重量 65公噸

引擎 MTU 883 V12柴油引擎，1500匹馬力

主要武裝 120公釐口徑IMI MG253 L/44滑膛砲

Mark 4是梅卡瓦系列戰車的最新型號，依然保留獨特的前置引擎和尾門設計，此外自動滅火系統、核生化系統和獎盃主動防護系統等特色都強調對乘組員的保護，而自動目標追蹤和戰場管理系統之類的電子系統也提高了這款車的作戰效率。它曾在黎巴嫩和迦薩作戰。

引擎安裝在車身前段

車內空間可容納四名乘組員和六名步兵

120公釐主砲

120公釐主砲

▷ 10式

年代 2012　**國家** 日本

重量 44公噸

引擎 三菱V8柴油引擎，1200匹馬力

主要武裝 120公釐口徑日本製鋼所（Japan Steelworks）L/44滑膛砲

10式是日本最新型的戰車，特色是擁有模組化的裝甲和可分享情資的電腦網路，主動式懸吊可以提高或降低車身高度，且傳動系統可以讓它用相同的速度前進或倒退。

裝甲側裙保護車輪

格柵裝甲可保護引擎和驅動齒輪

◁ T-14阿瑪塔（Armata）

年代 2015　**國家** 俄羅斯

重量 未知

引擎 ChTZ 12N360 V12柴油引擎，1500+匹馬力

主要武裝 125公釐口徑2A82-1M滑膛砲

T-14跳脫了前蘇聯和俄羅斯先前的戰車設計。它的長度和高度都多出很多，乘組員有三名，全都坐在車身前段的座位內，無人砲塔則容納主砲和自動裝彈機，還有瞄準鏡與硬殺及軟殺主動防護系統。

履帶上有橡膠塊

125公釐滑膛砲

俄羅斯軍徽

120公釐主砲

▷ 阿勒泰

年代 2016　**國家** 土耳其

重量 65公噸

引擎 MTU MT 883 Ka-501柴油引擎，1500匹馬力

主要武裝 120公釐口徑L/55滑膛砲

土耳其已經升級了手上的M60和豹式戰車，但阿勒泰（Altay）卻是個全新的設計，代表他們在戰車的領域跨出了一大步。這款車大部分零組件都由土耳其公司研發，包括先進的射控系統和瞄準鏡。它的乘組員有四名，計畫生產1000輛。

M1A2艾布蘭

美國的艾布蘭生產量很大（1萬1000輛左右），目前有七個國家的陸軍使用。儘管如此，它還是逃不過西方國家面對戰車時模稜兩可的態度：一方面覺得可能會需要它們，且發現其他國家仍然在開發戰車，另一方面軍事預算又不斷削減，讓工廠的產能面臨壓力。

艾布蘭是設計來取代M60戰車的，那時他們最有可能的敵人是蘇聯集團的戰車。艾布蘭的第一款車型配備來自英國的105公釐口徑L7戰車砲，彈藥儲存在有洩壓設計的獨立艙間內，以保護乘組員。它的燃氣渦輪引擎體積小，但擁有不可思議的強勁馬力，不過耗油量是同等級柴油引擎的兩倍。一個美國研發團隊在1973年訪問英國，參觀最新研發的查本裝甲，結果導致這款車重新設計，以融合最新的防護系統。不久之後，艾布蘭M1A1採用一種包含衰變鈾材質的新版複合裝甲，讓防護等級加倍，此外還改配備德國製120公釐滑膛砲，讓它在1991年的波灣戰爭中占盡優勢。

車尾

M1A2又接受更多升級，例如新的射控系統、車長用獨立熱顯像儀、改良的數位系統等，而伊拉克戰爭中的住民地戰鬥又在2006年催生了戰車用城市生存套件（Tank Urban Survival Kit, TUSK），戰區中的戰車都安裝這個套件，以提高在建築物密集地區的防護力。

艾布蘭戰車屢次在戰鬥中證明自己的實力，而在往後的幾十年裡，它無疑也會是強而有力的武器。

規格說明	
名稱	M1A2艾布蘭
年代	1992
國家	美國
產量	約1500輛
引擎	德事隆萊康明AGT1500燃氣渦輪引擎，1500匹馬力
重量	63公噸
主要武裝	120公釐口徑M256滑膛砲
次要武裝	.50英吋口徑白朗寧M2HB機槍、兩挺7.62公釐口徑M240機槍
乘組員	四名
裝甲厚度	未知

引擎　　　　　　　　　　　　　裝填手

車長

砲手　　　　　　　　　　　　　駕駛

車長塔

砲塔正面的衰變鈾裝甲

引擎室位於後方

裝甲側裙

立體側視圖

履帶上的橡膠塊

戰車徽章
這是美國喬治亞州班寧堡（Fort Benning）美國陸軍戰術卓越中心（US Army Maneuver Center of Excellence）的徽章。這個訓練中心把步兵學校和裝甲兵學校整合在單一指揮部下。這個徽章的全彩版本用藍色、黃色和紅色色塊取代黑色，也就是步兵、騎兵和砲兵的傳統兵科顏色。

移動發電機
艾布蘭戰車的最新型號是M1A2 SEPv2，「SEP」的意思是「系統提升包」（System Enhancement Package, SEP）。這款升級套件包含一組輔助電力單元、一套熱管理系統，以及電子系統的升級，例如通訊、顯示螢幕、觀測儀等。

外觀

M1A2是世界上重量最重的主力戰車之一。這有一部分是因為它驚人的複合裝甲,且車身和砲塔正面還加上了衰變鈾材質金屬網,以進一步強化。這層額外的裝甲可以抵擋所有已知的反戰車武器攻擊。

1. 拖車眼 2. 路輪轂 3. 路輪和履帶 4. 履帶上的橡膠塊 5. 車長(左)和裝填手艙口 6. 車長塔 7. 裝填手用7.62公釐M240機槍 8. 通用遙控操作武器站(Common Remotely Operated Weapons Station)的觀測儀 9. 核生化防護系統通風口 10. 熱管理系統中的水汽壓縮系統單元 11.步兵電話 12.驅動齒輪

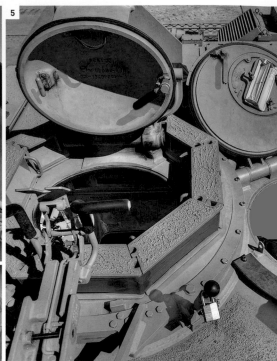

內裝

M1A2的內部有凱夫勒材質內襯，可在戰車有剝裂狀況（敵軍砲彈爆炸產生碎片）時保護乘組員。它的彈藥儲存在一個有洩壓閥的裝甲隔艙內，萬一爆炸產生的高熱誘爆彈藥，這樣的設計可以確保爆炸力道洩出，不對乘組員艙造成衝擊，進而把傷害降到最低。

13. 從左向右看車長位置　14. 從後向前看駕駛位置　15. 駕駛的轉向及節流閥T形控制桿
16. 砲手位置　17. 砲手用主瞄準器接目鏡　18. 7.62公釐同軸機槍座（無機槍）　19. 砲手用
控制把手　20. 主砲後膛（關閉）的頂部　21. 從右向左看裝填手位置　22. 主砲後膛（關
閉），可以看見退殼托盤　23. 主砲後膛（打開）底部

2010年英國法茵堡國際航空展（Farnborough International Airshow）裡的英國航太展區。

重點製造商
英國航太系統

英國航太系統（BAE Systems）是世界最大的國防承包商之一。他們幾乎每一種軍品都生產，從航空母艦、核子動力潛艇到步槍和彈藥，無所不包。而製造裝甲車輛就是它的核心業務之一。

英國航太成立於1977年，是一個國營的飛機製造商集團，旗下公司的歷史可以追溯到第一次世界大戰。在1981年民營化以後，它便開始擴張，並在1987年併購生產各式武器彈藥、與自二次大戰起在英國陸軍服役的每一款主力戰車的皇家兵工廠，接著又在1988年併購汽車製造商路華集團，最後在經過徹底重組後，於1999年和馬可尼電子系統（Marconi Electronic Systems）合併，組成英國航太系統。馬可尼電子系統本身也是企業集團，擁有海軍造船廠和一流的電子研發能力。不過和皇家兵工廠不同的是，英國航太系統對生產軍用車輛沒有太大興趣。這個缺點不久就被彌補過來，因為它在2004年和通用動力競標當時英國最重要的裝甲車輛製造商艾爾維斯維克斯（Alvis Vickers），結果擊敗了對方。

自1919年起，艾爾維斯就開始少量生產汽車。它早在1937年就已經涉足裝甲車製造領域，並在第二次世界大戰後繼續在這條路上發展，研發了六輪的FV600系列，包括英國陸軍在1958年採用的薩拉森裝甲人員運輸車和薩拉丁裝甲車。這間公司曾短暫成為路華集團一員，之後又加入英國禮蘭，到了1981年再度轉手，成為生產火砲瞄準鏡的聯合科學控股（United Scientific Holdings）公司一部分。聯合科學控股則在1995年採用了「艾爾維斯」這個名字。1997年，它併購了瑞典競爭對手赫格隆（Hägglund），次年又併購當時提

供英國陸軍FV500系列履帶式步兵戰鬥車輛（也就是戰士式與衍生車型）的吉凱恩桑基（GKN Sankey），而和FV500系列搭配的，就是艾爾維斯生產的輕型鋁質車身FV100車系，當中最成功的就是FV101蠍式。2002年，艾爾維斯併購維克斯防衛系統（Vickers Defence Systems），成為艾爾維斯維克斯。維克斯的戰車生產歷史可追溯到1920年，併購當下正在生產英國陸軍的挑戰者二型主力戰車。

英國航太系統在兩年後併購艾爾維斯維克斯，然後把它和皇家兵工廠合併，成立英國航太陸地系統（BAE Land Systems）。英國航太因此一舉成為英國唯一的重點廠商，且又在2005年併購聯合防務工業（United Defense Industries）公司，強化在美國的地位，兩年後又併購裝甲控股（Armor Holdings）。聯合防務工業是美國軍方重要供應商，負責強化M2/M3布萊德雷戰鬥車、M88海克力士裝甲回收車和M109帕拉丁（Paladin）自走榴彈砲，還有堪稱是全世界使用最廣泛的M113裝甲人員運輸車。至於在裝甲控股公司的部分，就在被英國航太併購之前，它就已經以奧地利史泰爾的設計為基礎，接手中型戰術車輛（Medium Tactical Vehicle）車系的研發工作。這個車系中唯一可以做到完全防護的，就是鱷魚式（Caiman）防雷反伏擊裝甲人員運輸車，也是美國陸軍麾下可以和海軍陸戰隊的美洲豹式一起出動作戰的車

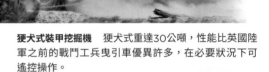

狽犬式裝甲挖掘機 狽犬式重達30公噸，性能比英國陸軍之前的戰鬥工兵曳引車優異許多，在必要狀況下可遙控操作。

種，但其他的車型就只配備裝甲人員艙而已。陸地系統赫格隆公司負責生產戰鬥車90（Combat Vehicle 90, CV90）車系的履帶式步兵戰鬥車。除了原本的波佛斯40公釐機砲以外，還銷售了配備30公釐與35公釐巨蝮蛇式鏈砲的版本，此外

生產中的布萊德雷戰鬥車 在美國賓州約克的英國航太陸地武裝（BAE Plc Land & Armaments）廠區內，一座布萊德雷戰鬥車（Bradley Fighting Vehicle, BFV）的砲塔正等著送到組裝線上安裝。

TRACTION DRIVE SYSTEM (TDS)

Hybrid Electric Drive Transmission
(84T Tracked Vehicle)

QinetiQ   BAE SYSTEMS

QinetiQ   BAE SYSTEMS

「翼穩脫殼穿甲彈從戰場呼嘯而過，撕裂了空氣。」

女王皇家愛爾蘭輕騎兵團（Queen's Royal Irish Hussars）戰鬥群指揮官提姆・普爾布里克（Tim Purbrick）上尉。

油電混合傳動系統 2012年，英國航太發表一款全新設計的地面戰鬥車輛（Ground Combat Vehicle），打算取代布萊德雷戰鬥車，它的特色是率先使用油電混和動力的戰車引擎。

也開發其他武裝選項車型，包括105公釐旋膛砲和120公釐滑膛砲，還有無砲塔的裝甲人員運輸車等。另外一輛裝有由英國航太開發、稱為「適應」（Adaptiv）的紅外線偽裝系統的車輛也已經進行過演示。這種偽裝是由各別的熱電板組成，可以結合在一起，複製日常生活中各式各樣物品的完整熱源訊號。

BvS10裝甲全地形車（Armoured All-Terrain Vehicle）是赫格隆的另一個產品，有

奧地利、英國、法國、荷蘭和瑞典採用。赫格隆也負責生產德國豹二主力戰車的一個改良型號，至於豹二是英國航太的挑戰者二型在國際市場上的競爭對手，挑戰者二型由維克斯在1989年進行演示，並在1994年進入英國陸軍服役。在北約國家的主力戰車中，挑戰者二型顯得獨一無二，因為它配備120公釐口徑55倍徑的L30A1旋膛砲，可以射擊高爆碎甲彈和翼穩脫殼穿甲彈，於2003年入侵伊拉克期間首度參與戰鬥。

挑戰者二型在2002年結束生產。從那時起，作戰經驗促成了外掛裝甲套件的研發，採用改良型多徹斯特複合裝甲，到了2010年代中期更展開延壽計畫（Life Extension Programme），以便讓挑戰者二型可以

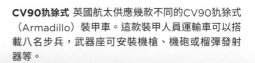

CV90犰狳式 英國航太供應幾款不同的CV90犰狳式（Armadillo）裝甲車。這款裝甲人員運輸車可以搭載八名步兵，武器座可安裝機槍、機砲或榴彈發射器等。

服役到2025年以後。除了主力戰車外，英國航太也生產一款創新的裝甲戰鬥工兵車，稱為獾犬式（Terrier），以取代較小、性能較差的FV180戰鬥工兵曳引車（Combat Engineer Tractor）。獾犬式有兩名乘組員，裝有一組貝殼式前鏟斗，側面還裝了另一組鉸接挖掘機械臂。這款車具備針對地雷和急造爆裂物的完整防護，但若在格外危險的環境裡作業，也可從1公里外的地方遙控操作。

CV9035步兵戰鬥車 CV90可以在它的雙人砲塔上配備多種武器，圖中版本配備的是35公釐巨蝮蛇三型鏈砲。

軍事競技

戰車比賽的概念始於第一次世界大戰，就是在簡單的跑道上賽跑。為了滿足軍方追求競爭與卓越的渴望，有一些競賽開始舉辦。從1963年開始，北約成員國的部隊都會組隊參加加拿大陸軍盃（Canadian Army Trophy, CAT），各國戰車比賽誰的砲術精準，表現最佳的部隊會獲頒一座小小的銀質百夫長戰車獎盃。隨著時間過去，這場競賽不斷發展，原本只是讓戰車在靜態位置射擊靜態目標，後來則是更全面地反映可能的戰鬥狀況。儘管各隊之間愈來愈競爭，大家也寄予厚望，但在1987年，一支皇家輕騎兵團的隊伍操作英國陸軍的新型挑戰者式戰車參賽，結果居然慘敗。但諷刺的是，這款戰車後來卻在第一次波灣戰爭中表現優異，且至今依然保有戰車確認擊殺戰車的最遠紀錄──從4700公尺外的地方發射一枚翼穩脫殼穿甲彈。

俄羅斯戰車兩項競賽

俄羅斯自2013年起開始舉辦戰車的兩項競賽。在這場比賽中，戰車必須在一定的路線上前進並射擊目標，花最少時間完成任務者獲勝。路線的困難度會逐漸提高，若是射擊未命中目標或沒有正確地走完障礙路線，都會有懲罰。這樣的競賽對訓練或裝備評鑑是否有幫助，或許有待商榷，但它無疑是令人驚嘆的場面。

一輛戰車參與2016年在莫斯科附近的阿拉比諾（Alabino）訓練場舉行的戰車兩項競賽。

戰車的演化

在發展重型裝甲戰鬥車這條路上，人類犯下的重大錯誤少得令人意外。戰車一直穩穩進步，有創新時就加以採用，像是裝載主要武器的旋轉砲塔。第一款以這種方式配置武裝的戰車是小巧的雷諾 FT-17，但從那時起，這種配置就變得幾乎無所不在——雖然也有配備多個砲塔的戰車出現，例如維克斯的 A1E1「獨立式」就擁有至少五個砲塔。至於戰車該以什麼為主要武裝，原本也不太確定（例如有些軍隊偏好配有機槍的輕型車輛），但等到第二次世界大戰開打時，一切都已塵埃落定，也就是今日我們最常看到的形式：有一門可擊毀敵方車輛的主砲，搭配可應付軟性目標的機槍（當然還是有一些例外，例如法國的 B1 戰車和美國的 M3 李戰車都配備多門火砲）。

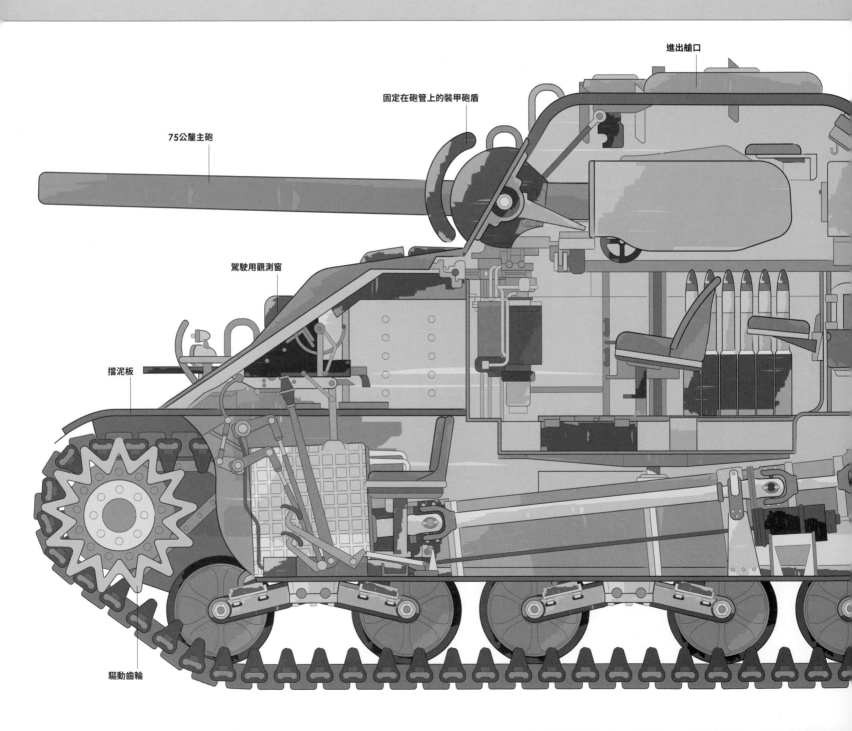

進出艙口

固定在砲管上的裝甲砲盾

75公釐主砲

駕駛用觀測窗

擋泥板

驅動齒輪

早期設計：MARK IV 戰車

早期英軍戰車的設計特色是拉長的菱形車身，目的是為了跨越戰壕，乘組員、履帶、引擎和武裝全都位於車身內。正當英國第一批Mark I戰車投入1916年的索母河戰役時，改良型的Mark IV就已經在英國戰車設計背後的真正推手阿爾貝爾特·斯特恩（Albert Stern）心中成形了。

他無法如願更換引擎，但指明要改善裝甲和通風，並把彈條給彈的霍奇吉斯機槍換成配有容量更大圓盤式彈匣的路易斯機槍，縮小砲座尺寸，主砲則換成砲管較短的型號，還把油箱移到車身外兩條履帶之間的地方。

在此同時，埃勒斯將軍（Elles）和富勒上校（Fuller）等戰術專家都在鑽研運用戰車的新方法。新型戰車首次出動是在伊珀突出部（Ypres salient），儘管不完美，但1917年11月20日在坎布來發動攻擊時，他們在德軍戰線正面打出了一個9.7公里寬的缺口。雖然攻擊最後未能成功，但卻建立了裝甲作戰的基本原則。

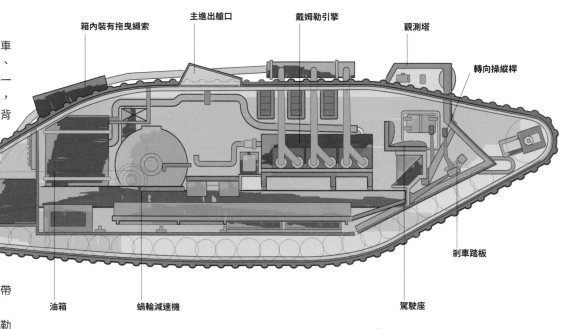

箱內裝有拖曳繩索　主進出艙口　戴姆勒引擎　觀測塔　轉向操縱桿

油箱　蝸輪減速機　駕駛座　剎車踏板

Mark IV人員配置

除了車長和駕駛外，需要有兩個人嚙合和分離變速箱，才能讓戰車透過履帶來轉彎。兩個人操作六磅砲，另外還要有兩個人擔任六磅砲的裝填手，同時負責操作安裝在砲座上的機槍。

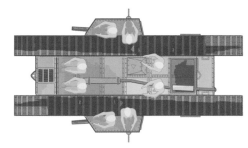

經典設計：M4A4 雪曼

M4A4戰車的配置方式，成了往後數十年間戰車的設計標準——主砲安裝在一座旋轉砲塔裡，引擎位於車身後段，車身裝甲傾斜。在M4的眾多次型中，M4A4被英國人稱為雪曼五型，特色是採用了克萊斯勒的A57多排式引擎。這款戰車共生產7499輛，幾乎全部都由英國陸軍操作。其中許多以17磅砲取代原本的75公釐主砲，並拿掉機槍手的座位，以便能裝載更多砲彈，改裝後的戰車稱為雪曼VC螢火蟲式。M4戰車總計生產了4萬9234輛，此外也用它的底盤生產了其他許多車輛，例如工兵車等。許多雪曼戰車都服役到二次大戰結束多年之後。

M4人員配置

依照設計，M4戰車有五名乘組員：車長、砲手、裝填手、駕駛、機槍手。車長、砲手和裝填手在砲塔內，車長在艙口正下方，在另外兩個人的後上方。駕駛和機槍手則在車頭內，駕駛在左，機槍手在右。

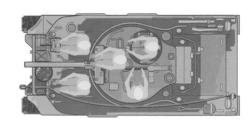

進氣管　排氣管

每塊履帶上都有導齒

水幫浦

戰車引擎

最早投入戰場的戰車，用的是給大型農用曳引機使用的引擎（英國 Mark I 戰車擁有 105 匹馬力的戴姆勒套筒閥六汽缸 15.9 升引擎，不幸的是有冒煙的毛病）。有幾種戰間期的戰車使用飛機引擎，例如美國的 V-12 自由式引擎就用在 Mark VIII、BT-2、BT-5 以及英國的巡航戰車上，包括 A13、十字軍式和半人馬式。整個二次大戰期間，還有其他各種配置的飛機引擎（通常評價較差）用

在許多盟軍戰車上，但戰車專用的引擎已經開始出現。到了 1950 年代，大部分戰車都配備 12 汽缸的汽油或柴油引擎，馬力至少有 750 匹，當中許多為氣冷式，而這個不成文的標準就延續了下去，馬力輸出不斷提高（甚至加倍），直到 20 世紀的最後 25 年。這時，燃氣渦輪首度出現，最值得一提的就是美國的 M1 艾布蘭戰車和蘇聯的 T-80 戰車。

主力戰車

到了20世紀末，主力戰車的重量已經超過60公噸，引擎的設計也跟著進化。當時的標準是推重比約是25匹馬力／公噸，而第一次世界大戰時期是大約四匹馬力／公噸，第二次世界大戰則是12-15匹馬力／公噸。

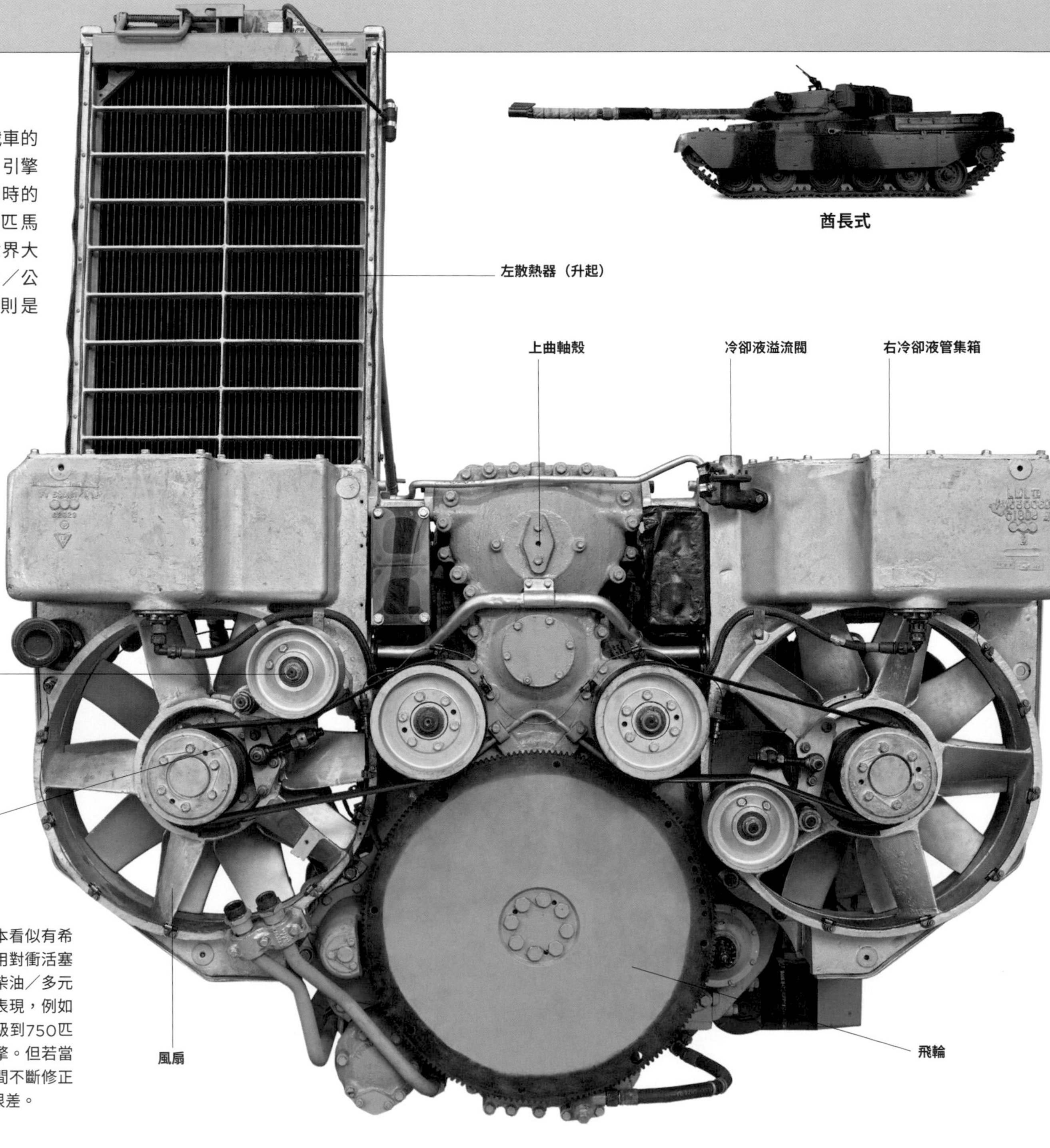

左散熱器（升起）

茜長式

上曲軸殼　　　冷卻液溢流閥　　　右冷卻液管集箱

張力器皮帶輪

風扇驅動皮帶

禮蘭L60

在引擎的設計中，一項原本看似有希望的創新就是在汽缸內使用對衝活塞——這樣的安排在二衝程柴油／多元燃料引擎中有令人滿意的表現，例如695匹制動馬力（之後升級到750匹制動馬力）的禮蘭L60引擎。但若當作戰車引擎，儘管使用期間不斷修正改良，它的可靠度卻還是很差。

風扇

飛輪

其他重要引擎

從歷年來戰車使用的各類引擎款式變化來看,設計師顯然有很大的自主權。有些人堅持現有的原則,生產直列引擎,有人則選擇運用原本是用在飛機上的星形引擎。也有人橫向思考,生產了克萊斯勒A57多排式之類的引擎——你可以合理地把它想成是一具由多個星形引擎組成的引擎。儘管很不尋常,且例行的維修保養(例如更換火星塞)相對困難,但事實證明這款引擎非常可靠。

瑞卡多150匹馬力

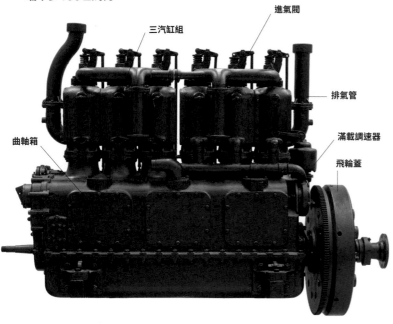

進氣閥
三汽缸組
排氣管
滿載調速器
曲軸箱
飛輪蓋

哈利・瑞卡多(Harry Ricardo)是一位天賦異稟的獨立引擎設計師,奉命解決第一代英國戰車上的戴姆勒引擎傳說中的冒煙問題。但他並非改裝引擎,而是直接提出一個新設計,輸出馬力大幅提高,因此用在MARK V戰車上。

MARK V戰車

萊特大陸R-975

風扇罩
進氣閥
曲軸
汽缸
活塞
起脊設計以達到最大冷卻效果

1939年,美國陸軍選擇增壓氣冷的萊特R-975星形引擎的其中一個版本,作為新一代戰車的動力來源,從M2中型戰車開始。這款引擎由大陸汽車(Continental Motors)生產,之後也安裝在其他戰車上,例如M3格蘭特/李、M4雪曼,還有M18地獄貓驅逐戰車等。

M18地獄貓

哈爾可夫V-2

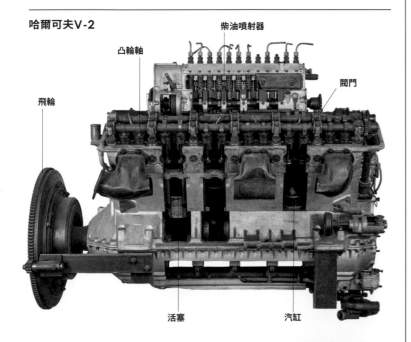

柴油噴射器
凸輪軸
閥門
飛輪
活塞
汽缸

所有的蘇聯戰車都使用汽油引擎,直到T-34出現。新戰車動力裝置的設計師堅持T-28戰車的V-12布局,但燃料換成柴油,並縮減尺寸和容積(從46.9升降到38.8升),但維持相同的500匹馬力輸出。

T-34

克萊斯勒A57多排式引擎

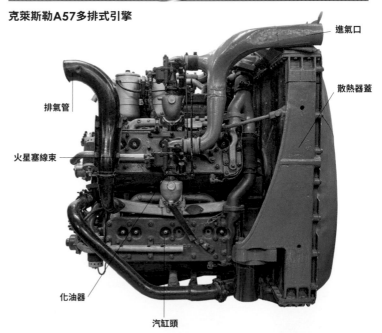

進氣口
散熱器蓋
排氣管
火星塞線束
化油器
汽缸頭

克萊斯勒底特律戰車兵工廠內的工程師奉命提出萊特星形引擎的替代方案,結果想出了一個創新的辦法:把五組現成的六汽缸組安裝到一個專門為此打造的曲軸箱上,也就是用30個汽缸驅動一根曲軸。結果不需進行其他更動,就可輸出425匹馬力。

M4A4雪曼

履帶和懸吊系統

第一次世界大戰的英國戰車根本沒有彈簧懸吊系統，履帶就直接在固定的路輪上轉動，因此行駛的過程極度狼狽，乘組員甚至有受重傷的風險。法國的施耐德和聖夏蒙使用簡單的葉片和螺旋彈簧系統，狀況只稍微好一點點，但 FT-17 輕型戰車是在基本原則上加以改善。華特・克利斯蒂在 1919 年展示的原創混和設計是個真正的進步，而 1922 年維克斯中型戰車採用的板片彈簧系統也一樣。不過一直要到克利斯蒂公開發表有延長懸吊行程的 M1928，極速才大幅提高——但他的祖國（美國）的武裝部隊卻拒絕採用，其他也只有英國和蘇聯採用。在此期間，更複雜的霍斯特曼和渦形彈簧系統變得普及，但最後也都被更簡單、更便宜的扭力桿取代。

連續履帶

要讓一輛重型裝甲車輛移動並越過戰場，最可靠的辦法就是使用「連續」履帶，這是大家打從一開始就公認的事。但這套系統有一些缺點，例如價格昂貴、可靠度低，且只要有一個履帶塊受損，就會讓整輛車子動彈不得。履帶本身的設計以及履帶之間的接合方式也是重點，此外還有其他因素要考量，例如該從後面還是前面驅動——因為這關係到承受張力的會是上方的「回程」履帶還是負重的下方履帶。兩種方式都有優缺點。最後，還有履帶應該裝在何處以及如何固定的問題。

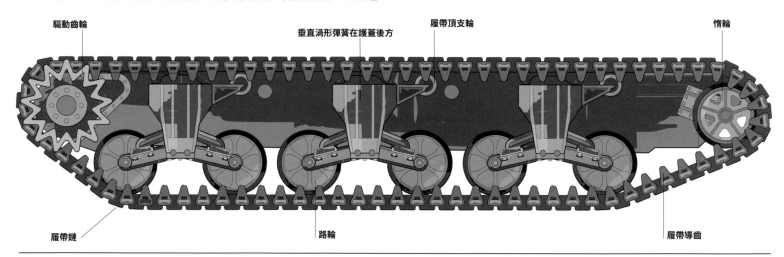

驅動齒輪　　垂直渦形彈簧在護蓋後方　　履帶頂支輪　　惰輪

履帶鏈　　路輪　　履帶導齒

履帶的種類

最早的連續履帶只是簡單的金屬帶，由鉸鏈連接，形成封閉的迴圈。它們無法側向移動，因此很容易脫落，也很容易打滑。還要再過十餘年，履帶的設計才進化到可以透過履帶導齒來側向移動，抓地設計也能在軟和硬的地面上提供適當的摩擦力。

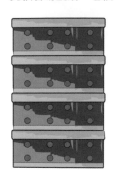

Mark IV 戰車
最早的履帶擁有和履帶同寬的鉸鏈，還有淺凸緣的抓地設計。

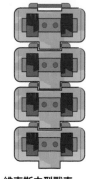

維克斯中型戰車
這款中型戰車的履帶較窄，鉸鏈也比較短，靈活度較高。

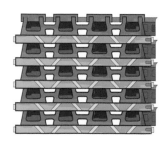

六號虎式戰車
虎式戰車有寬大的戰鬥用履帶和較窄的運輸用履帶。

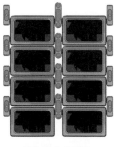

M1艾布蘭主力戰車
艾布蘭的履帶跟許多現代化戰車一樣，擁有可拆卸的橡膠塊。

驅動齒輪

雖然驅動齒輪一開始只是簡單的齒輪，但隨著時間過去，它們也演變成複雜得多的組件，融合了減速齒輪和自由轉輪功能。在現代戰車上，驅動齒輪通常安裝在車尾，讓下方的履帶承受張力，減少所有主要零組件的摩擦。

齒輪上的齒會插入履帶上的齒孔

減速齒輪

戰車懸吊種類

履帶裝甲戰鬥車輛總共用過六種成功的懸吊系統，另外還有幾種被放棄。在這六種懸吊系統中，五種依賴彈簧鋼最重要的物理特性：受力後能在最短的時間內回復到原本的模樣。在這些「彈簧」系統中，最重要的就是扭力桿，這也是至今仍廣泛使用的唯一系統。第六種系統是主動式液壓氣動系統，由1950年代的雪鐵龍（Citröen）轎車首先採用。

板片彈簧

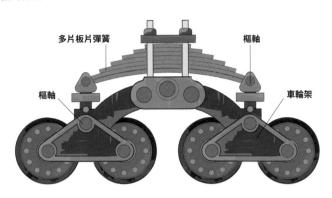

板片彈簧是最簡單的懸吊系統構型，早在中世紀就有人使用，簡單來說就是把弧形的高強度鋼條疊在一起安裝，如此一來就可以吸收一個車輪、一對車輪或一對車輪架的向上壓力（如上圖），然後回復到原本的狀態。

渦形彈簧

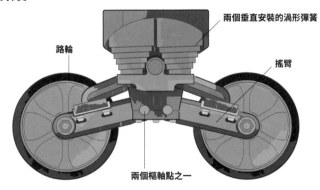

渦形彈簧是盤繞的板片彈簧，它的中心部分被拉出，呈現出被截短的錐形外觀。當它受力壓縮的時候，渦圈會滑動而重疊在一起，可以垂直（如圖）或水平安裝。渦形彈簧通常配對串聯安裝在路輪架上，路輪受到的壓力會通過搖臂作用在彈簧上。

扭力桿

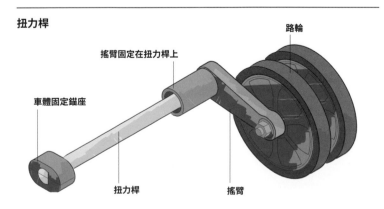

扭力桿懸吊系統也依賴耐彎彈簧鋼的「記憶」來維持在原本的位置——以本圖為例，桿子固定在戰車底盤的一邊。顧名思義，壓力是以扭轉運動的形式，透過連接桿子伸出端和路輪輪軸的搖臂來傳遞。

克利斯蒂

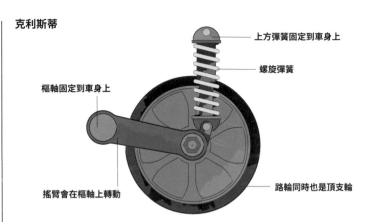

這套系統由華特‧克利斯蒂研發，是他改善整體戰車設計的其中一部分。這套簡單的系統採用螺旋彈簧，他先是以垂直方式安裝，但之後證實水平安裝的方式效率更高。大尺寸的路輪同時也發揮頂支輪的功能，成對安裝，履帶導齒從中間通過。

霍斯特曼

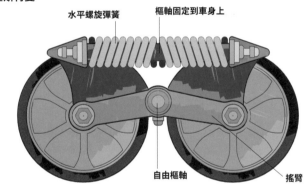

在霍斯特曼系統裡，路輪會成對安裝在搖臂上，搖臂向上的動作會被水平安裝在搖臂之間的彈簧壓縮緩衝掉。它類似水平渦形彈簧系統，只是加以改良：和渦形彈簧不同的是，螺旋彈簧既能伸展也能壓縮，提升了車輪的活動幅度。

液壓氣動

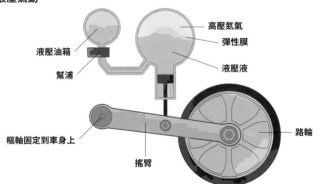

在液壓氣動系統中，每個路輪都連接到隔成兩個空間的球體裝置上——上方空間裝有高壓氮氣，下方空間裝有液壓液，中間以一片彈性膜隔開。當路輪承載壓力時，幫浦會對受到來自路輪額外壓力的液壓液加壓，此時氣體會被壓縮，發揮彈簧般的效果。

火力

1918 年 4 月 28 日，英軍和德軍戰車在維萊－布勒托納首度交鋒，勾勒出戰車戰鬥的未來樣貌。英軍戰車中有一輛是「雄性」，裝備兩門 QF 六磅砲，因此在這場戰鬥中獲勝。不過在戰間期，戰車和戰車之間的對抗並非設計師或戰略家的首要考量，且必須等到大家接觸了第二次世界大戰期間新型態的機械化作戰，戰車的主要任務是支援步兵的看法才開始動搖。支援步兵還是很重要，但隨著戰車裝甲愈來愈厚，主砲和彈藥也必須逐漸專門化，才能確保擊得穿裝甲。1945 年，絕大部分戰車砲在發射穿甲彈時，砲口初速大約達到每秒 850 公尺，可以在 100 公尺的距離擊穿 150-200 公釐厚的裝甲。到了 2010 年，這個數字已經增加到翼穩脫殼穿甲彈的每秒 1750 公尺，可在 2000 公尺的距離擊穿超過 600 厚的裝甲。

機槍

戰車若是在近距離遭遇一決死戰的步兵，非常容易受到破壞，因此通常以機槍為防禦手段。絕大部分現代戰車都安裝至少兩挺機槍，一挺和主砲同軸（也就是安裝位置在同一軸線上），另外一挺則安裝在砲塔頂上，可自由瞄準。直到1940年代末之前，絕大部分戰車在車頭位置都裝有車首機槍，這確實可以提供額外的火力，但難以瞄準，且會形成正面裝甲的弱點。當主砲彈藥尺寸提升時，這裡的空間就被拿來儲存砲彈。同軸和車首機槍通常是7.62公釐的口徑，砲塔頂上的機槍口徑則常在12.7公釐以上。在某些戰車上，砲塔頂的機槍是可以從車內瞄準射擊的。

PKT 7.62公釐機槍
PKT機槍是米海・卡拉希尼可夫（Mikhail Kalashnikov）從他的AK突擊步槍發展而來的，但使用更長、威力更大的7.62 × 54公釐凸緣子彈。當它以同軸方式安裝時，就不會裝上瞄準具、槍托、腳架和扳機，而是裝上一組電動射擊螺線管觸發器，並用戰車本身的瞄準鏡來瞄準。

射擊螺線管・槍管長度72.2公分・瓦斯導管

拉機柄・水冷式槍管套

維克斯Mark VI .303機槍
在戰間期，有些英國戰車會以維克斯機槍的變化版（例如 Mark VI）作為次要武器。到了1940年代早期，戰車上的維克斯機槍逐漸被布朗寧和貝莎（Besa）機槍取代，但維克斯機槍本身在其他地方還是使用到了1960年代。

114.3公分長的重槍管・扳機・槍管罩筒

布朗寧M2 .50口徑機槍
M2是約翰・摩西・布朗寧（John Moses Browning）研發的幾種高度可靠的反衝操作機槍之一，自1920年代以來不僅步兵使用，也用在裝甲車、非裝甲車、船艦和飛機上。若是裝在戰車上，那就一定是架設在車頂，由車長瞄準。

主砲

戰車主砲基本上是以線性的方式發展。不論是口徑還是砲管長度，尺寸都是穩定增加，以便發射威力更強的砲彈，但高初速、直射武器的基本原則一直都存在。戰車砲術領域的創新很多都在於射控系統，以求將主砲的命中率提到最大。現代化系統整合了穩定器、雷射測距儀、高倍率熱顯像儀和彈道計算機，以求在任何條件下都可以從極遠的距離達成高準度的射擊。另一項創新是自動裝彈器，也就是運用機械系統而非人力來選擇並裝填砲彈。許多現代戰車都裝備滑膛砲，砲彈不是透過自旋、而是以尾翼來穩定彈道。此外滑膛砲也可發射飛彈。

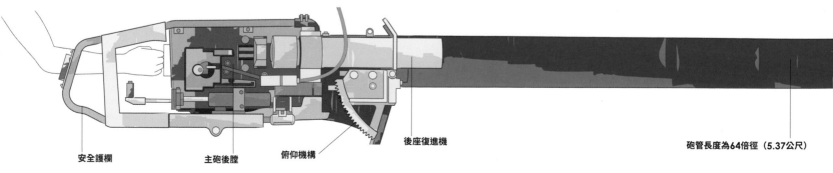

安全護欄・主砲後膛・俯仰機構・後座復進機・砲管長度為64倍徑（5.37公尺）

高爆碎甲彈

1940年代末期，英國開發出高爆碎甲彈。高爆碎甲彈的引信有一個非常短的延遲，因此它有時間在撞擊後、引爆前，在裝甲的表面攤開。它的爆炸威力可以造成裝甲板部分碎裂，從裝甲的內側脫落，成為有殺傷力的金屬碎片，有可能殺死戰車內的乘組員。

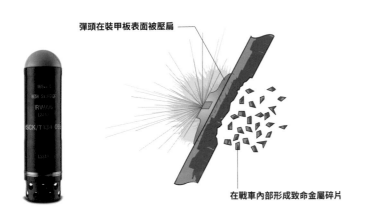

彈頭在裝甲板表面被壓扁

在戰車內部形成致命金屬碎片

反戰車高爆彈

反戰車高爆彈透過成形裝藥來產生一道「超塑性」的熔融金屬噴流，能穿透裝甲板。但它不是燒穿，而是純粹靠動能來達到穿透效果。這個現象又稱為蒙羅效應（Munroe Effect），普遍應用在反戰車榴彈上。反戰車高爆彈碰上含有陶瓷板的複合裝甲時就不是那麼有效。

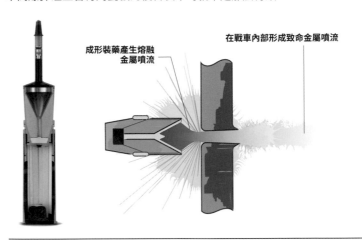

成形裝藥產生熔融金屬噴流

在戰車內部形成致命金屬噴流

翼穩脫殼穿甲彈

翼穩脫殼穿甲彈是現代戰場上最有效的反戰車武器。它的穿透飛鏢以高密度材料製成，通常是鎢或衰變鈾，因為這樣可以讓質量最大化，進而提升裝甲穿透力。翼穩脫殼穿甲彈不會自旋，因為這會降低裝甲穿透力，所以它靠穩定翼在飛行的過程中維持穩定。

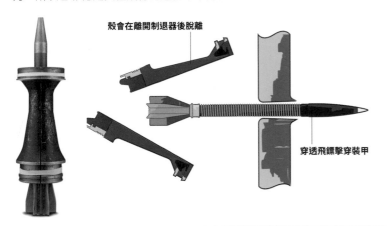

殼會在離開制退器後脫離

穿透飛鏢擊穿裝甲

脫殼穿甲彈

脫殼穿甲彈是在第二次世界大戰期間研發的。跟早期的動能穿甲彈不同的是，它使用次口徑（也就是比砲管要小）的彈頭，包在一個殼狀容器內。這樣的設計讓它得以達到可能的最高初速，將裝甲穿透力最大化，再加上最佳的空氣動力表現，可以確保高精準度。

殼會在離開制退器後脫離

彈頭擊穿裝甲

膛線可讓砲彈自旋以提高精準度

百夫長Mark 3

砲口配重

QF 20磅砲

20磅砲是FV4007百夫長Mk 3的主砲，自1948年起在英國陸軍（還有許多其他國家的陸軍）服役，威力比二次大戰時期的17磅砲還強大。它的口徑為83.4公釐，可發射反戰車用的風帽被帽穿甲彈（APCBC）和脫殼穿甲彈（APDS），還有高爆彈、霰彈和煙霧彈。

砲彈尺寸

為了擊穿愈來愈厚的裝甲，主砲彈藥的威力也必須愈來愈大，於是結果可想而知：彈頭體積愈來愈大，需要用來發射彈頭的推進藥也成比例增加，因此容納推進藥的彈殼長度也愈來愈長。

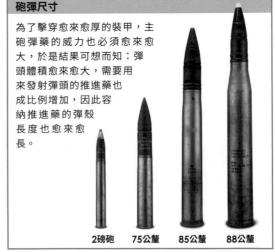

2磅砲　　75公釐　　85公釐　　88公釐

防護

當人類構思出戰車這種武器時，原本把它想成只有一個功能：在我方步兵進攻時走在他們前面，越過無人地帶，用自己的機槍和火砲壓制敵軍的機槍火力，藉此保護我方步兵。戰車本身也需要保護，也就是在它們暴露的正面安裝 12 公釐厚的軋鋼裝甲。但那很快就加厚到 14 公釐，以抵擋有穿甲能力的 7.92 公釐口徑 K 子彈。

不過，德軍的 7.7 公分口徑野戰砲很快就擔負起反戰車任務，但當時根本不可能把裝甲加厚到可以抵擋它的程度。到了 1930 年代，有效的反戰車砲已經問世──而且當然也被裝到了戰車上，惡性循環就此開始。當威力愈來愈強的反戰車砲推出並安裝到戰車上，設計師就只能不斷加厚戰車上的裝甲，希望有一絲渺茫的機會可以在這場競爭中領先一步。

裝甲

最早的裝甲以軋鋼鋼板構成，製作方式是讓鑄坯在軋輥之間通過，直到金屬達到所需的厚度為止。這樣來回輾軋能使鋼材中的分子對齊，進而讓鋼材變得更強韌。下一階段是表面硬化處理，也就是把鋼板放在碳粒床上重新加熱，這個過程稱為「滲碳」（兩種方法經常並用，生產出所謂的「滲碳裝甲」──這個加工過程由德國的克魯伯公司開發）。接下來就必須再加入鉻、鉬、鎳和後來的鎢等合金，以生產出更堅韌的產品。有些反戰車武器是燒穿裝甲，而不是靠動能直接打穿，而要對抗這些武器，裝甲中間會再加幾層陶瓷塊，於是現代化車輛就有了那有稜有角的獨特外觀。這種裝甲常被稱為「查本」裝甲，因為它是在英國薩里郡（Surrey）的查本小鎮開發出來的，可以抵擋反戰車砲彈。

輕裝甲
如英國 Mark VIB 之類的輕型戰車為了提高速度、機動性且方便運輸，選擇犧牲裝甲重量。

重裝甲
如德國獵虎驅逐戰車之類的大型、重型戰車，選擇犧牲速度和機動性來提高防禦力。

複合裝甲
如以色列梅卡瓦 Mark 4 主力戰車之類的現代戰車，速度快且機動力強，配備複合裝甲，一般來說比全金屬裝甲輕。

六號虎式戰車的裝甲

有些讓人意外的是，亨謝爾公司（Henschel & Sohn）的虎式戰車設計師為這輛重型戰車設計了近乎垂直的裝甲，靠厚度而不是靠幾何學來抵禦盟軍的反戰車武器。這款車只在前斜堤板有較大角度的傾斜，與水平面夾角 13 度，而其他地方（車身和砲塔的正面和側面）則只與垂直面夾角 9 度。

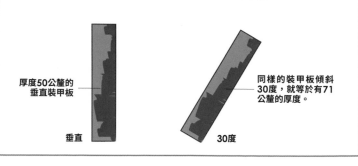

車頂裝甲最薄

面向正前方的裝甲最厚

車體腹部裝甲相對薄弱

交錯配置的路輪可提高防護力

| 25公釐 | 60公釐 | 80–100公釐 | 100–120公釐 |

傾斜與垂直裝甲比較

把裝甲與垂直方向呈一定角度配置可提供兩個優勢。首先，傾斜的角度可以增加砲彈需要貫穿的裝甲厚度。第二，它較有可能讓敵方的反戰車砲彈（尤其是輪廓有弧度的那種）從車身彈開，變成無用砲彈浪費掉。

厚度 50 公釐的垂直裝甲板

同樣的裝甲板傾斜 30 度，就等於有 71 公釐的厚度。

垂直

30度

格柵裝甲

在輕型車輛上加裝格柵裝甲，是一個便宜又可以提高整體防護水準的辦法，具體做法是在易受破壞的部位加裝硬化鋼材質格柵（通常是水平方向）。這種防護手段對於翼穩脫殼穿甲彈之類的動能砲彈沒效，對高爆碎甲彈效果有限，但能有效抵擋這類車輛經常遇到的口徑較小的反戰車高爆彈（例如由RPG-7之類的榴彈發射器發射的彈種），讓砲彈在接觸到車輛本體之前就先引爆。

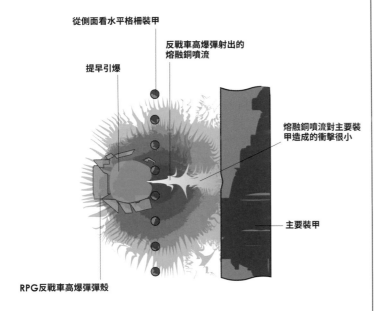

從側面看水平格柵裝甲

提早引爆

反戰車高爆彈射出的熔融銅噴流

熔融銅噴流對主要裝甲造成的衝擊很小

主要裝甲

RPG反戰車高爆彈彈殼

爆炸反應裝甲

爆炸反應裝甲是另一種額外追加的裝甲，主要由一層較薄的裝甲板和底下的高爆炸藥組成。當暴露在外的裝甲板被反戰車高爆彈擊中時，來襲砲彈的彈頭製造的熔融金屬噴流會如往常一樣穿透裝甲板，但著就會引爆下方的高爆炸藥，在反戰車高爆彈穿透主要裝甲之前就先做出反應，把整塊薄裝甲板從目標車輛上炸飛。不過所謂的「縱列裝藥」反戰車高爆彈可以有效對付這種裝甲，這種彈頭裝有兩組炸藥，第二組炸藥會在第一組炸藥引爆的幾毫秒之後引爆，此時主裝甲已經暴露在外了。

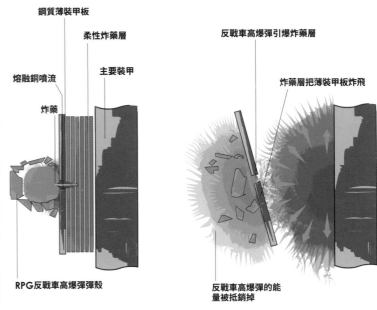

鋼質薄裝甲板

柔性炸藥層

主要裝甲

熔融銅噴流

炸藥

反戰車高爆彈引爆炸藥層

炸藥層把薄裝甲板炸飛

RPG反戰車高爆彈彈殼

反戰車高爆彈的能量被抵銷掉

煙霧彈

長久以來，煙霧一直被用來掩蔽或遮擋戰場上的目標。現代的煙霧彈在光譜的視覺和紅外線端都能發揮作用，也就是說戰車可以不被熱顯像系統發現。從1940年代開始，煙霧通常由安裝在戰車砲塔上的煙霧彈發射器發射的煙霧彈製造，這類煙霧彈可直接從車內發射，一排煙霧彈齊射便可製造出一大片煙幕。

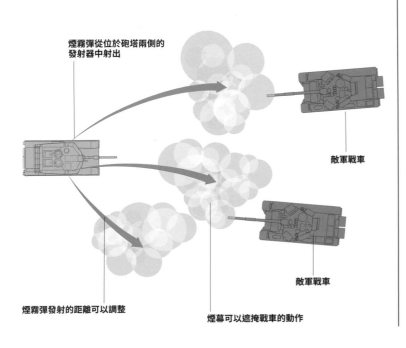

煙霧彈從位於砲塔兩側的發射器中射出

敵軍戰車

敵軍戰車

煙霧彈發射的距離可以調整

煙幕可以遮掩戰車的動作

偽裝

最早的戰車上錯綜複雜的圖案是為了要隱藏戰車，不被敵方發現。從這個時候開始，偽裝的發展就愈來愈複雜，為了就是要贏過功能愈來愈強大的感測器。偽裝的手段包括油漆、紅外線抑制塗料和隔熱包層等。

挑戰者二型隔熱材料
在視線不佳的環境中要偵測到大型車輛的最簡單方法，就是透過熱顯像畫面，也就是它散發出來的熱量。只要在車輛上加裝隔熱材料，就可以輕鬆地達到令人驚奇的防護效果，例如挑戰者二型安裝的包覆式濾光偽裝罩。

PL-01輻射吸收塗層
波蘭的實驗型PL-01戰車塗上了輻射吸收材料，號稱可以「吸收」所有形式的電磁輻射，包括雷達波在內。這項科技目前以多種形式存在，跟所謂的「匿蹤」飛機使用的技術很像。

反戰車武器

第一種有效的反戰車武器是專門為 7.92 公釐口徑毛瑟（Mauser）步槍開發的鋼芯子彈，可以穿透 Mark I 和 Mark II 戰車的裝甲。毛瑟兵工廠之後奉命研製威力更強大的武器，於是他們設計出世界上第一款專用的反戰車武器——13.2 公釐口徑 M1918 反戰車步槍（Tankgewehr）。不過真正的反戰車砲，也就是德國的 PAK36，一直要到 1928 年才出現。它很快就被拿來安裝

到戰車上，成為名副其實的戰車砲，而其他國家的拖曳式反戰車砲也一樣，例如英國的兩磅砲和六磅砲。從這個時候開始，隨著戰車裝甲愈來愈厚，反戰車砲的威力也逐漸提高，體積愈來愈大，其中最大的有 17 磅砲、PAK43 和蘇聯 ZiS-2 等。在此同時，更有效、更輕盈的步兵反戰車武器也蓬勃發展，包括地雷、手榴彈和無後座力砲，此外還設計出專門獵殺戰車的車輛。自 1960 年代起，由步兵或車輛攜帶的反戰車飛彈也愈來愈普遍。

霍金斯（Hawkins）75號手榴彈
75號手榴彈可以當成手榴彈或地雷使用，當地雷使用的效果更好。

RKG-3手榴彈
這款手榴彈在丟出去之後，會有一個小降落傘自動張開，以確保它以彈頭朝下的方式攻擊。

圓盤地雷35型
圓盤地雷（Tellermine）35型裝有5.5公斤的TNT炸藥，壓力達90公斤即可引爆。

毛瑟M1918反戰車步槍
M1918反戰車步槍是一種單發栓式步槍，在裝填子彈且裝上腳架時重達18.5公斤。它的子彈可以在100公尺外擊穿22 公釐厚的裝甲，但後座力相當大。

槍管設計融合了後座復進器

博斯Mk 1反戰車步槍
這款博斯（Boys）反戰車步槍口徑為0.55英吋，可在90公尺外擊穿23公釐厚的裝甲。1940年的法國戰役證明，若是有技巧地使用，這款步槍可有效對付德軍的二號戰車。

鐵拳
鐵拳（Panzerfaust）是構造簡單的火箭推進榴彈發射器，在近距離時極為有效。二次大戰末期，德軍部隊大量配發鐵拳。

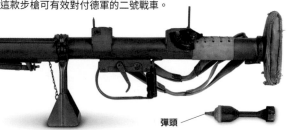

彈頭

步兵反戰車彈射器
步兵反戰車彈射器（Projector, Infantry, Anti-Tank，PIAT）實際上是一款栓式迫擊砲，可發射重達1.36公斤的砲彈，上有成形裝藥彈頭，可在大約110公尺的距離擊穿75公釐厚的裝甲。

開關可點燃推進藥

RPG-7
RPG-7的兩節式推進藥讓它的射程可超過1000公尺，而它的反戰車高爆彈頭可擊穿500公釐厚的裝甲。

砲盾

立楔式砲閂

後座復進器

提把可以把架尾打開到射擊位置

ZiS-2
57公釐口徑的ZiS-2反戰車砲於1941年中開始量產，六個月內就結束生產。但因為它的升級版（也就是76公釐口徑的ZiS-3）表現不佳，所以1943年又重新恢復生產。ZiS-2是半自動設計，每分鐘可發射25發砲彈。

Sd.Kfz 302/303歌利亞

歌利亞是一款能自走的線控地雷，可攜帶重達100公斤的炸藥，動力來源是電池或一具二行程汽油引擎。歌利亞可說是在戰場上運用無人車輛的早期試驗，但因為速度緩慢且導線容易毀損，因此表現不佳。

亨伯大黃蜂

大黃蜂可空運並用降落傘空投，配備英國和澳洲聯合研發的馬卡拉目視追蹤線導反戰車飛彈，於1958年獲得採用。馬卡拉飛彈可說是當時威力最強大的反戰車飛彈，彈頭重達27公斤，可擊毀當時服役中的任何戰車。

M10阿基里斯

這是美軍M10的英軍修改版本，裝備17磅反戰車砲，自1944年起開始服役。它可以發射脫殼穿甲彈，在1000公尺的距離擊穿192公釐厚的裝甲，因此戰鬥紀錄優異。

M56蠍式

蠍式基本上就是在一組無裝甲的鋁製車身上安裝一門90公釐口徑M54反戰車砲，開發目的是要為空降部隊提供輕量化的驅逐戰車，結果並不成功，壽命短暫。它的內部空間狹小，只能容納彈藥、引擎和駕駛。

FV102打擊者

打擊者反戰車飛彈發射車是履帶戰鬥偵察車車系的一員，可在車身後方的發射箱中攜帶五枚旋火式線導反戰車飛彈，另外還有五枚備用彈。由於這款飛彈可以遙控發射並引導，因此發射車可以隱蔽起來。

觀測窗

發射器內有五枚飛彈

煙霧彈發射器

驅動齒輪位於前方

制服與防護服

最早的戰車懸吊效果很差，或是根本沒有，這代表每一趟行程對乘組員來說都危機重重。他們在執行任務時，只能靠意志力在車內堅持下去，希望不要跌到骨折或摔個頭破血流。除此之外，戰鬥中還有其他危險，有一種叫「噴濺」（來自子彈或砲彈破片的熔融金屬從車身裝甲板間的空隙噴進車內），還有一種叫「剝裂」（戰車被較大口徑的砲彈直接命中，戰車本身的裝甲崩落，產生致命碎片）。當時已經有一些防護服，但在它們能發揮效果的地方，限制卻太多，因此不實用。之後發展出的戰車對裝甲兵來說就比較輕鬆了。到了第二次世界大戰時，裝甲兵一般會穿著的防護裝備就只有頭盔，制服通常只是連身工作服。後來的戰鬥經驗顯示火災是另一個危險，因此最近的裝甲兵都會配發專門設計的防火服裝。

連身服
一件式的棉質連身服，穿在上衣和褲子外面。它們的顏色從黑色、藍色到灰色都有，還有搭配的腰帶。

冬季棉外套
冬季制服以粗棉布製成，內部填充棉絮，並縫成條狀。

士官肩章

T-34 乘組員個人裝備

第二次世界大戰期間，俄軍裝甲兵的後勤補給一直比對手好，尤其是在天氣寒冷的時候。儘管如此，他們的服裝強調的還是實用性，缺少其他國家的軍服上有時會出現的裝飾配件。

頭盔和風鏡
頭盔原本是牛皮製成，1941年後改為帆布內填充木棉製成。風鏡只能擋風和沙塵，鏡片玻璃沒有抗碎設計。

手槍套

備用彈匣

托卡瑞夫TT Model 1933
托卡瑞夫（Tokarev）手槍廣泛配發給所有階級的官兵使用。它使用7.62 x 25公釐的子彈，威力比其他國家陸軍配發的手槍小。

八發彈匣

羊皮大衣
在格外嚴寒的天氣下，部隊會配發長度及膝的羊皮大衣。

長筒靴
裝甲兵的長筒靴，腳在靴子裡面是纏上綁帶，而不是穿襪子。靴子的鞋底是橡膠材質，沒有鞋釘或鞋跟，也沒有保護腳趾的鋼頭。它只有下半部是皮革材質，其餘的則是合成橡膠或橡膠帆布。

美軍第一裝甲師

英軍皇家戰車團

二次大戰時期
德軍戰車戰鬥章

二次大戰時期蘇聯
「優秀戰車兵」徽章

戰車標誌

打從一開始，裝甲兵就被視為精銳部隊，因此和其他精銳部隊一樣，會用獨特的徽章和標誌來加以彰顯。這些徽章或標誌有些會在乘組員訓練完成時頒發，有些則會在參與戰鬥後發放。最早出現的是英國戰車兵徽章，時間是第一次世界大戰期間。

二次大戰時期的制服

二次大戰時期的裝甲兵有各式各樣的制服，視環境而定。他們的服裝大多和徒步作戰的同袍差不多，尤其是在沙漠之類的極端環境，但也有針對他們的需求研發出特殊服裝。乘組員通常都是坐著，沒辦法活動身體來取暖，因此他們的服裝都有較厚的填充內襯，口袋則是縫在坐著也容易摸到的地方，例如小腿上。外套的長度通常只到腰部，以免坐下時擠成一團，常用的面料則是表面光滑的材料，例如皮革。外觀也盡可能避免帶子之類的特徵，以防乘組員在緊急逃生的時候衣服被勾住。

階級章（本圖的肩章上有「三顆」）

7.62公釐Modèle
1935A手槍裝在扣蓋式槍套內

英國陸軍第三國王輕騎
兵團（KOH）上尉

法國陸軍裝甲兵中士

在貝雷帽上加戴法式金屬頭盔

長度及膝的法式皮夾克

波蘭陸軍裝甲兵

尖頭野戰帽

德國國防軍的雄鷹展翼標誌

及膝綁帶長靴，在沙漠中不實用

德國陸軍第15裝甲師二等兵

1941年之前的牛皮材質填充頭盔

鈕釦式大貼袋

紅軍裝甲兵

頭盔

對裝甲兵來說，配發步兵用的鋼盔其實用處不大，因為他們沒有槍傷的風險，但卻有可能因為戰車懸吊性能有限而在顛簸越過戰場時撞得頭破血流。

一次大戰英國頭盔
英軍裝甲兵佩戴熟牛皮製成的頭盔，有些還附有遮陽板和保護臉下半部的鎖鏈面罩（本圖未顯示）。

二次大戰英國頭盔
由於英軍裝甲兵常常開著艙蓋接敵迎戰，因此配有保護鋼盔。

1960年代蘇聯裝甲兵頭盔
紅軍直到1960年代都還發放有填充肋條設計的頭盔，雖然那時大家都已開始佩戴耳機。

現代英國頭盔
英軍裝甲兵佩戴由複合材料製成的輕量化頭盔，這在今日已十分普遍。耳機則另外佩戴。

現代美國頭盔
美軍裝甲兵佩戴含有耳機和麥克風的人體工學設計頭盔。

名詞解釋

用砲 action
裝填並／或發射火砲的方法。

主動防護系統 Active Protection System (APS)
一種不依賴裝甲而擊敗反戰車武器的辦法。被動系統運用干擾和煙霧來擊敗飛彈導引系統，主動系統則射出彈頭來擊落飛彈。

兩棲車輛 amphibious vehicle
既能在陸地上行駛也能在水中前進的車輛。

反戰車飛彈 Anti Tank Guided Missile (ATGM)
又稱為反戰車導引武器（Anti-Tank Guided Weapon, ATGW）。這個詞彙涵蓋了所有可由發射者在飛行途中控制、目標是摧毀戰車的武器。引導的動作可透過無線電、紅外線、雷射歸向或甚至是一條連接飛彈和發射器的導線來進行。

外掛裝甲 appliqué armour
額外的裝甲板，安裝在裝甲戰鬥的車身或砲塔上，用以提高防護力。

裝甲車 armoured car
使用車輪的輕量化裝甲戰鬥車輛，用來執行偵察和武裝護衛等任務。

裝甲戰鬥車輛 Armoured Fighting Vehicle (AFV)
配備武裝且裝甲防護周全的車輛。裝甲戰鬥車輛結合戰場機動力、攻擊力和裝甲防護，範圍涵蓋戰車、裝甲車、部隊運輸車、兩棲車輛、防空車輛和自走砲等。

裝甲人員運輸車 Armoured Personnel Carrier (APC)
一種裝甲戰鬥車輛，用來把步兵運輸到戰場上，步兵到了就會下車自行接敵作戰。裝甲人員運輸車的武裝和裝甲都較少。

穿甲彈 Armour Piercing (AP)
一種依靠動能而非爆炸威力擊穿裝甲的彈藥。穿甲彈的種類包括被帽穿甲彈、被帽風帽穿甲彈、高速穿甲彈、脫殼穿甲彈和翼穩脫殼穿甲彈。

被帽穿甲彈 Armour Piercing Capped (APC)
一種穿甲彈，彈頭上加了一個質地較軟的被帽，以防止砲彈在撞擊裝甲板的瞬間破碎。

被帽風帽穿甲彈 Armour Piercing Capped Ballistic Cap (APCBC)
被帽穿甲彈加裝一組用輕薄材料製成的空氣動力外型鼻錐罩，以確保砲彈在飛行的過程中可以維持高速，且這個鼻錐罩不會影響砲彈的穿甲能力。

脫殼穿甲彈 Armour Piercing Discarding Sabot(APDS)
一種砲彈，直徑比用來發射它的砲管口徑小，因此在砲管裡必須由一組「殼」來攜帶，一旦發射，殼就會脫落。脫殼穿甲彈的穿甲能力比全口徑的砲彈強。

翼穩脫殼穿甲彈 Armour Piercing Fin Stabilized Discarding Sabot (APFSDS)
這種砲彈的設計原理和脫殼穿甲彈相同，不同之處在於它不會像脫殼穿甲彈那樣旋轉，而是像飛鏢一樣靠短翼來穩定。翼穩脫殼穿甲彈長度較長，飛行速度更快，穿甲能力比脫殼穿甲彈好，是現代戰車上穿甲效果最好的砲彈。

高爆穿甲彈 Armour Piercing High Explosive(APHE)
一種內部裝有少量炸藥的穿甲彈。炸藥會在砲彈穿透目標裝甲後才爆炸，因此可以比傳統的穿甲彈對戰車內部造成更多傷害。

自動裝彈機 autoloader
一種用來把砲彈裝進戰車主砲後膛裡的裝置。它取代裝填手，也就是戰車乘組員當中負責裝填主砲的人。

自動 automatic
扣下槍枝的扳機時，槍枝可以連續裝填並開火射擊的狀態。

球形槍座 ball mount
一種球形的機槍架，通常位於戰車車身的正面裝甲上。它不像固定式或同軸機槍座，而是可以獨立於其他武器自由轉動，因此射手在瞄準時更有彈性。球形槍座在二次大戰後就不再受歡迎了。

格柵裝甲 bar armour
又稱為百葉裝甲或籠式裝甲，是一種由鋼條構成的網狀結構，安裝在裝甲戰鬥車輛的車身上，以抵擋火箭推進榴彈的攻擊。

營 Battalion
一種軍事單位，包含大約 700 名士兵或 30-50 輛戰車，由幾個連組成。營級

單位可在短時間內獨立作戰。

輪架 bogie
一種車輪的配置安排，通常裝有兩對車輪。

砲膛 bore
砲管的內部。

車首 bow
戰車的前端。

障礙突破車 breacher vehicle
一種配備犁或推土鏟之類裝備的裝甲車輛，設計用來駛過雷區，可為其他部隊和車輛清出一條通道。

後膛 breech
砲管可關閉的尾端，打開後才可裝填彈藥。

架橋車 bridge layer
正式名稱叫裝甲架橋車（Armoured Vehicle-Launched Bridge, AVLB），是一種戰鬥支援車輛，可以搭建並收回活動式的金屬橋梁，以確保戰車和其他裝甲戰鬥車輛可以越過河流、坑洞、壕溝和其他障礙。

過橋重量 bridging weight
車輛的重量分級，用來計算車輛可以安全地行駛在哪種橋梁上。

旅 Brigade
一種軍事單位，由幾個團級或營級的單位組成，兵力通常在 5000 人左右。

口徑 calibre
砲管的內部直徑。自 1950 年代起，口徑幾乎都是以公釐來表示。

霰彈 canister shot
一種反人員砲彈，可以讓戰車和砲兵有能力抵禦步兵攻擊。霰彈內有大量不會爆炸的小彈丸，發射後霰彈解體，裡面的彈丸便會噴飛出去，以高速打擊目標。

整發（彈）cartridge
彈藥的單位，由彈頭和內含推進藥的銅質或鋼質外殼組成。

陶瓷板 ceramic plate
複合裝甲內的構成材質之一。

鏈砲 chain gun
一種機槍或機砲，以馬達驅動鏈條，而不是靠發射砲彈或子彈後產生的氣體或後座力來帶動它的活動部件。

查本裝甲 Chobham armour
1960 年代中期，位於薩里郡查本公地（Chobham Common）的英國戰車

研究中心發展出一種複合裝甲，非正式地稱為查本裝甲。它經過特殊設計，對抗成形裝藥格外有效，組成材質至今仍是機密，但已知當中包括用金屬網包裹的陶瓷板，而這些陶瓷板又與有多個彈性層的背板結合在一起。查本裝甲的官方名稱或其他名稱包括伯靈頓（Burlington）和多徹斯特裝甲。

克利斯蒂懸吊 Christie suspension
美國工程師華特．克利斯蒂在 1928 年設計出革命性的戰車懸吊系統，每個車輪都有獨立的懸吊彈簧，有空前的垂直自由活動空間，因此戰車可以在崎嶇的地面上高速行駛。早期版本的路輪有動力，能在沒有履帶的狀況下行駛。

同軸機槍 co-axial machine-gun
安裝在和車輛的主砲相同軸線上的機槍，瞄準時和主砲共用瞄準鏡，可以在不適合使用主砲的狀況下使用。

縱隊 column
一種戰車的隊形，以首尾相接的形式排列。

戰鬥工兵車 combat engineer vehicle
一種裝甲戰鬥車輛，可以載運戰鬥工兵前往戰場，時常配備除雷裝置，例如推土機的推土鏟。

戰鬥重量 combat weight
戰車全副武裝準備作戰時的總重量。

指揮車 command vehicle
這種車輛配備指揮官麾下單位所需的設備，包括多種無線電、地圖板，以及書桌空間，供副官和參謀軍官使用。

車長 commander
負責指揮戰車的乘組員。他也可能會指揮其他戰車和支援兵種，視年資而定。

連 Company
一種軍事單位，由大約 150 名官兵或 14-18 輛戰車組成。

複合裝甲 composite armour
一種車輛的裝甲，由多層不同材料組成，像是金屬、塑膠和陶瓷等。

軍 Corps
一種軍事單位，由幾個師組成，兵力在 5 萬人以上。

反叛亂 counter-insurgency
一種軍事作戰策略，旨在擊敗並非明確地以軍事部隊身分作戰的敵人。反叛亂的目標通常是獲得政治支持並確保民間支援，而不是軍事勝利。反叛亂作戰用

的車輛通常會有針對地雷或急造爆裂物的裝甲,且通常是以輪式車輛的形式出現,以降低威脅感。

巡航戰車 cruiser tank
又稱為騎兵戰車或快速戰車,是戰間期在英國發展出來的概念。巡航戰車重量輕、速度快,用來在突破敵軍防線後迅速挺進。

車長塔 cupola
主砲塔頂上的迷你塔,可以讓車長有更好的戰場視野。

縱深作戰 deep battle
一種在戰間期發展出來的戰術準則,以蘇聯的米海・圖哈切夫斯基(Mikhail Tukhachevsky)為代表人物。強調攻擊敵人的行動應貫穿整個敵軍陣地的大後方,而不是只打擊正面防線,主要目的是迅速突破並摧毀重要的支援設施,例如指揮單位和補給倉庫,以防止前線部隊繼續作戰。

衰變鈾 depleted uranium
一種密度極高的物質,用來製造戰車裝甲和穿甲彈頭。

俯角 depression
戰車主砲可以往水平線以下地方擺動的程度。當戰車位在山丘頂上的後方,車體向上傾斜的時候,這個能力格外重要。和俯角相對的是仰角。

柴油 diesel
一種被壓縮時會燃燒的液體燃料。

直接射擊 direct fire
指砲手在看得見目標的情況下開火。和直接射擊相對的是間接射擊。

坑陷 ditching
戰車或裝甲車在壕溝或其他較低的地方卡住。

師 Division
一種軍事單位,通常由幾個旅組成。由於師有自己的後勤單位,因此一般來說是戰場上能夠獨立作戰的最小單位。一般來說一個師大約有 2 萬人。

駕駛 driver
戰車上負責開戰車的乘組員。

梯隊 echelon
戰車以對角線排列的陣形。以排頭車為準,後續的車輛往右後方(右梯隊)或左後方(左梯隊)依序排列。

電子反制 Electronic Countermeasures (ECM)
用來干擾或遮蔽敵軍偵測、通訊或信號系統的電子設備。它們的功能包括讓感

測器無法看見目標、塞爆通信頻道、防止路邊炸彈啟動引爆等。

仰角 elevation
戰車主砲可以往水平線以上地方抬高的程度,角度愈大,抬高範圍就愈大。仰角和俯角相對。

縱射 enfilade
砲火沿著敵軍陣地從一端到另一端瞄準射擊。第一次大戰時,戰壕容易受到這種攻擊,特別是來自戰車的火力,因此戰壕要挖成 Z 字形。

爆炸反應裝甲 Explosive Reactive Armour (ERA)
請參閱「反應裝甲」。

射擊口 firing port
步兵戰鬥車側面上的開口,可以讓車內的步兵用自己的武器射擊,不必下車作戰。

火焰戰車 flame tank
裝備火焰發射器的戰車,可用來執行特殊作戰任務,尤其是攻擊碉堡。

側翼迂迴 flanking manoeuvre
一支武裝部隊從敵軍部隊的側面(或翼)移動,以獲取戰術優勢。

排煙器 fume extractor
安裝在砲管上的通風裝置,可以防止砲彈發射後的有毒氣體洩漏進入車內的乘組員空間。它運用砲管內的壓力變化來使有毒氣體從砲口排出。

斜堤板 glacis plate
戰車車體正面前端傾斜的部分。它的傾斜角度有助於彈開砲彈,對水平飛來的砲彈而言,等於是提高了必須穿透的裝甲厚度。

坡度 gradient
戰車可登上的斜坡角度。

履帶齒 grouser
安裝在履帶上的帶釘或踏板式組件,可以提高在鬆軟地面上的抓地力,像是土地或雪地等。

導引彈藥 guided munition
導引彈藥的飛行路徑可以改變,不像一般子彈只能循著由重力和推進藥決定的彈道前進。

主砲瞄準鏡 gun sight
一種砲手使用的光學裝置,可提高瞄準的精確度。二次大戰前,戰車就已經採用望遠鏡式的瞄準鏡。

砲手 gunner
戰車乘組員中負責瞄準並射擊主砲的人。

半履帶車 half-track
一種車輛,車頭有轉向用的傳統車輪,車尾的履帶則用於推動。這種設計融合了戰車的越野能力和道路車輛的操控性。

重型戰車 heavy tank
戰車分級的一種,速度緩慢但裝甲厚重,設計用來支援步兵。第一次世界大戰的第一批戰車就屬於這個等級,並且在較輕、較快、機動性較高的戰車出現後被稱為重型戰車。重型戰車一般來說火力更強大、裝甲更厚重,但速度比較慢。

高爆彈 High Explosive (HE)
一種使用炸藥爆炸威力來打擊目標的彈藥。高爆彈的種類包括高爆破片彈、反戰車高爆彈、高爆碎甲彈和高爆穿甲彈。現代的高爆彈對戰車效果較差,但仍可破壞或擊毀輕型車輛,對沒有裝甲保護的步兵格外有效。

高爆破片彈 High Explosive Fragmentation(HE-Frag)
高爆破片彈使用炸藥爆炸威力和破片來摧毀目標,它的攻擊效果在輕裝甲目標上最好。

反戰車高爆彈 High Explosive Anti Tank (HEAT)
反戰車高爆彈使用成形裝藥彈頭來製造高速熔融金屬噴流以貫穿裝甲。因為它們不依賴速度來達到穿甲效果,因此這種彈頭普遍安裝在速度較慢的彈藥上,像是飛彈和地雷。

高爆碎甲彈 High Explosive Squash Head(HESH)
高爆碎甲彈是用來對付裝甲車輛和碉堡的彈藥。在撞擊目標時,彈頭內的塑膠炸藥會在爆炸前在目標表面壓扁攤開,如此一來可透過裝甲傳遞震波,造成戰車內部的鋼材剝落,變成碎片噴出,殺傷車內乘組員。

高速穿甲彈 High Velocity Armour Piercing(HVAP)
一種穿甲彈,擁有高密度的核心,周圍以較輕的材料包覆。較輕的材料可減輕重量,以確保砲彈有較高的飛行速度和較大的穿甲力。

霍巴特馬戲團 Hobart's Funnies
二次大戰期間英軍第 79 裝甲師使用的一些改裝戰車,當中包括改裝成架橋車、加裝除雷犁、連枷、可浮游的戰車,還有可以摧毀碉堡或攜帶柴捆來填滿坑洞障礙的工兵車。這些戰車的名字源自

79 裝甲師的少將師長佩爾西・霍巴特爵士。

馬力 horsepower
一種能量單位,相當於每秒 550 英呎一磅(750 瓦),用來測量引擎的輸出。馬力一詞是在 18 世紀時由英國工程師詹姆斯・瓦特(James Watt)採用,用一匹馬展現的工作量為單位來比較蒸汽引擎的輸出。

霍斯特曼懸吊 Horstmann suspension
一種由英國工程師西德尼・霍斯特曼(Sidney Horstmann)在 1922 年研發出來的懸吊系統,特色是使用螺旋彈簧,安裝在維克斯輕型戰車、百夫長式、酋長式和其他戰車上。

車身 hull
戰車砲塔以下的主體。

隱藏車身／露出車身 hull-down / hull-up
當一輛戰車在山頂後方或是在障礙物後方,只有砲塔露出時,稱為隱藏車身。當整個戰車車身都清楚可見時,稱為露出車身。

悍馬車 Humvee
它的正式名稱是高機動性多用途輪式車輛(High Mobility Multipurpose Wheeled Vehicle, HMMWV),是一種四輪傳動的軍用輕型卡車,在第一次波灣戰爭期間發展成熟。

液壓氣動懸吊 hydropneumatic suspension
一種懸吊系統,使用液壓和氣壓來使車身保持水平狀態。

惰輪 idler
位於履帶車輛車尾、沒有驅動的車輪,作用是調整履帶的緊繃程度。

急造爆裂物 Improvised Explosive Device (IED)
一種以臨時手段製造而非專門設計出來的炸彈。急造爆裂物可使用肥料之類的化學材料,或是用地雷和砲彈改裝,又稱為路邊炸彈。

間接射擊 indirect fire
砲手對著他無法看見的目標開火,通常需要獨立的前進觀測員來校準。與間接射擊相對的是直接射擊。

步兵戰鬥車 Infantry Fighting Vehicle (IFV)
一種裝甲車輛,可載運步兵前往戰場,但和裝甲人員運輸車不同的是,步兵戰鬥車適合加入戰鬥,擁有較強的武裝和

防護，有時包括反戰車武器，車身上也常有射擊口，以便讓步兵從車內射擊。

步兵戰車 Infantry tank
戰間期在英國和法國發展出來的概念。步兵戰車是速度緩慢但裝甲防護良好的車輛，用來支援徒步作戰的步兵。一旦步兵戰車突破敵軍防線，速度較快的巡航戰車或輕型戰車就可深入敵方領域。

紅外線 Infra-red
一種光輻射，可用於感知物體中的熱信號，在夜視和熱顯像中相當有用。

動能彈 Kinetic Energy (KE) projectile
一種依賴本身的質量和運動（即動能）來產生破壞力的彈藥，本身不會爆炸。穿甲彈就屬於動能彈，跟一般的子彈一樣。

倍徑（砲管長度）L/x (Barrel length)
砲管長度以口徑倍數的方式來表示。舉例來說，120 公釐口徑 L/55 的主砲，砲管長度為 6.6 公尺，也就是 6600 公釐（120 x 55）。

陸上戰艦委員會 Landships Committee
英國在 1915 年由英國第一海軍大臣溫斯頓・邱吉爾建立的一個委員會，目的是要發展裝甲車輛，也就是「陸上戰艦」，以突破西線上的僵局。它最主要的成就就是發明戰車。

雷射測距儀 laser rangefinder
一種測量與目標之間距離的手段，作法是測量雷射脈衝從目標反射並回到測距儀的時間。這種方式已經取代過去裝甲車輛用來計算距離的辦法。

板片彈簧懸吊 leaf spring suspension
板片彈簧是最古老的懸吊系統之一，目前仍普遍用在軍用車輛上。它們由細長的弧形鋼片堆疊固定，成為一組彈簧基座，再把車軸安裝上去。

輕型偵察車 light reconnaissance car
二次大戰期間英國偵察兵團（British Reconnaissance Corps）使用的一系列車輛，以商用車輛底盤為基礎，配備輕兵器和輕裝甲。

輕型戰車 light tank
裝甲薄弱的戰車，用來快速移動，而不是發揮攻擊戰鬥力。今日它的角色大部分被局限在偵察行動。

橫隊 line
戰車肩並肩沿著同一線排列的隊型。

裝填手 loader
負責裝填主砲的戰車乘組員。

機槍 machine-gun
一種武器，運用彈頭發射產生的氣體或後座力來循環射擊動作，以達成連續自動射擊的目的。

主力戰車 Main Battle Tank (MBT)
主力戰車又稱為通用戰車，是現代化戰車單位的主流車種，它的設計結合了從前中型和重型戰車的特色。

主砲 main gun
戰車的主要武裝。今日戰車的主砲可發射動能彈、高爆彈甚至是導向飛彈。

砲盾 mantlet
一種裝甲板，用來保護戰車主砲從砲塔中伸出的區域。為了射擊主砲，這部分無法在敵軍面前隱藏，因此常是戰車裝甲中最厚重的地方。

物資 materiel
軍事部隊要完成特定任務所需的所有硬體的總稱——只要有需要，從彈藥到噴射戰機都算。

中型戰車 medium tank
一種戰車分級，機動力表現偏向輕型戰車，防護力表現偏向重型戰車。中型戰車在二次大戰期間發展成熟，但一次大戰期間就已經開始服役，英國的中型戰車 Mark A「惠比特」就屬於此類。

軍事後勤 military logistics
計畫並執行軍事部隊運動的作業，從調度人員和物資前往戰場到建立並維持補給線等等都是。

防雷反伏擊車 Mine Resistant Ambush Protected(MRAP)
一種車輛分類，是在 2003 年入侵伊拉克後，面對與日俱增的急造爆裂物威脅而設計的。防雷反伏擊車的設計特點包括 V 形車身，可抵禦急造爆裂物爆炸威力，裝甲也可抵擋火力直接攻擊。

莫洛托夫雞尾酒 Molotov cocktail
一種二次大戰期間芬蘭人用來對付蘇聯軍隊的反戰車武器：在瓶子裡裝滿汽油，加上一條布蕊，點燃之後從蘇聯戰車的艙口丟進去，被戲稱為給蘇聯外交部長伏亞切斯拉夫・莫洛托夫（Vyacheslav Molotov）的「禮物」。

多排式引擎 multibank engine
一種由多個汽缸排列組成的引擎。

砲口 muzzle
砲管前端的開口。

砲口制退器 muzzle brake
一種安裝在主砲砲管前端的裝置，可以排出推進藥產生的氣體，並降低後座力道。

北約 NATO
北大西洋公約組織的簡稱，是北美和西歐國家為了對抗蘇聯而在 1949 年組成的國際聯盟組織。

核生化 NBC
指核子、化學和生物武器，一般稱為大規模毀滅性武器（Weapons of Mass Destruction）。由於這類武器會對目標造成特殊汙染，若人員和武器裝備需要在已經使用過它們的地區作戰，就需要專門的防護系統。

光學測距儀 optical rangefinder
運用操作者的視力和三角學來測定與目標之間距離的系統。兩個間距已知的棱鏡將目標的影像反射到操作者的目鏡中，然後操作者再調整棱鏡的角度，直到兩個影像合而為一，之後這個角度就可用來計算距離。

軍械 ordnance
泛指武器與彈藥，尤其是火砲。

建制 organic
一個建制的軍事單位必定隸屬於一個更大規模的編組，是它內置的一部分，而非為了特定任務而臨時指派的。

石蠟 paraffin
一種可燃的碳氫化合物燃料，它的一個衍生品是 JP8 燃料，是多款北約國家戰車的動力來源。

汽油 petrol
經過處理的石油，作為內燃機引擎的燃料。

排 Platoon
一種軍事單位，一般來說規模相當於騎兵排（英國），由大約 30 人或三至五輛戰車組成。

磅重 pounder
一種用射彈的重量來辨別英軍火砲和反戰車砲彈的系統，以磅（一磅等於 0.454 公斤）為單位。這個系統在二次大戰後被廢除，用口徑取代。

星形引擎 radial engine
一種引擎配置，汽缸圍成一圈排列，從中間的曲軸箱「輻射」出去，外型類似星星。

發射速率 rate of fire
武器可發射的彈藥數量，通常以每分鐘的發射數量來表示。

反應裝甲 reactive armour
一種額外加掛的裝甲，會對來襲的敵軍砲彈做出反應，以降低對車輛的傷害。最普遍的是爆炸反應裝甲，被砲彈或飛彈擊中時會爆炸，破壞飛彈並抵銷它的能量。

團 Regiment
一種軍事單位，本質會隨著國家的不同而變化。有些國家會把這個詞用在旅級或營級的作戰單位上，有些國家則是用在不上戰場的儀式或行政單位上。

頂支輪 return rollers
位於戰車路輪上方的小輪子，可以幫助上方的履帶在驅動齒輪和惰輪之間順利轉動。

膛線 rifling
槍管或砲管內的螺旋形溝紋，可以讓發射的彈頭旋轉，提高它在空氣中飛行時的精準度。

路輪 road wheel
在戰車履帶內旋轉的主要車輪。路輪沒有動力，主要是用來分散戰車的重量。

火箭推進榴彈 Rocket Propelled Grenade (RPG)
一種步兵用的反戰車火箭發射器，原本由蘇聯製造。自 1940 年代末期起，有大量不同型號的火箭推進榴彈生產出來，最常見的就是 RPG-7。

偵察車 scout car
一種輕裝甲、輕武裝的輪式車輛，通常用於偵察任務。

偵察 scouting
蒐集一個地區或敵軍兵力布署資訊的行動。

自走砲 self-propelled gun
可以自行移動的火砲，例如安裝在有引擎的輪式或履帶底盤上的榴彈砲。

半自動 semi-automatic
槍在扣下板機時只會發射一發子彈，但會自動裝填下一發。

成形裝藥 shaped charge
炸藥做成特定形狀，以便把爆炸威力集中在某一方向上，以提高破壞效果。反戰車高爆彈就是使用成形裝藥。

榴霰彈 shrapnel shell
一種反人員的砲兵彈藥。榴霰彈經過設計，發射後會在敵軍陣地上方的半空中爆炸，噴出致命的鋼質或鉛質圓珠。自第一次世界大戰結束時後，榴霰彈就被高爆彈取代，高爆彈在引爆瞬間會產生爆炸衝擊波和破片。

傾斜裝甲 Sloped armour
有傾斜角度的裝甲，可提高戰車車身或砲塔的防護力。有傾斜角度的表面有助彈開砲彈，對水平飛來的砲彈而言，等於是提高了需要穿透的裝甲厚度。

煙霧 Smoke
一種隱藏車輛或單位運動的手段。煙霧可透過把燃油注入排氣管、啟動車輛的煙霧彈發射器、或是從主砲發射煙霧彈等方式來製造。現代的煙霧可同時在光譜的可見端和紅外線端發揮作用。

滑膛砲 smoothbore
設計用來發射翼穩而非旋轉射彈的火砲，砲管內沒有膛線。因為射彈不會旋轉，因此飛行速度較快，有較高的穿甲能力。

剝裂 spalling
裝甲板被射彈撞擊後，產生薄破片脫落噴出的現象。有些戰車會配備防破片內襯，以防止高速噴出的破片在車內造成破壞。

凸出砲座 sponson
從戰車側面伸出的火砲平台。

彈著指示槍 spotting gun
作為戰車主砲測距裝置的小口徑步槍或機槍。在雷射測距儀發明以前，它是光學測距儀的替代品。

彈簧 spring
當車輛行駛過崎嶇地面時，懸吊系統中負責吸收車輪向上位移，並持續把車輪壓向地面的零件。

齒輪 sprocket
有齒的車輪，可以和履帶嚙合，讓履帶直線移動。在裝甲車輛上，齒輪通常是唯一有動力的輪子。

騎兵連（英國）Squadron
一種軍事單位，相當於一般的連，由大約 150 名官兵或 14-18 輛戰車組成。這個詞傳統上是騎兵的術語，但在美國陸軍中相當於營。

僵局 stalemate
戰場上的戰術僵持狀態。第一次世界大戰期間，協約國和德軍在索母河的僵局肇因於雙方都掘壕固守，並搭配機槍和火砲進行防禦。之後英國研發出戰車，就是為了打破這種局面。

戰略 strategy
對一場戰役的全盤計畫。戰略目標會決定部隊和物資的戰術布署。

超重型戰車 super-heavy tank
比一般重型戰車更大、更重的戰車。

戰術 tactics
達成特定軍事目標的手段，相對於戰略（牽涉到整體作戰目標）。

縱列彈頭 tandem warhead
當前反戰車飛彈的一個特色，目的是要打敗爆炸反應裝甲。第一個彈頭會先引爆，觸發爆炸反應裝甲，第二個彈頭會在相當短的時間內接著引爆，擊穿已經沒有爆炸反應裝甲保護的戰車裝甲。

戰車 tank
一種裝甲戰鬥車輛，設計用來在前線戰鬥，特色是堅固的裝甲、重火力，以及適合在戰場上機動行駛的履帶。「tank」這個名字是出於保密需求——當局告訴工程師說他們要設計一款新的水箱。

驅逐戰車 tank destroyer
一種裝甲戰鬥車輛，配備直射火砲或飛彈發射器，是專門為打擊敵方裝甲車而設計的。

小戰車 tankette
一種類似小型戰車的履帶式裝甲戰鬥車輛，用來執行偵察任務和步兵支援。小戰車在戰間期和二次大戰期間廣泛運用，尤其是日本帝國陸軍，但此後就停止生產，因為它們的裝甲和火力都太薄弱，無法在戰場上生存。

熱套筒 thermal sleeve
一種隔熱裝置，安裝在主砲的砲管上，可確保砲管的溫度穩定平均。若砲管溫度不均，有可能會導致金屬膨脹，影響砲管精度。

鈦 titanium
一種強固但重量相對較輕的金屬，可用來製造戰車裝甲。

攻頂 Top-attack
一種現代化反戰車飛彈用來對付防禦能力愈來愈強的複合裝甲的辦法。飛彈會飛到戰車車頂上方，然後引爆，此舉可以讓彈頭對準薄弱的車頂裝甲。

扭力桿 torsion bar
一種懸吊系統，使用扭轉的金屬棒來緩衝車輛運動產生的晃動。

曳光彈 tracer
一種底部裝有煙火火藥的子彈。發射這種子彈時，煙火火藥會點燃，顯示出彈道軌跡。曳光彈可協助砲手指揮砲火射向，特別是在目視狀況較差的時候，例如在黑暗中。

履帶 track
連續的帶狀物，在戰車上繞著驅動齒輪、惰輪、路輪和頂支輪轉動。

傳動 transmission
透過電動、液壓或機械等方式，讓引擎產生的力量轉換成車輛的車輪或履帶轉動動作的過程。

旋轉 traverse
火砲或砲塔從基座的中心線上轉動的能力。一組可完全旋轉的火砲或砲塔是指可以 360 度旋轉。

壕溝 trench
一種野戰工事，戰車就是為克服壕溝而設計的。在第一次世界大戰期間，多條壕溝連結組成堅強的防禦網，搭配機槍和火砲掩護，創造了西線上的僵局。結果證明只有戰車可以打破這種局面。

平衡板 trim vane
一種有鉸鏈的金屬板，可以在車輛下水前展開，功用是降低被大量的水從正面沖刷而淹沒的風險。

騎兵排（英國）Troop
一種軍事單位，相當於一般的排，由大約 30 名官兵或三至五輛戰車組成。這個詞傳統上而言是騎兵的術語，但在美國陸軍相當於連。

砲塔 turret
戰車上可旋轉的上方部位，容納主砲和大部分乘組員，通常是車長、砲手和裝填手。第一款有砲塔的戰車是 1917 年的雷諾 FT。

V 型車身 V-shaped hull
一種使車輛的底部向上傾斜的設計。從車頭或車尾看，車身下半部呈 V 字形。這種設計可以讓地雷的爆炸衝擊波分散離開車輛，而不是直接向上衝擊人員座艙。

V 型雙排引擎 V-twin engine
一種引擎設計，兩排汽缸呈 V 字形排列。

渦形彈簧懸吊 volute spring suspension
一種戰車的懸吊系統，特色是擠壓外型類似錐形或渦形的彈簧，彈簧則安裝在裝有一對路輪的車輪架上。這種懸吊系統普遍用在二次大戰時期的美國和義大利戰車上，經證明比當時的彈簧、板片彈簧或扭力桿懸吊系統更有效。

彈頭 warhead
射彈中容納炸藥的部分。其他部分則包括導引系統或引信等。

《華沙公約》Warsaw Pact
蘇聯和蘇聯衛星國家間的防禦條約，包括保加利亞、捷克斯洛伐克、東德、匈牙利、波蘭、羅馬尼亞和阿爾巴尼亞，於 1955 年簽署，以抗衡北約組織。

楔形隊形 wedge
一種把戰車排列成三角形的隊形編組。

索引

謝誌

圖片出處
出版社感謝以下人士慷慨提供照片：

(Key: a-above; b-below/bottom; c-centre; f-far; l-left; r-right; t-top)

12 Alamy Stock Photo: INTERFOTO. **13 akg images:** arkivi (ca). **Alamy Stock Photo:** Universal Art Archive (br). **14 AF Fotografie. Alamy Stock Photo:** Chronicle (clb); Private Collection / AF Eisenbahn Archiv (cla). **14-15 Bovington Tank Museum. 15 Bovington Tank Museum. Dorling Kindersley:** Gary Ombler / Paul Rackham (c). **16-17 Getty Images:** De Agostini. **18 Bovington Tank Museum. 19 Dorling Kindersley:** Gary Ombler / Board of the Trustees of the Royal Armouries (tl). **22-23 Dorling Kindersley:** The Tank Museum / Gary Ombler (b). **22 Bovington Tank Museum. Olivier Cabaret:** Le Musée des Blindés de Saumur (cl). **23 Bovington Tank Museum. Dorling Kindersley:** The Tank Museum / Gary Ombler (cla). **24 akg-images:** (tl). **28 Alamy Stock Photo:** Chronicle (bl). **Bovington Tank Museum. Richard Pullen:** (tr). **29 Alamy Stock Photo:** AF Fotografie (fcla); Paris Pearce (cla). **Bovington Tank Museum. Richard Pullen. 30-31 Bovington Tank Museum. 32 Bovington Tank Museum. 33 Alamy Stock Photo:** Chronicle (cr). **Bovington Tank Museum. Narayan Sengupta:** (cl). **34 Alamy Stock Photo:** Sunpix travel (br). **Rex by Shutterstock:** Roger Viollet (tr). **35 akg-images:** ullstein bild (crb). **Bovington Tank Museum. 38 Alamy Stock Photo:** World History Archive. **39 Bridgeman Images:** Private Collection / Peter Newark Military Pictures (tc). **Getty Images:** Ullstein Bild (br). **40 AF Fotografie. Alamy Stock Photo:** Universal Art Archive (bl). **Bovington Tank Museum. Gunnar Österlund:** (tr). **41 Alamy Stock Photo:** Uber Bilder (cl). **Paul Appleyard. Massimo Foti. Chris Neel:** (tr). **42-43 Bovington Tank Museum. 44 Paul Appleyard. Dorling Kindersley:** Gary Ombler / The Tank Museum (c). **Militaryfoto.sk:** Andrej Jerguš (br). **45 Alamy Stock Photo:** PAF (cla). **Arsenalen, The Swedish Tank Museum:** (cra). **Bovington Tank Museum. 46 Bovington Tank Museum. Alex Malev:** (bl). **47 Cody Images:** (cr). **Library of Congress, Washington, D.C.:** Harris & Ewing, Inc. 1955. (tr). **48 Bovington Tank Museum. 52 AF Fotografie. Library of Congress, Washington, D.C.:** Prints and Photographs Division (bl, fcr). **53 AF Fotografie. Alamy Stock Photo:** Lebrecht Music and Arts Photo Library (tl); World History Archive (b). **54-55 Getty Images:** John Phillips / The LIFE Picture Collection. **56 Cody Images. 57 Alamy Stock**

Photo: ITAR-TASS Photo Agency (cra); Alexander Perepelitsyn (tl). **Cody Images. Dorling Kindersley:** Gary Ombler / The Tank Museum (br). **58 Bovington Tank Museum. 59 National Army Museum:** (cr). **64 AF Fotografie. 65 akg-images:** Sputnik (br). **Alamy Stock Photo:** Universal Art Archive (c). **66 Dorling Kindersley:** Gary Ombler / The Tank Museum (cl). **Massimo Foti. 66-67 Dorling Kindersley:** Gary Ombler / The Tank Museum (b). **67 Paul Appleyard. Bovington Tank Museum. Massimo Foti. 68-69 Bovington Tank Museum. 70 Dorling Kindersley:** Gary Ombler / The Tank Museum (cl). **Thomas Quine:** (tr). **70-71 Dorling Kindersley:** Gary Ombler / The Tank Museum. **72 Dorling Kindersley:** Gary Ombler / The Tank Museum (cra, cl, br). **Dreamstime.com:** Ryzhov Sergey (cla). **73 Dorling Kindersley:** Steve Lamonby, The War and Peace Show (cb); Gary Ombler / The Tank Museum (ca, br). **74 Alamy Stock Photo:** Michael Cremin (tl). **75 Bovington Tank Museum. 78-79 Getty Images:** Planet News Archive. **80 Bovington Tank Museum. 85 Dorling Kindersley:** Gary Ombler / The Tank Museum (cl). **86 Getty Images:** Paul Popper / Popperfoto (tl). **90-91 Bovington Tank Museum. 92 Bovington Tank Museum. 93 Bovington Tank Museum. Dorling Kindersley:** Gary Ombler / The Tank Museum (ca). **94 Paul Appleyard. Bovington Tank Museum. 95 Dorling Kindersley:** Gary Ombler / The Tank Museum (t, b); Gary Ombler, I. Galliers, The War and Peace Show (cl). **Alf van Beem:** (cr). **96 Dorling Kindersley:** Gary Ombler / The Tank Museum (t). **Dreamstime.com:** Sergey Zavyalov (cl). **97 123RF.com:** Vitali Burlakou (br); Yí Yuán Xînjû (cb). **Alamy Stock Photo:** Alexander Blinov (tr). **Dreamstime.com:** Ryzhov Sergey (cla). **98 Bovington Tank Museum. 102 Bovington Tank Museum:** (c). **Getty Images:** Serge Plantureux (bl); SVF2 (tl); TASS (cr). **103 Alamy Stock Photo:** C. and M. History Pictures (cla); Zoonar GmbH (ca). **Getty Images:** Sovfoto (b). **104-105 Bovington Tank Museum. 106 Alamy Stock Photo:** Martin Bennett (cr). **Massimo Foti. Leo van Midden:** (tl). **107 Dorling Kindersley:** Gary Ombler / The Tank Museum (t). **Massimo Foti. 108 Ryan Keene:** (tr). **Ministerstwo Obrony Narodowej:** (cr). **109 Dorling Kindersley:** Gary Ombler / The Tank Museum (tl, c). **Massimo Foti. 109-109 Dorling Kindersley:** Gary Ombler / The Tank Museum (b). **110 Dorling Kindersley:** Gary Ombler / The Tank Museum (c). **Dreamstime.com:** Sergey Zavyalov

(bc). **111 Paul Appleyard. Dorling Kindersley:** Gary Ombler / The Tank Museum (b). **Dreamstime.com:** Viktor Onyshchenko (c). **Landship Photography:** (crb). **112 Bovington Tank Museum. 113 Wikipedia:** Yí Yuán Xînjû (tc). **116 Bovington Tank Museum. 117 Paul Appleyard. Bovington Tank Museum. Dorling Kindersley:** Gary Ombler / The Tank Museum (cr). **Imperial War Museum. 118 AF Fotografie. Paul Appleyard. Bovington Tank Museum. 119 Paul Appleyard. Narayan Sengupta. 120-121 Getty Images:** Popperfoto. **122 Alamy Stock Photo:** NPC Collectiom (tr). **Dorling Kindersley:** Gary Ombler / The Tank Museum (cl). **122-123 Dorling Kindersley:** Gary Ombler / The Tank Museum (b). **123 Paul Appleyard:** (cb). **Dorling Kindersley:** Ted Bear, The War and Peace Show (tl). **Dreamstime.com:** Sever180 (br). **124 Dorling Kindersley:** Jez Marren, The War and Peace Show (cl). **124-125 Dorling Kindersley:** George Paice, The War and Peace Show. **125 Dorling Kindersley:** Gary Ombler, The War and Peace Show; Gary Ombler, The War and Peace Show (cr). **128 Alamy Stock Photo:** Penrodas Collection. **129 Bridgeman Images:** Private Collection (cl). **Getty Images:** Bettmann (cr). **130 David Busfield:** (tr). **Dreamstime.com:** Sergey Krivoruchko (bl). **131 Paul Appleyard. Dorling Kindersley:** Gary Ombler / The Tank Museum (cl). **Bron Pancema:** (cr). **132 Dorling Kindersley:** Gary Ombler / The Tank Museum (clb). **Dreamstime.com:** Yykkaa (br). **Vitaly Kuzmin:** (cr). **TMA:** (tr). **133 Paul Appleyard. Wikipedia:** Yí Yuán Xînjû (tc). **134 Bovington Tank Museum. 138-139 AF Fotografie. 140 Image courtesy of General Dynamics Ordnance and Tactical Systems:** (tl). **Getty Images:** Taro Yamasaki (bl). **141 Alamy Stock Photo:** XM Collection (b). **Image courtesy of General Dynamics Ordnance and Tactical Systems. Ministry of Defence Picture Library:** (cla). **142 Bovington Tank Museum. 146 Bovington Tank Museum. iStockphoto.com:** DaveAlan (cl). **146-147 Paul Appleyard. 147 Bovington Tank Museum. Dorling Kindersley:** Gary Ombler / The Tank Museum (tr); Gary Ombler / The Tank Museum (cl); Gary Ombler / The Tank Museum (cr). **148 Ryan Keene. 149 Dorling Kindersley:** Gary Ombler / The Tank Museum (b). **Ryan Keene. 154 Alamy Stock Photo:** Panzermeister (tc). **DM brothers:** (cl). **Massimo Foti. Wikipedia:** PD-Self / Los688 / Japan Ground Self-Defense Force (bl). **155 Alamy Stock Photo:** Panzermeister (tr). **Paul Appleyard.**

Vinayak Hedge: (cr). **156 Alamy Stock Photo:** CNP Collection (cla). **Massimo Foti. Wikipedia:** Max Smith (cl). **157 Bovington Tank Museum. TMA. Wikipedia:** Bukvoed (br). **158 Paul Appleyard. Daniel de Cristo:** (cr). **William Morris:** (cr). **158-159 Dorling Kindersley:** Nick Hurt, Tanks, Trucks and Firepower Show. **159 Alamy Stock Photo:** Transcol (cla). **Vitaly Kuzmin. 160 Paul Appleyard. 161 Alamy Stock Photo:** Universal Images Group North America LLC / DeAgostini (cr). **Massimo Foti. Getty Images:** William F. Campbell / The LIFE Images Collection (cl). **166-167 Bridgeman Images:** Everett Collection. **168 Paul Appleyard. Bovington Tank Museum. 169 Alamy Stock Photo:** NPC Collection (tr). **Dorling Kindersley:** Richard Morris, Tanks, Trucks and Firepower Show (cr). **Massimo Foti. 170 Marty4650:** (cla). **Reaxel 270862:** (cl). **Toadman's Tank Pictures:** Chris Hughes (bl). **171 Alamy Stock Photo:** CPC Collection (tl); PAF (c). **Paul Appleyard. 172 Paul Appleyard. Dorling Kindersley:** Gary Ombler / The Combined Military Services Museum (CMSM). **Massimo Foti. 173 Alamy Stock Photo:** CPC Collection (ca). **Jim Maurer:** (t). **Wikipedia:** Chamal Pathirana (br). **174-175 Alamy Stock Photo:** Dino Fracchia. **176 Alamy Stock Photo:** Iuliia Mashkova (br); Zoonar GmbH (c). **177 Alamy Stock Photo:** PAF (tr); pzAxe (br). **Massimo Foti:** (tl). **Nederlands Instituut voor Militaire Historie:** (cr). **178 Alamy Stock Photo:** dpa picture alliance archive / Carl Schulze (tr). **Vitaly Kuzmin. 179 Alamy Stock Photo:** Hideo Kurihara (tr); Alexey Zarubin (cl). **Vitaly Kuzmin. 180 Alamy Stock Photo:** Zoonar GmbH (clb). **181 123RF.com:** Mikhail Mandrygin (tl). **Bovington Tank Museum. Dreamstime.com:** Sever180 (br). **RM Sothebys:** (bl). **182 Alamy Stock Photo:** Grobler du Preez (cl). **Jose Luis Bermudez de Castro:** (cr). **Raul Naranjo:** (bc). **Dirk Vorderstrasse:** (cla). **183 Army Recognition Group:** (bl). **Dorling Kindersley:** Bruce Orme, Tanks, Trucks and Firepower Show (cl). **Getty Images:** Federico Parra / Stringer (crb). **184-185 Getty Images:** Patrick Baz. **186 Paul Appleyard. Massimo Foti. 187 Bovington Tank Museum. Dorling Kindersley:** Gary Ombler, The War and Peace Show (crb). **188 Dorling Kindersley:** Andrew Baker, The War and Peace Show (cla); Brian Piper, Tanks, Trucks and Firepower Show (tr); Gary Ombler, Tanks, Trucks and Firepower Show (cr); Mick Browning, Tanks, Trucks and Firepower Show (clb); Gary Ombler, Tanks Trucks and Firepower Show (bl). **189 Alamy Stock Photo:** Ian Marlow (cra). **Dorling Kindersley:** Andrew Baker, Tanks, Trucks and Firepower Show (cla). **Raul Naranjo.** **190-191 Getty Images:** Romeo Gacad. **192 Bovington Tank Museum. 197 Getty Images:** Shane Cuomo / AFP (cr). **198 Alamy Stock Photo:** Stocktrek Images, Inc.. **199 Getty Images:** David Silverman (cl). **200 Bovington Tank Museum. The Dunsfold Collection:** (cl). **Imperial War Museum:** (tr). **201 Alamy Stock Photo:**Grobler du Preez (tr); Grobler du Preez (b). **Witham Specialist Vehicles Ltd:** Ministry of Defence, UK (tl). **202 Alamy Stock Photo:** CPC Collection (br). **Courtesy of U.S. Army:** (tr). **203 Alamy Stock Photo:** Sueddeutsche Zeitung Photo (tl). **Getty Images:** Stocktrek Images (cr). **Ministry of Defence Picture Library:** © Crown Copyright 2013 / Photographer: Cpl Si Longworth RLC (tr, br). **204 akg-images:** Africa Media Online / South Photos / John Liebenberg (tl). **205 Christo R. Wolmarans:** (br). **208-209 Alamy Stock Photo:** epa european pressphoto agency b.v.. **210 Alamy Stock Photo:** Dino Fracchia (br). **Thomas Tutchek:** (clb). **Wikipedia:** Jorchr (c). **211 Alamy Stock Photo:** ITAR-TASS Photo Agency (clb). **Bovington Tank Museum. Zachi Evenor:** MathKnight (cra). **Katzennase:** (cl). **Ministry of Defence Picture Library:** © Crown Copyright / Andrew Linnett (br). **212 Alamy Stock Photo:** Dino Fracchia (clb); Hideo Kurihara (cr). **Michael J Barritt:** (tr). **Kjetil Ree:** (cl). **213 Alamy Stock Photo:** LOU Collection (tr); Universal Images Group North America LLC / DeAgostini (cl). **Wikipedia:** Outisnn (b). **214 Alamy Stock Photo:** Reuters / Morris Mac Matzen (tr); Stocktrek Images, Inc. (bl). **Wikipedia:** Ex13 (cla). **214-215 Wikipedia:** Selvejp (bc). **215 123RF. com:** Jordan Tan (br). **Alamy Stock Photo:**Reuters / Fabian Bimmer (tl). **Wikipedia:** Kaminski (cr). **216-217 Getty**

Images: Chung Sung-Jun. **218 Image courtesy of General Dynamics Ordnance and Tactical Systems. Wikipedia:** Megapixie (cl). **219 Dreamstime.com:** Oleg Doroshin (tc). **Vitaly Kuzmin. PIBWL:** (cl). **Wikipedia:** Kaminski (cr). **220 Combat Camera Europe:** (c). **Getty Images:**Aamir Qureshi / Stringer (br). **Wikipedia:** Max Smith (tr). **221 Alamy Stock Photo:** Xinhua (cl). **Zachi Evenor. Otokar:**(br). **Wikipedia:** PD-Self (cr). **222 Alamy Stock Photo:** RGB Ventures / Superstock (tl). **USAASC:** photo by SGT Richard Wrigley, 2nd Armored Brigade Combat Team, 3rd Infantry Division Public Affairs (c). **222-223 USAASC:** (c). **223 Image courtesy of General Dynamics Ordnance and Tactical Systems. 224-225 Fort Benning, GA:** John D. Helms. **226 BAE Systems Land:** (cra). **Getty Images:** Bloomberg (tl); Bloomberg (bl). **227 BAE Systems Land. 228-229 Getty Images:** Sergei Bobylev. **237 Bovington Tank Museum. Dorling Kindersley:** Gary Ombler / Courtesy of the Royal Artillery Historical Trust (br); Gary Ombler / The Combined Military Services Museum (CMSM) (tl). **238 Dorling Kindersley:** Gary Ombler / The Tank Museum (clb). **Zachi Evenor:** (bl). **239 OBRUM:** (br). **240 Dorling Kindersley:**Second Guards Rifles Division / Gary Ombler (bc). **241 Bovington Tank Museum. 242 Dorling Kindersley:** Gary Ombler / Stuart Beeny (cla); Gary Ombler / Vietnam Rolling Thunder (crb); Gary Ombler / Pitt Rivers Museum, University of Oxford (clb); Gary Ombler / The Combined Military Services Museum (CMSM) (ca); Gary Ombler / Board of Trustees of the Royal Armouries (cl). **243 Daniel de Cristo:** (cr). **Dorling Kindersley:**

Gary Ombler, Tanks, Trucks and Firepower Show (b)

Wikipedia Creative Commons images: https://creativecommons.org/licenses/by/4.0/legalcode

All other images © Dorling Kindersley
For further information
see: **www.dkimages.com**

The publisher would like to thank the following people for their help in making the book:

Additional writing: Roger Ford

Additional fact checking: Bruce Newsome, PhD

Design and photoshoot assistance: Saffron Stocker

Translation and photoshoot assistance: Sonia Charbonnier

Editorial assistance: Kathryn Hennessy, Allie Collins

Index: Margaret McCormack

The publisher would like to thank the following museums, organizations, and inidividuals for their generosity in allowing us to photograph their vehicles:

Andrew Baker
Gordon McKenna
John Sanderson
Chris Till

Norfolk Tank Museum:
Stephen MacHaye

Musée des Blindés, Saumur: Lieutenant-colonel Pierre Garnier de Labareyre, Adjudant-chef Arnaud Pompougnac

Armoured Testing and Development Unit (ATDU), Bovington: Staff Sergeant Dave Lincoln and team

The Tank Museum
The Tank Museum holds the biggest and best collection of tanks and military vehicles from around the world. Located in Bovington, Dorset, the home of British tank training since the First World War, the museum continues to be involved in tank crew training.

The Tank Museum
Bovington
Dorset, UK
BH20 6JG
www.tankmuseum.org
info@tankmuseum.org

譯者簡介
于倉和

從事過多種工作,包括自由譯者、大陸台幹、專案經理等等,但因為童年時的因緣際會,與軍事戰史結下了不解之緣。翻譯過多本二次大戰戰史書籍,也曾任職於軍事題材大型多人線上遊戲《戰車世界》、《戰艦世界》臺灣辦公室,出國旅遊時也喜歡探訪各類軍事遺跡,致力於把寓教於樂的軍事歷史內容傳遞分享給更多有興趣的人。